职业教育课程改革创新系列教材·项目实战类（网站建设与管理）

ASP 动态网页编程

（含综合实训）

陈丁君　主编

何　琳　许昭霞　副主编

電子工業出版社

Publishing House of Electronics Industry

北京·BEIJING

内容简介

本书是“网站建设与管理”核心课程中最重要的课程之一，全书紧紧围绕 ASP 技术精髓展开，以实际项目开发流程为主线，将知识模块分为多个可操作的任务，带领读者一步一步学习使用 ASP 编程技术完成动态网站的开发。

本书以创建“绿蕾教育网”项目为主线，将复杂的 ASP 动态网页编程技术转化为多个通俗易懂的任务。全书分为学习篇和综合实训篇，学习篇分为 6 章 31 个任务，每个任务完成网站项目中的一部分功能，最后汇成整个网站；操作步骤清晰，有利于初学者比较系统地学习 ASP 动态网页编程技术，掌握 ASP 动态网站项目的开发方法及过程。

本书可作为中等职业学校计算机专业及相关专业的教材，也可作为计算机培训班教程和具备一定计算机基础知识和技能的计算机爱好者的自学教程。

图书在版编目（CIP）数据

ASP 动态网页编程 / 陈丁君主编. —北京：电子工业出版社，2011.9
职业教育课程改革创新系列教材. 项目实战类. 网站建设与管理
ISBN 978-7-121-14499-8

Ⅰ. ①A… Ⅱ. ①陈… Ⅲ. ①主页制作－程序设计－中等专业学校－教材 Ⅳ. ①TP393.092

中国版本图书馆 CIP 数据核字（2011）第 178045 号

策划编辑：关雅莉
责任编辑：徐　萍
印　　刷：北京天宇星印刷厂
装　　订：三河市鹏成印业有限公司
出版发行：电子工业出版社
　　　　　北京市海淀区万寿路 173 信箱　邮编：100036
开　　本：787×1092　1/16　印张：14.5　字数：371.2 千字
印　　次：2011 年 9 月第 1 次印刷
印　　数：4000 册　　定价：29.80 元（含光盘 1 张）

凡所购买电子工业出版社图书有缺损问题，请向购买书店调换。若书店售缺，请与本社发行部联系，联系及邮购电话：（010）88254888。

质量投诉请发邮件至 zlts@phei.com.cn，盗版侵权举报请发邮件至 dbqq@phei.com.cn。

服务热线：（010）88258888。

职业教育课程改革系列教材·项目实战类
“网站建设与管理”核心课程丛书编委会

丛书前言

“网站建设与管理”核心课程丛书是基于当前中小企业信息化发展需求，以培养网站建设与管理人才为目标而设计的中职教材，也可作为计算机短训班的培训教程和具备一定计算机基础知识和技能的计算机爱好者的自学教程。

通过本丛书的学习，学生将具备：

- 熟练掌握 Photoshop、Fireworks、Flash、Dreamweaver 等网页制作工具软件；
- 熟练掌握 HTML、JScript、VBScript、CSS 规范及 ASP、PHP 程序开发技能，能够独立开发网站前后台程序，具有一定的开发经验；
- 了解电子商务网站和 B/S 架构网络程序等的设计及建设流程；
- 熟练掌握数据库基本知识，具有一定的 SQL 语言能力，精通 Access 数据库，能够独立完成 Access 数据库的开发，掌握 SQL Server、MySQL 的使用；
- 良好的职业素养和个人修养，勤奋敬业，具有较好的计划性和条理性，编程风格规范、严谨。

学生毕业可从事中小企业信息系统实施与维护、网页设计、ASP/PHP 程序设计、B/S 架构信息管理系统开发等工作，也可从事网络营销、网站推广、网络编辑、网页美工、软件产品营销、数据库应用、网络管理、网络广告设计等工作。

本丛书的特点可以概括为一句话：**“项目实训模仿秀，职业场上任我游。”**

本丛书根据中小企业信息化应用需求和 IT 技术潮流及中职学生接受教育能力的特点，融入作者多年项目开发实践和 20 多年中职计算机教育经验。以行动体系理论为指导，围绕项目实际需求和开发过程，选择知识点和实用工具，传授相应的知识和技能。将理论融入项目实训中，不求一次学会某个知识点或掌握某项技能，而是通过不断的项目模仿和项目实训，引导学生从陌生到了解再到掌握最终达到熟练，乃至创新。

丛书在严格遵照实际项目开发流程（如图 0-1 所示）和项目设计规范的同时，充分考虑到当前中职学校的师资情况，将整个项目模块分割成网页美工、静态网页编程、网站数据库技术、ASP/PHP 动态网页编程等课程，便于学校组织具备不同技能的教师承担相关课程教学任务。

随丛书还提供了整套教学实训解决方案，如果按照“学校机房环境推荐方案”建立上机环境，只要具备计算机基础知识和基本技能、有一定教学经验的专业教师，均能胜任除两门综合实训课程外的所有课程教学。

丛书中所用到的“绿蕾教育网”（http://www.edu123.net）作为丛书的原型网站，充分融入各类型网站的主要元素和结构特点，在不改变核心代码的情况下，很容易将网站转型为党政机关、事业单位、企业单位、学校及其他信息类型网站，从而使学生快速掌握制作通用型商业网站的技能。例如，河北信息化网（www.hbiiia.org.cn）、石家庄社科网（第二版，www.sjzsk.com）、石家庄教育装备网（www.sjzzbglc.com）、石家庄市第二职业中专学校网站（第二版：w2.sjz2zz.com，第三版：www.sjz2zz.com）、旭昶医疗健康馆（www.xucvip.com）、奉化豪升玻璃钢厂（www.fhhsglass.com）等均为石家庄市第二职业中专学校部分学生在学习本课程期间开发完成的网站项目。

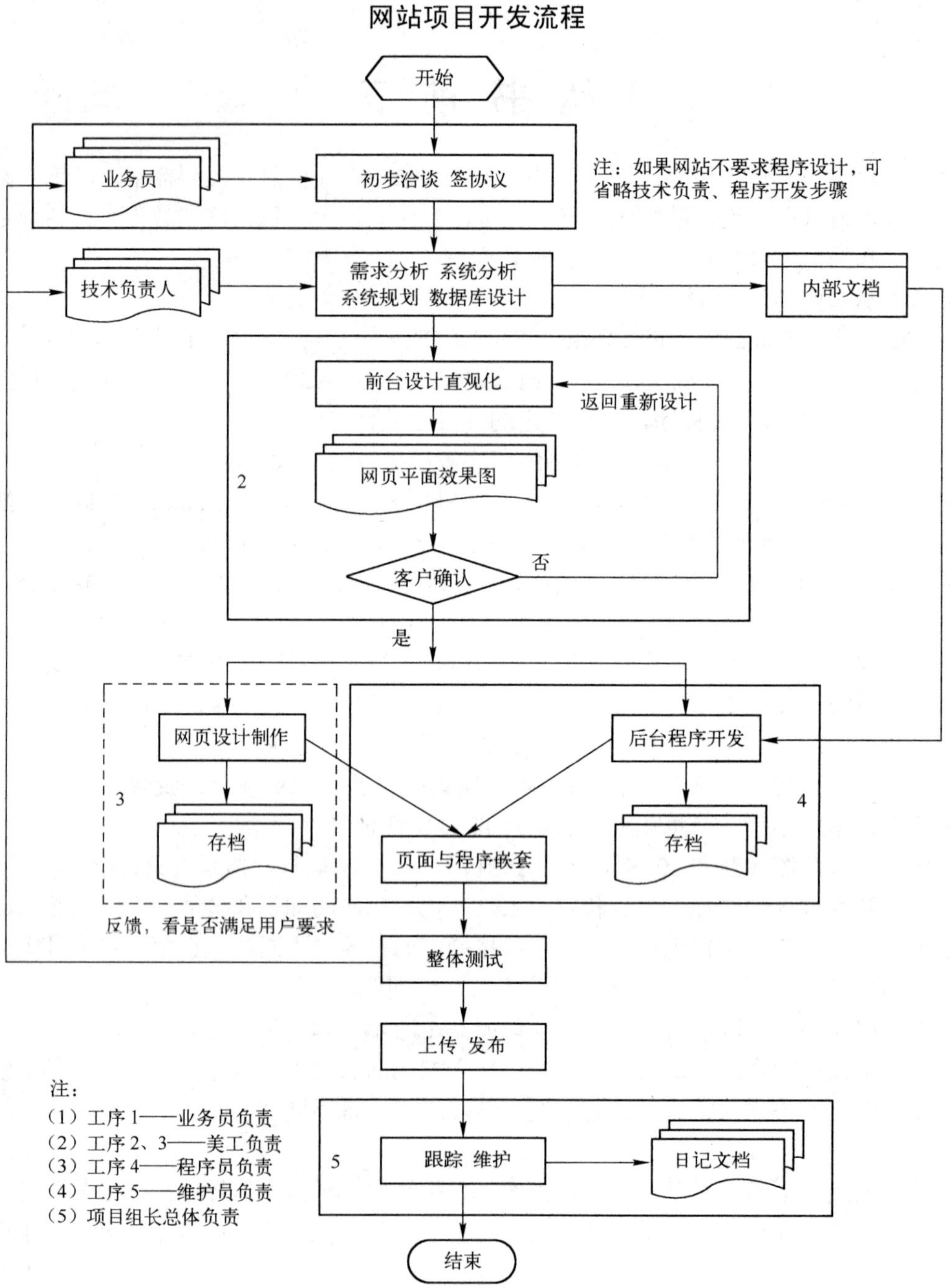

图 0-1　网站项目开发流程

核心课程简介

“网站建设与管理”核心教材有《网页制作工具》、《网页美工》、《静态网页编程》、《静态网页综合实训》、《网站数据库技术》、《ASP 动态网页编程》（含综合实训）、《PHP 动态网页编程》（含综合实训）7 本教材。以“绿蕾教育网”网站的设计与制作为课程的主线项目，“学生个人主页”为副线项目，课后“做一做”为知识巩固模块，静态网页综合实训和动态网页综合实训中的项目实训为技能强化内容，有条件的学校还可以带领学生承接对外项目开发业务，作为专业技能的深化，提升学生的实战能力，如图 0-2 所示。

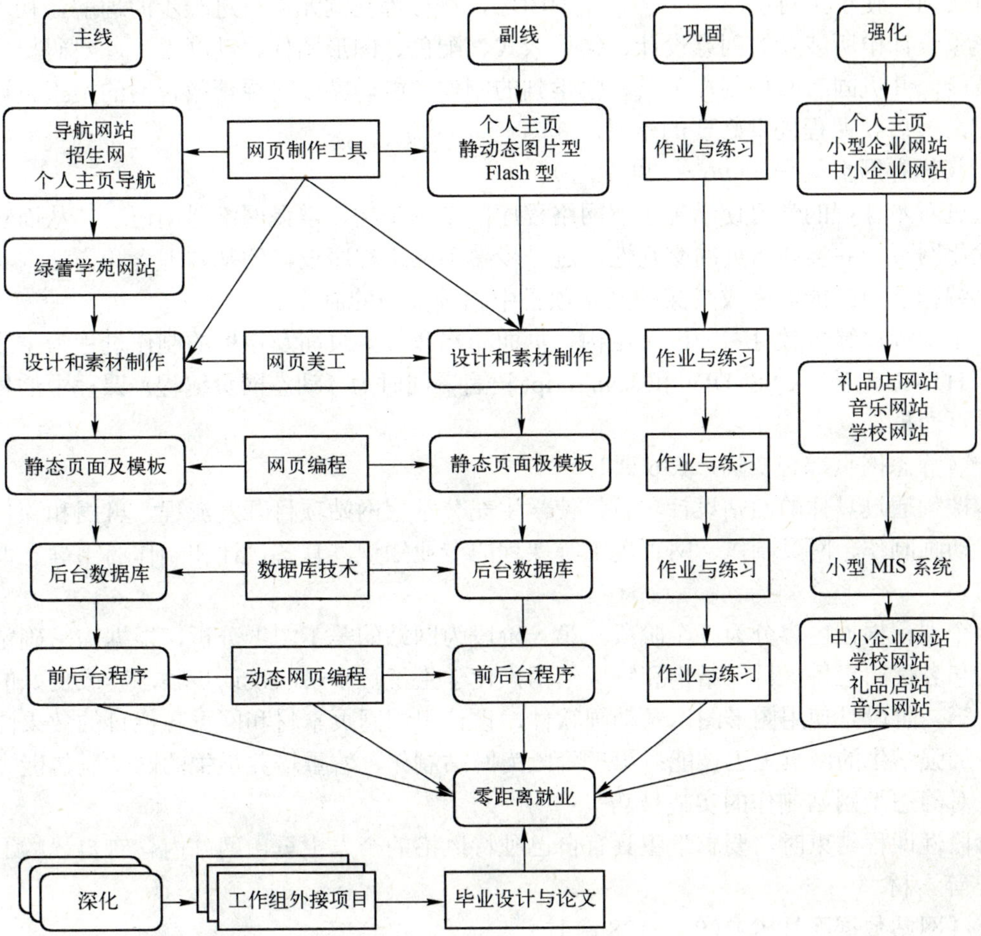

图 0-2　课程内容流程

1.《网页制作工具》（Photoshop、Fireworks、Flash、Dreamweaver）（96～128 课时）

本书主要内容包括网页组成、Photoshop 的使用、Fireworks 的使用、网页小样设计、网页素材设计与制作、网页动画、Flash 动画制作基础、各种基本动画创建、网页基本对象创建、页面布局、表单创建、页面制作等。

本书遵循网页制作的实际流程，讲述用 Photoshop、Fireworks、Flash 制作网页素材，用 Dreamweaver 制作网页，多个完整的静态网页项目的制作过程贯穿始末，内容浅显易懂，注重技巧和实用性。

使学生学会使用 Photoshop、Fireworks、Flash、Dreamweaver 等软件，并对网站设计流程有初步的了解。课程中涉及的实例主要为网站集群中的导航网站、招生在线和个人主页导航。

2.《网页美工》（96～128 课时）

网页美工分为网页赏析和网页美工两部分。

网页赏析：以美工的角度对网页模板从构思创意、整体风格和特色、针对所服务对象的特点，以及色彩、图形、版式、字体、框架、表格、UI 设计等，由整体到局部进行详尽评价和鉴赏。使学生对网页设计有感性上的认识，增进学生对专业学习的兴趣。

网页美工：从绿蕾教育网的结构版式、页面小样、文字、Logo、Banner 的设计入手，通过项目实训，使学生对色彩、文字、图形图像、符号等视觉元素有进一步的理解，初步具备视觉形象设计中所涉及的创意设计、结构版式、配色、图形图像、动画设计、数码摄影等知识和技能，并巩固《网页制作工具》中学到的制作技能，完成对绿蕾教育网的美工设计和素材制作，为后续课程提供必要的素材。

3．《静态网页编程》（96～128 课时）

通过对本课程的学习使学生了解网络程序的基本架构，掌握网络通用语言，从而实现创建和优化网页，并实现网页的交互性，进一步熟悉网络程序设计的基本理念和方法，具备初级网页编程能力，能够完成贯穿的网站项目中相关页面的制作。

整个课程以绿蕾教育网的网站结构、页面布局和静态页面及模板的制作过程为主线，内容涉及 HTML 语言、CSS+DIV 和 JavaScript 语言，同时为《动态网页编程》课程中的相关内容提供页面框架。

4．《静态网页综合实训》（36 课时）

本课程通过具体的网站设计项目，使学生充分掌握网站项目开发流程，巩固和深化图像处理、动画制作、网页制作、网页美工等课程的专业知识，具备设计和制作商用静态型网站的能力。

整个课程根据内容分为三个阶段，第一阶段为网站的美工图纸分析，根据需求确定网站的主题和名称、栏目、目录结构和链接结构，使学生了解整站的设计步骤，养成良好的设计理念；第二阶段是使用图形图像及动画软件，设计组织网页素材和网页各栏目的效果图，重点在于加强学生的网页美工技能；第三阶段为网站制作，着重培养学生的网站制作能力，培养学生对静态型网站制作的实战技巧。

阶段性课程结束时，要求学生具有自己独特风格的个人主页，网站内含有自己的 Logo、Banner 等素材。

5．《网站数据库技术》（96～128 课时）

通过对本课程的学习，让学生对数据库技术有个整体的把握和认识，熟练掌握 Access 数据库管理系统的使用方法，了解不同数据库管理系统的差异，以及如何在它们之间进行数据交互；同时掌握数据库和其他办公软件的数据交互；利用 Access 窗体技术和 VBA 编程技术，通过 ADO、SQL 的强化学习，使学生充分掌握利用 DDL/DML 控制和操纵通用数据库的能力，掌握 C/S 架构网络程序的开发技能，学会 MS SQL Server 的安装、建库、建表、建视图和使用。

整个课程以绿蕾教育网站后台管理程序的设计和数据处理为主线，介绍数据库技术的专业知识和技能，使学生对动态网站的编程理念有个整体的认识，对单机版 MIS 系统、C/S 架构网络程序有较深的理解。同时为《动态网页编程》提供后台数据库，为学生学习 B/S 架构的网络程序开发奠定基础。

6．《ASP 动态网页编程》（含综合实训）（学习篇 96～128 课时，综合实训篇 80 课时）

通过对本课程的学习使学生了解 B/S 架构网络程序的基本结构和程序设计方法，熟练掌握使用 ASP 创建和运行动态 Web 服务器应用程序的技能，具备结合 HTML、CSS、VBS、JS、ActiveX 组件和数据库创建交互的 Web 页和基于 Web 的功能强大的应用程序的编写能力，具备中级网络程序设计的能力。

本课程围绕绿蕾教育网前后台各模块的 ASP 程序设计（数据库信息显示、自助友情链接、调查系统、用户的登录与注册、在线人数统计与显示、评论、后台管理系统等），将 ASP 的各个知识点分散在各个程序模块中，能够完成贯穿在网站项目中的相关页面的程序代码编写工作。

综合实训通过完成具体的网站设计项目，使学生充分掌握动态型网站项目开发流程，巩固和深化前阶段所学的各专业课程知识，加深认识各门专业课程在网络程序设计中的地位及相互之间的知识关联，使学生具备设计制作商用动态 ASP 型网站和 B/S 架构的小型 MIS 系统的能力。

整个课程根据内容分为独立的 5 个模块，每个模块严格遵循软件开发流程设计，侧重规划设计与程序代码的编写。

7.《PHP 动态网页编程》（含综合实训）（学习篇 96～128 课时，综合实训篇 80 课时）

通过对本课程的学习使学生学会 MySQL 的建库、建表、建视图和使用，了解 B/S 架构网络程序的基本结构和程序设计方法，熟练掌握使用 PHP 创建和运行动态 Web 服务器应用程序的能力，具备结合 HTML、CSS、JS、ActiveX 组件、MySQL 数据库创建交互的 Web 页和基于 Web 的功能强大的应用程序的编写能力，具备中级网络程序设计的能力，能够完成贯穿在网站项目中的相关页面的程序代码编写工作。

本课程围绕绿蕾教育网前后台各模块的 PHP 程序设计（数据库信息显示、自助友情链接、调查系统、用户的登录与注册、在线人数统计与显示、评论和建议、后台管理系统等），将 PHP 的各个知识点分散在各个程序模块中。

综合实训通过完成具体的网站设计项目，使学生充分掌握动态型网站项目开发流程，巩固和深化前阶段所学的各专业课程知识，加深认识各门专业课程在网络程序设计中的地位及相互之间的知识关联，使学生具备设计制作商用动态 PHP 型网站和 B/S 架构的小型 MIS 系统的能力。

整个课程根据内容分为 5 个模块，每个模块严格遵循软件开发流程设计，侧重规划设计与程序代码的编写。

“网站建设与管理”课程设置及教学时间安排推荐

课程类别	序号	课程名称	学时合计	学期					
				一	二	三	四	五	六
专业必修课程	1	美术基础	96	6					
	2	网页制作工具	96	6					
	3	静态网页综合实训	36	两天[1]	三天[1]	一天[1]			
	4	网页美工	128		8				
	5	静态网页编程	128		8				
	6	网站数据库技术	128			16A[2]			
	7	ASP 动态网页编程（学习篇）	128			16B[2]			
	8	ASP 动态网页编程（综合实训篇）	80			三天[1]	6A[2]		
	9	PHP 动态网页编程（学习篇）	128				16		
	10	服务器管理	60				两周[3]		
	11	PHP 动态网页编程（综合实训篇）	80				6B[2]		

续表

课程类别	序号	课 程 名 称	学时合计	学 期					
				一	二	三	四	五	六
专业必修课程	12	网络推广技术	32				2		
	13	毕业设计指导						16	
		电子商务技术员（选）	128					8	
周 学 时				10	16	16	20	24	

注：1．全天候上课，课时紧张时，可以安排在双休日进行；

2．A、B 是指一个学期内，先上 A 的课程，A 课程结束后再上 B 的课程；

3．两周全天候上课。

前　　言

本书是“网站建设与管理”核心课程中最重要的课程之一，全书紧紧围绕ASP技术精髓展开，以实际项目开发流程为主线，将知识模块分为多个可操作的任务，带领读者一步一步学习使用ASP编程技术完成动态网站的开发。本书以行动体系理论为指导，围绕项目实际需要和开发过程，在内容选取上以实用为主，尽量不涉及过于深奥而抽象的专业术语，内容安排上由浅入深，循序渐进。对于较复杂的语句及程序代码，不求一次掌握，而采用“师傅带徒弟”的模式，通过多个任务、多次反复的训练，使读者在不知不觉中渐渐学会并掌握ASP动态网页编程技术。

为了适应中等职业学校课程改革，本书采用知识模块化编写体系，以创建“绿蕾教育网”项目为主线，紧密围绕项目开发实例，将知识模块细分为6章31个任务，每个任务完成网站项目中的一部分功能，最后汇成整个网站；操作步骤清晰，有利于初学者比较系统地学习ASP动态网页编程技术，掌握ASP动态网站项目的开发方法及过程。

本书具有以下特点：

1．融入MIS开发理念

本书在网站项目开发中融入了信息管理系统（Management Information System，MIS）开发理念，对频道、栏目及子栏目采用统一的编码管理，极大地提高了网站代码尤其是网站后台程序的复用率。利用本书提供的网站后台程序，在不改变任何代码的情况下，只要调整栏目分类表（Catalog）中的频道栏目信息，即可实现对不同类型网站的管理。而前台程序只要简单地将相应的源代码粘贴到新网站上，稍作调整即可。从而使中职学生能够快速掌握商业网站开发技能。

在对数据库进行相关操作时，沿用《网站数据库技术》一书中的Command对象处理数据技术，强化读者对Command对象的数据处理能力。

2．知识模块化

本书在内容选取上以实用为主，尽量不涉及过于深奥而抽象的ASP技术术语，将复杂的ASP动态网页编程技术转化为多个通俗易懂的任务。在内容安排上由浅入深，循序渐进。全书归纳为认识绿蕾教育网、动态网站设计规范、信息读取与列表显示技术、图文信息显示技术、分页技术、信息搜索技术、数据编辑（插入、修改、删除）技术和操作权限控制技术。

当读者系统学习这些知识后，就可以利用ASP技术开发各类商业化网站及日常工作中所涉及的B/S架构信息管理系统。

3．操作任务化

全书面向使用，以一个完整的“绿蕾教育网”网站项目为引导，将每个模块中的相应知识按照网站开发流程要求细分为多个任务，每个任务分为以下几个部分。

任务描述：明确提出本任务要完成的操作及完成本任务所涉及的相关知识，让学生带着任务学习知识，在具体操作中巩固知识。根据不同的任务与学习进度，适时提出“想一想”、“注意”、“提示”等内容，对学生的学习起到指点、启发、诱导和温习作用。

"操作步骤"：完全参照项目实践要求，手把手分步骤引领学生完成本任务的整个操作过程。

"知识拓展"：详细介绍本任务所涉及的新知识、新命令、新函数、新方法等，并总结归纳相关技能，由点到面，使学生深入理解ASP编程技术，由感性升华到理性。

"做一做"：帮助学生思考、理解和消化本任务的知识点。"做一做"一般用于学生的课后练习。

每个任务具体而明确，知识内容展示顺序合理，操作步骤清晰，当所有任务（含做一做）完成后，就可以得到一个完整的"绿蕾教育网"网站。

4. 配套资料丰富

为了方便教学，我们还提供了为本书配套的电子资料包，主要包含以下内容：

- "绿蕾教育网"静态网站素材；
- "绿蕾教育网"数据库文件，含各频道栏目信息及图文资料；
- "绿蕾教育网"网站前后台源代码；
- 每个任务结束后的源代码，便于未按教学进度完成项目的学生使用；
- 学校机房环境配置推荐方案，方便教师组织上机实训。

本书第1章由陈丁君、边小旗编写，第2章由何琳（北京市求实职业学校）、许昭霞、陈彦杰编写，第3章由马丽红、付海峰、程鹏、马浩锟编写，第4章由马莹、乔得琢编写，第5章由陈丁君、赵慧敏编写，第6章及附录由陈丁君、何琳编写，代码实现由王贺、徐红霞完成。综合实训篇由陈丁君编写，全书由陈丁君统稿。本书在编写过程中得到了中国人民解放军军械工程学院王森教授、石家庄市第二职业中专学校田全中副校长、宁波市职业教育研究室陈建军副主任和电子工业出版社关雅莉博士的大力支持和帮助，在此表示衷心的感谢。

由于编者水平有限，错误在所难免，敬请广大读者原谅，并给予批评指正。

本书的案例网站测试地址：http://demo.edu123.net、http://www.edu123.net

作者的电子邮箱：netschool@teacher.com、webmaster@greenbud.cn

如果读者有疑问，也可以登录论坛发表意见和建议，论坛网址：http://bbs.greenbud.cn

编　者

2011年8月

目　　录

学　习　篇

综合实训篇

学 习 篇

第 1 章　了解动态网站编程技术

学习目标

- ◆ 了解动态网站的基本结构
- ◆ 了解当前流行的动态网页编程技术
- ◆ 理解 B/S 架构网络程序工作原理
- ◆ 理解绿蕾教育网前、后台工作流程
- ◆ 掌握网站文件夹的组织、文件夹和文件名命名规范
- ◆ 掌握 Windows XP 环境下的 IIS 配置技能
- ◆ 熟练掌握 Dreamweaver 站点管理技能
- ◆ 熟练掌握网页文件头注释规范

内容摘要

- ◆ 介绍 B/S 架构网络程序的工作原理
- ◆ 介绍动态网页当前流行的编程技术
- ◆ 介绍 Windows XP 环境下的 IIS 配置方法
- ◆ 详细介绍绿蕾教育网前、后台程序的使用
- ◆ 详细介绍 Dreamweaver 站点的新建与管理
- ◆ 详细介绍 ASP 网站的设计规范（文件及文件夹部分）
- ◆ 详细介绍网页文件头的注释规范

任务 1　浏览绿蕾教育网

任务描述

为了减轻网站更新工作量及便于在网上发布专供学员使用的资源包，绿蕾工作组开发了一套动态网站系统，通过简单地把信息保存到数据库中即可实现网站内容的更新，利用网站的会员功能也可实现信息资源的有限使用。但是使用 Access 数据库管理系统作为后台程序，在更新信息时需要经常下载和上传数据库文件，很不方便，随着数据库文件的不断增大，下载和上传数据库文件占用了大量的时间。尽管这个问题后来通过改用 SQL Server 数据库技术解决了，但这种 C/S 架构的数据库管理系统对网络环境的要求极高，比较适合在局域网中使用，在 Internet 环境下 C/S 架构经常因为多种因素使得程序不能正常工作。

本任务主要了解采用动态网页技术的“绿蕾教育网”，为学习动态网页编程奠定基础。

想一想　C/S 架构的网络程序有何特点？

为了解决在 Internet 环境中也能很方便地完成后台程序的功能，将后台设计成与前台程序一样的形式呢？回答是肯定的。

小知识　什么是三层架构？

随着 Internet 技术的兴起，人们在 C/S 架构的基础上进行了改进，推出了 B/S（Browser/Server）架构，即浏览器和服务器架构，动态网站即属于 B/S 架构的网络程序。在这种架构下，用户工作界面是通过 WWW 浏览器来实现的，主要事务逻辑在服务器端（Server，服务器）实现，极少部分事务逻辑在前端（Browser，浏览器）实现，形成所谓三层架构，如图 1-1 所示。这样就大大简化了客户端计算机载荷，减轻了系统维护与升级的成本和工作量，降低了用户的总体成本。

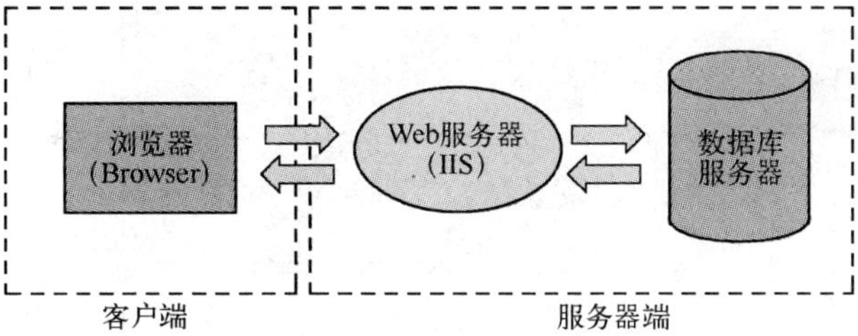

图 1-1　B/S 三层架构

操作步骤

1．浏览前台网页

（1）打开主页

启动 IE，在地址栏输入“http://demo.edu123.net”，即可打开绿蕾教育网的主页，该首页包含页头、主信息、分隔条、次信息、友情链接和页脚 6 个区域，如图 1-2 所示。

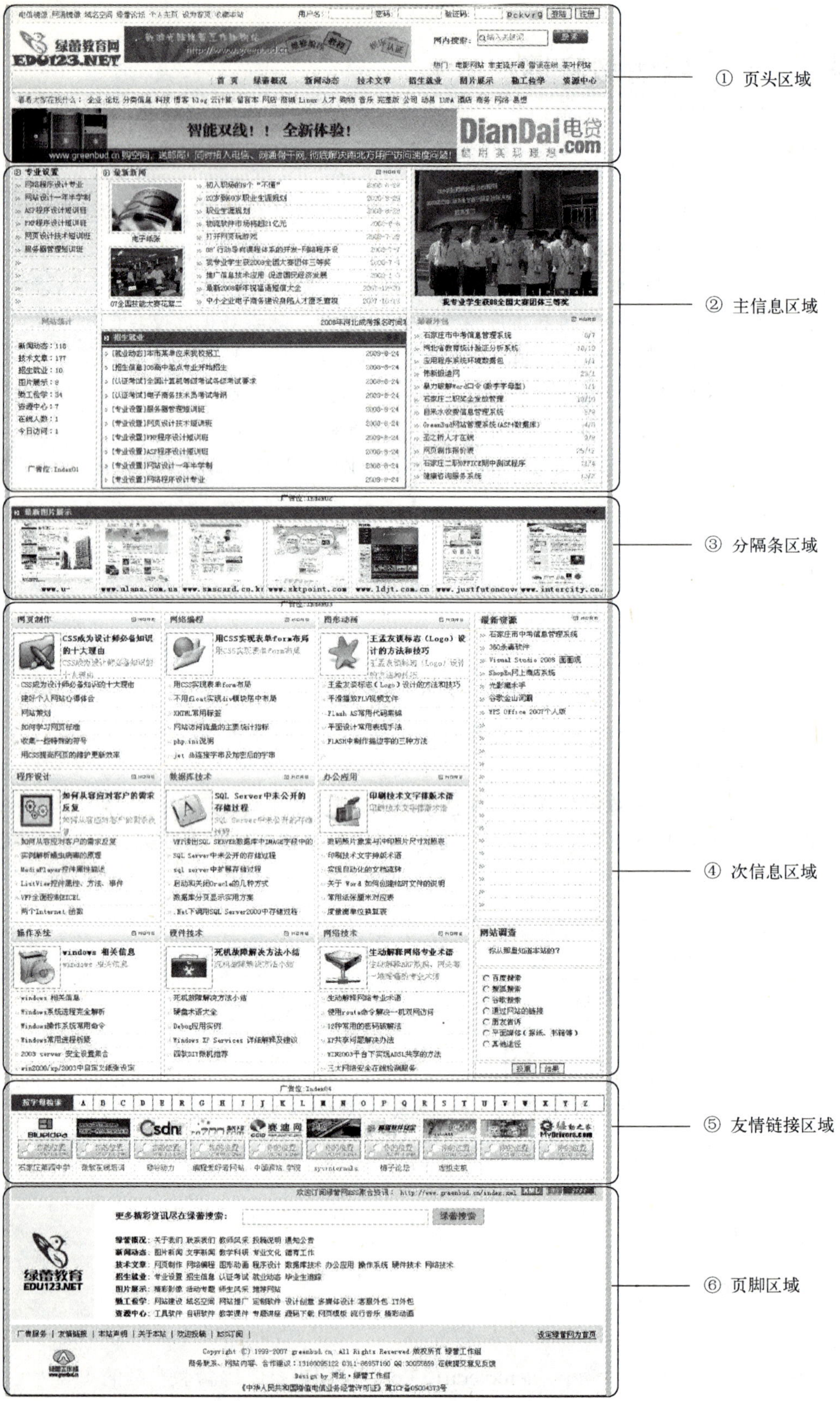

图 1-2　绿蕾教育网首页

① 页头区域：重要资讯链接、设为主页操作、收藏本站操作、用户登录操作或用户信息显示、网站 Logo、网站 Banner、关键字搜索操作、主菜单、热门关键字、广告位 Head01。

② 主信息区域：置顶“专业设置”列表（最多 10 条）、网站统计信息、广告位 Index01、最新非置顶图片新闻（最多 2 条）、最新文字新闻（最多 10 条）、公告信息滚动条（最多 6 条）、招生就业信息列表（最多 10 条）、Flash 滚动焦点图（最新置顶图片新闻，最多 5 条）、最新外包（最新勤工俭学信息，最多 12 条）。

③ 分隔条区域：广告位 Index02、最新图片展示信息（最多 7 条）、广告位 Index03。

④ 次信息区域：技术文章的 9 个栏目中，各自的最新置顶（最多 1 条）和最新文章（最多 6 条）列表、最新资源信息列表（最多 22 条）、网站调查操作。

⑤ 友情链接区域：按字母检索条（用于分隔上一个区域）、图片型友情链接信息（最多 20 条）、文字型友情链接信息（最多 20 条）。

⑥ 页脚区域：全能搜索操作、网站地图、部分操作链接及版权信息等。其中，“《中华人民共和国增值电信业务经营许可证》冀 ICP 备 05004373 号”必须根据工业和信息化部要求申请和放置，必须位于网站首页底部居中位置，并建立“http://www.miibeian.gov.cn”链接，备案号可到“www.miibeian.gov.cn”网站申请。

（2）浏览列表

单击页头区域部分主菜单中的“技术文章”链接，即可打开“信息列表”页面，该页面除包含页头和页脚之外，还有位置导航、栏目列表（如果存在下级栏目，则显示下一级栏目名称和链接，否则显示本级栏目名称和链接）、最新精品推荐信息列表（最多 5 条）、本类最新热门信息列表（最多 5 条）、本栏目最新热门信息列表（最多 5 条）、最新本栏目精品推荐信息列表（最多 5 条）、广告位 list01、列表信息显示（每页 10 条）、分页工具条等，如图 1-3 所示。

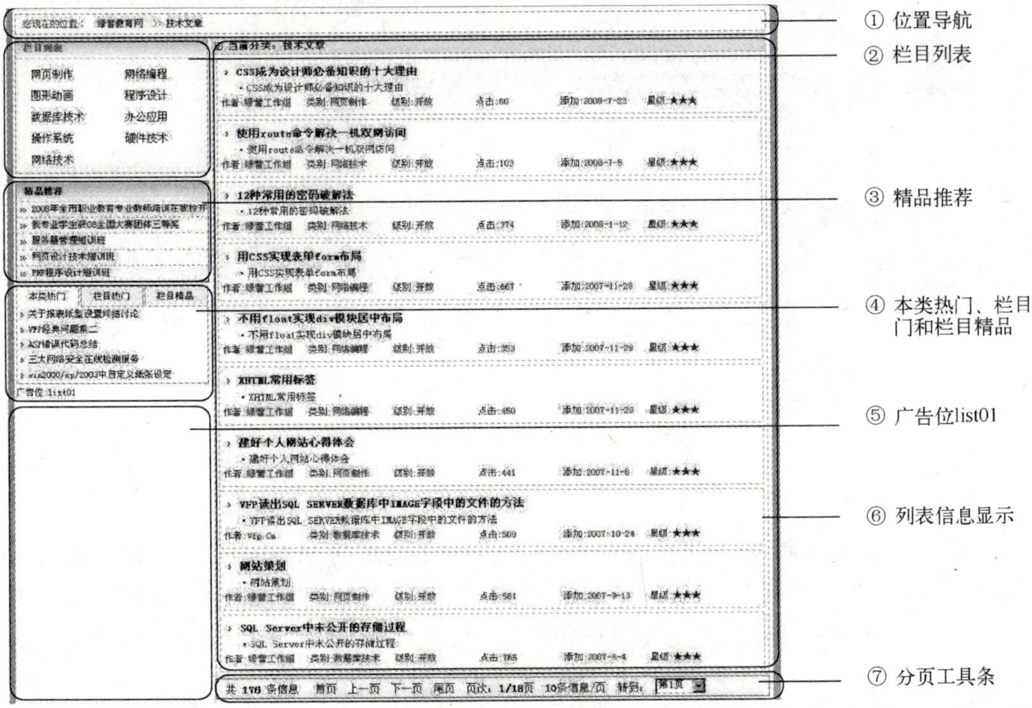

图 1-3　信息列表页面

（3）浏览图文信息

单击列表信息中的相关文章标题，例如“CSS 成为设计师必备知识的十大理由”，即可打开“图文信息”页面，该页面除包含页头和页脚、位置导航、栏目列表（如果存在下级栏目，则显示下一级栏目名称和链接，否则显示本级栏目名称和链接）、最新精品推荐信息列表（最多 5 条）、本类最新热门信息列表（最多 5 条）、本栏目最新热门信息列表（最多 5 条）、最新本栏目精品推荐信息列表（最多 5 条）、广告位 ArtInfo01（规格和位置同 list01）之外，还有广告位 ArtInfo02 和 ArtInfo03、图文信息显示（标题、作者、来源、点击数、更新时间、图文内容等）、页面操作工具条（收藏、打印和关闭）、相关信息显示（本文关键字百度搜索、本文关键字谷歌搜索、上一篇和下一篇列表）、针对本文的最新评论信息（最多 5 条）、针对本文发表评论操作等，如图 1-4 所示。

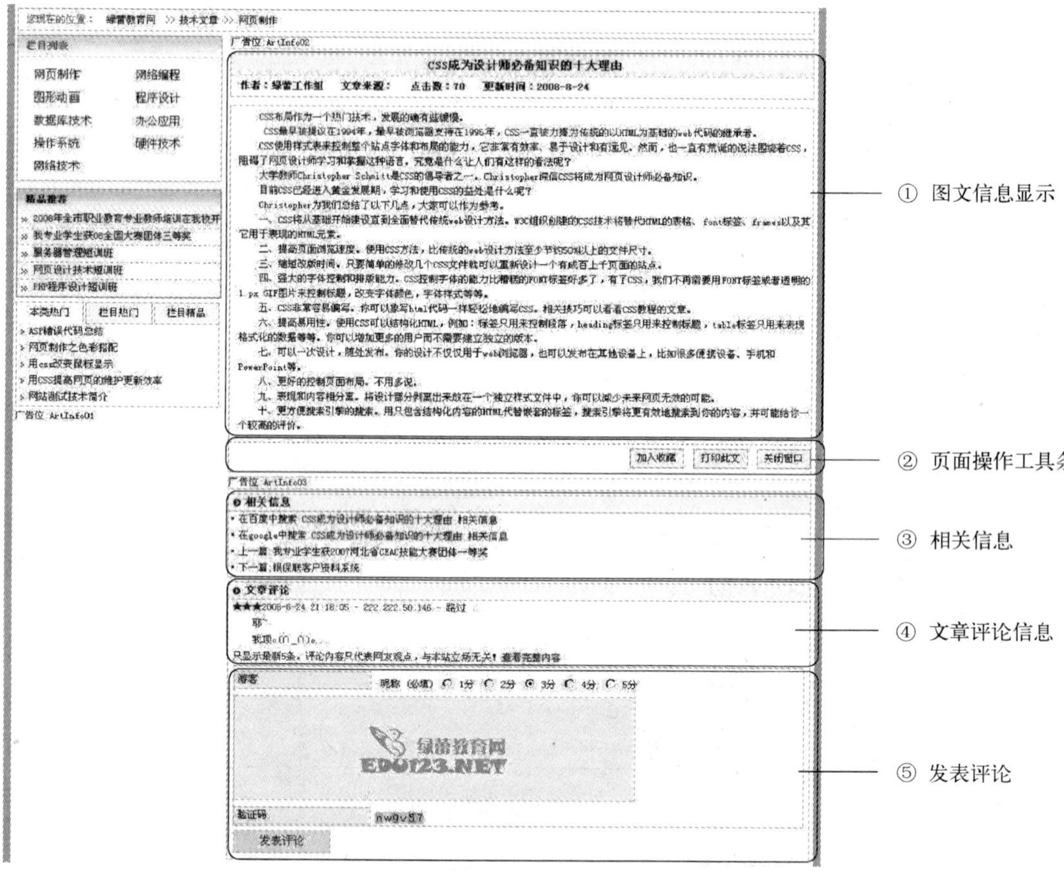

图 1-4　图文信息显示页面

（4）搜索信息

本网站提供了 4 种搜索方式：按关键字搜索图文及资源信息（页头关键字搜索和热门搜索）、按标题第一个英文字母搜索资源信息（首页中的字母搜索）、绿蕾搜索（按关键字、标题、内容全面搜索图文及资源信息）和调用百度/谷歌搜索引擎（按关键字站内搜索）。

在绿蕾搜索框中输入“中考”，单击“绿蕾搜索”按钮，即可打开搜索结果信息列表页面，该页面包含页头和页脚、整站最新精品推荐信息列表（包括图文和资源，最多 10 条）、整站最新热门信息列表（最多 10 条）、广告位 Search01（规格和位置同 list01）、搜索结果列表信息显示（同信息列表页面）、分页工具条等，如图 1-5 所示。

图 1-5 “中考”搜索结果列表信息页面

（5）下载资源

在上述搜索页面中找到“自研软件”类别的“石家庄市中考信息管理系统”信息，单击该链接，即可打开“资源信息”页面，该页面除包含页头和页脚、位置导航、栏目列表（如果存在下级栏目，则显示下一级栏目名称和链接，否则显示本级栏目名称和链接）、最新精品推荐信息列表（最多 5 条）、本类最新热门信息列表（最多 5 条）、本栏目最新热门信息列表（最多 5 条）、最新本栏目精品推荐信息列表（最多 5 条）、广告位 ResInfo01（规格和位置同 list01）之外，还有广告位 ResInfo02～ResInfo06、资源信息显示（运行环境、语言环境、授权方式、资源等级、整理时间、资源作者、主页/演示、源码大小、资源界面图、浏览次数、下载次数、资源内容介绍等）、下载页面（资源下载链接，最多 4 条）、相关信息显示（本文关键字百度搜索、本文关键字谷歌搜索、上一篇和下一篇列表）、针对本资源的最新评论信息（最多 5 条）、针对本资源发表评论操作等，如图 1-6 所示。

（6）会员注册

单击页面右上角的“注册”按钮，即可打开“用户注册”页面，该页面除包含页头和页脚外，还有用户注册协议和用户注册表单（用户名、密码、再次输入密码、真实姓名、性别、城市、E-mail 和验证码），如图 1-7 所示。

图 1-6　资源信息页面

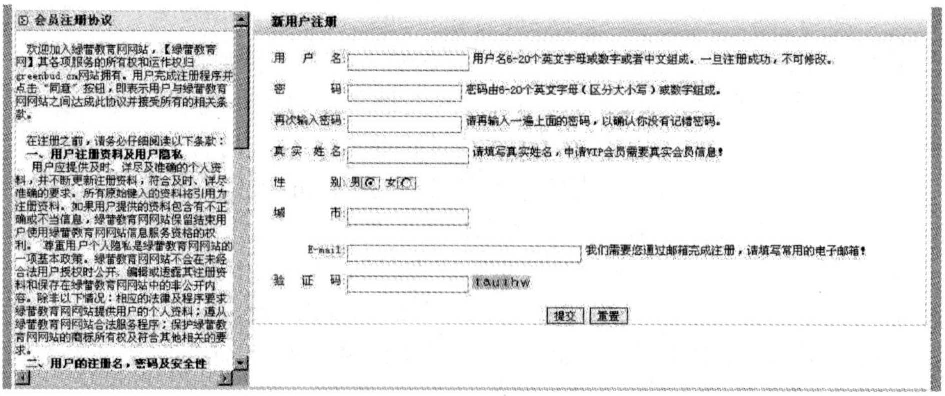

图 1-7　用户注册页面

（7）申请友情链接

单击页面左下角的“友情链接”链接，即可打开“友情链接申请”页面，该页面除包含页头和页脚外，还有友情链接申请协议和友情链接申请表单（网站名称、网站地址、联系人、

E-mail、网站链接类型、网站 Logo 地址、网站描述和验证码），如图 1-8 所示。

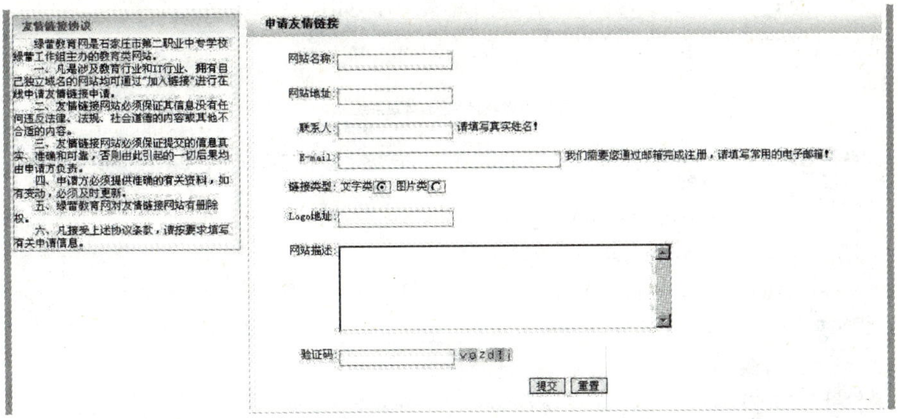

图 1-8　友情链接申请页面

（8）用户登录

在右上角输入用户名“83”、密码“83”和验证码后，单击“登录”按钮，即可登录到本站，也可以用自己注册的用户名和密码登录。用户登录后，该区域将显示用户相关信息，如图 1-9 所示。

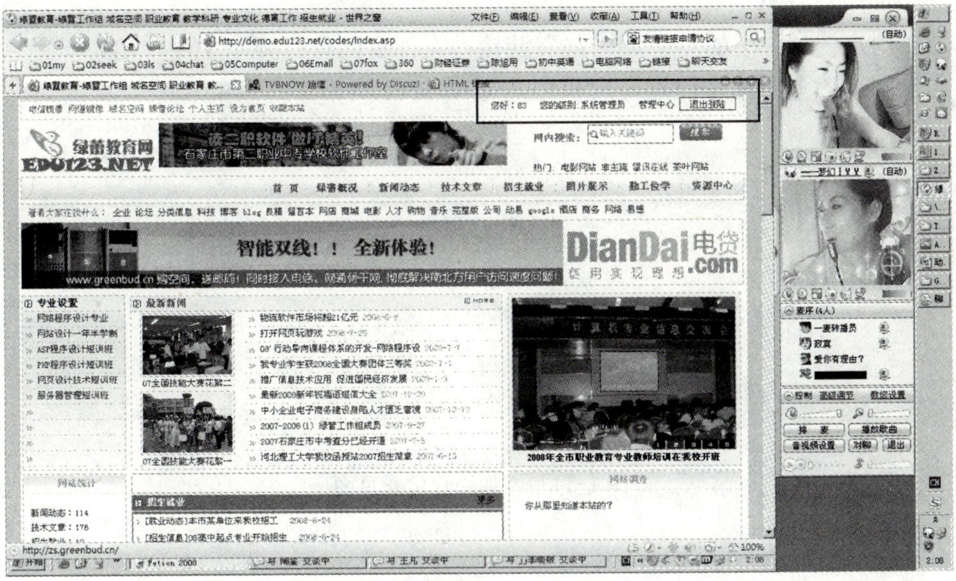

图 1-9　登录用户相关信息

2．使用后台程序

（1）后台管理首页

用户登录后，在用户信息显示区域将出现“管理中心”链接，单击该链接即可进入后台管理首页，该页面是由上、左、右 3 个页面组成的框架结构。其中，上部页面主要有用户名、用户级别、返回首页链接、修改用户信息链接和退出系统链接；左部页面为后台操作菜单页面，主要有是由用户管理（添加用户和管理用户）、信息管理（添加文章、添加资源和管理图文资源信息）、评论管理（管理评论）、友情链接管理、调查管理（添加调查和管理调查）、广告管理和版权信息；右部页面为网站相关信息显示，如图 1-10 所示。

非管理员只能执行“修改用户信息”操作。

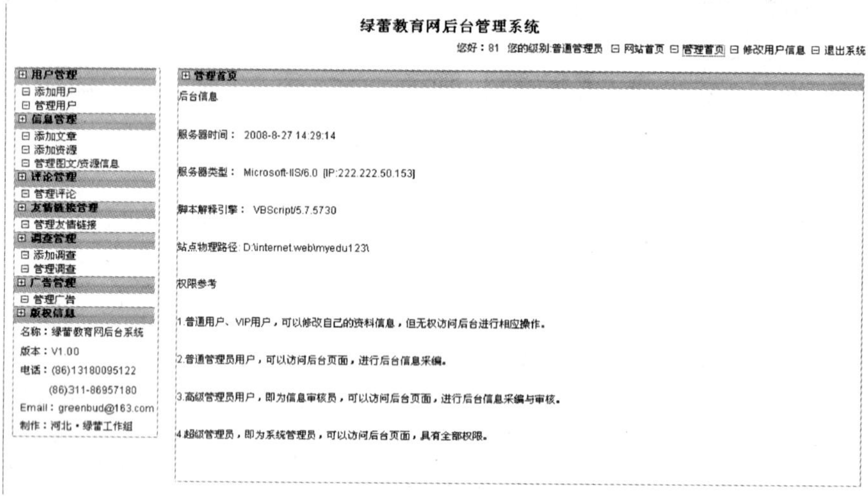

图 1-10　后台管理首页

（2）添加用户信息

单击“用户管理”中的“添加用户”链接，右部页面将打开添加用户信息页面，与用户注册页面不同，该页面允许设置用户权限，如图 1-11 所示。

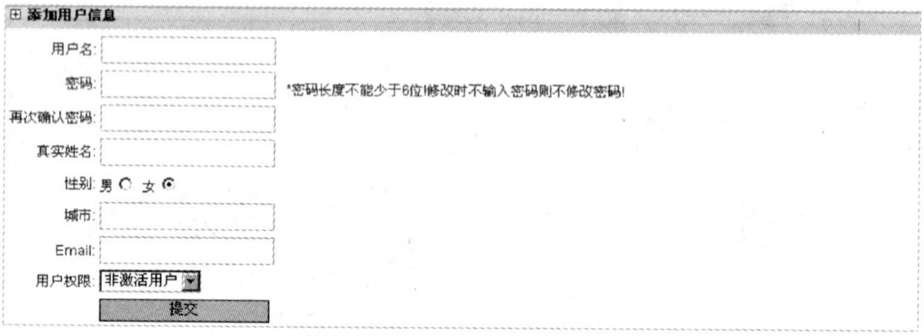

图 1-11　添加用户信息页面

（3）管理用户信息

单击“用户管理”中的“管理用户”链接，右部页面将打开用户信息列表页面，如图 1-12 所示。在该页面中单击“修改”链接即可修改该行对应的用户信息，单击“删除”链接则可永久删除（SQL-Delete 操作）该行对应的用户。

修改用户信息页面与添加用户页面相同，在进行修改操作时，系统不允许操作人员执行修改用户名的操作，如果操作人员不输入密码，则用户名密码将被保留。

（4）发布图文信息

单击“信息管理”中的“添加文章”链接，右部页面将打开添加图文信息页面，如图 1-13 所示。

⊞ 用户管理

用户名	真实姓名	电子邮件	性别	城市	权限	最后登录IP	最后登录时间	最后登出时间	次数	操作
greenbud1	陈丁君	master@edu123.net	男	石家庄	未激活会员	222.222.50.146	2008-8-23 17:34:53	2008-8-23 17:34:56	3	修改 删除
811	陈丁君	asd@www.com	男		普通会员				0	修改 删除
greenbud	绿蕾工作组	webmaster@greenbu	男	石家庄	系统管理员	222.222.50.146	2008-8-24 20:52:01	2008-8-24 21:27:30	1	修改 删除
83	8311	ddd@ddd.com	女		系统管理员	222.222.50.146	2008-8-25 23:36:11	2008-8-24 20:51:41	10	修改 删除
82			女		高级管理员				0	修改 删除
81	Demo测试用户	no1@greenbud.cn	女	石家庄	普通管理员	222.222.50.146	2008-8-23 17:36:52	2008-8-23 17:33:37	6	修改 删除
0			女		未激活会员				0	修改 删除
freefish	zuo	,njn@126.com	女	ghf	未激活会员				0	修改 删除
1			女		普通会员	222.222.50.146	2008-8-20 21:10:54	2008-8-20 21:11:01	1	修改 删除
wwwww	wwwwwww	ww@126.com	男	wwww	未激活会员				0	修改 删除
2	11111111	aa@126.com	男	1111111	VIP会员				0	修改 删除
的进口货	许阳	548687887@qq.com	女	辽宁	未激活会员		2008-1-26	2008-1-27	6	修改 删除
扩大会发	刘颜	578789757@qq.com	男	贵阳	普通管理员		2008-2-14	2007-12-16	4	修改 删除
靠我	许红	579875477@qq.com	男	杭州	VIP会员		2008-1-23	2008-1-25	4	修改 删除
阿空间	陈秋水	577979788@qq.com	女	苏州	普通会员		2008-1-16	2008-1-18	3	修改 删除

共 28 条信息　首页　上一页　下一页　尾页　页次：1/2页　15条信息/页　转到：第1页

图 1-12　用户信息列表页面

（5）发布资源信息

单击“信息管理”中的“添加资源”链接，右部页面将打开添加资源信息页面，如图 1-14 所示。

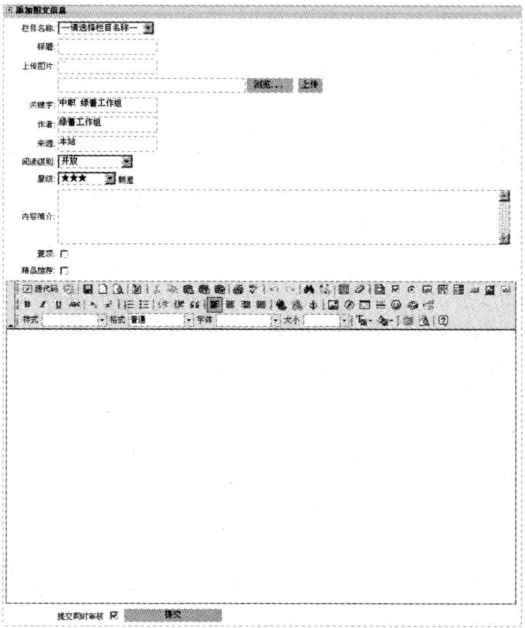

图 1-13　添加图文信息页面

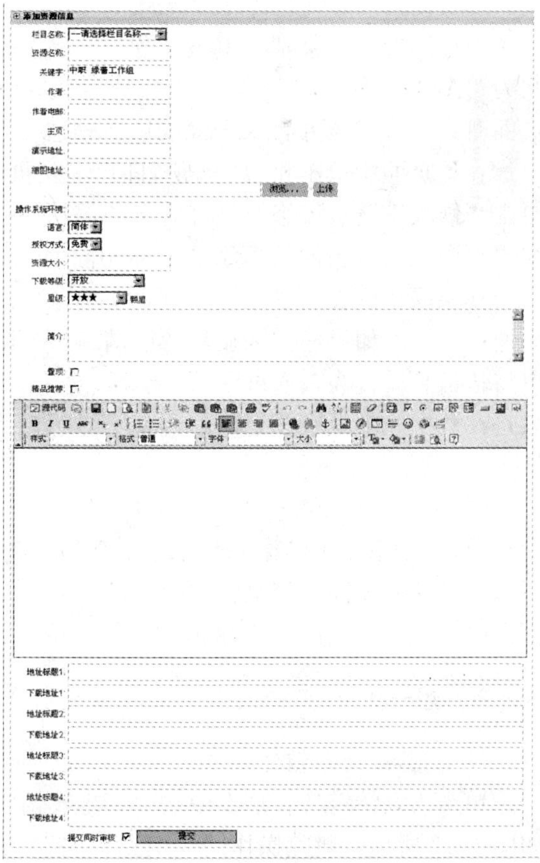

图 1-14　添加资源信息页面

（6）管理图文及资源信息

单击“信息管理”中的“管理图文/资源信息”链接，右部页面将打开信息列表页面，该页面分为信息筛选工具条、信息列表、操作和分页工具条 4 个部分，如图 1-15 所示。

⊞ 信息管理　所有类别　审核设置　置顶设置　精品设置　未删除　提交

类别	标题	作者	时间	操作
图片新闻	我专业学生获2007河北省CEAC技能大赛团体一等奖	绿蕾工作組	2008-8-24	修改 取消审核 通过推荐 取消置顶 删除
图片新闻	2008年全市职业教育专业教师培训在我校开班	绿蕾工作組	2008-8-24	修改 取消审核 取消推荐 取消置顶 删除
就业动态	本市某单位来我校招工	绿蕾工作組	2008-8-24	修改 取消审核 通过推荐 通过置顶 删除
招生信息	08高中起点专业开始招生	绿蕾工作組	2008-8-24	修改 取消审核 通过推荐 通过置顶 删除
认证考试	全国计算机等级考试各级考试要求	绿蕾工作組	2008-8-24	修改 取消审核 通过推荐 通过置顶 删除
认证考试	电子商务技术员考试考纲	绿蕾工作組	2008-8-24	修改 取消审核 通过推荐 通过置顶 删除
推荐网站	www.u-park.com.cn	绿蕾工作組	2008-8-24	修改 取消审核 通过推荐 通过置顶 删除
推荐网站	www.ulana.com.ua	绿蕾工作組	2008-8-24	修改 取消审核 通过推荐 通过置顶 删除
推荐网站	www.smscard.co.kr	绿蕾工作組	2008-8-24	修改 取消审核 通过推荐 通过置顶 删除
推荐网站	www.sktpoint.com	绿蕾工作組	2008-8-24	修改 取消审核 通过推荐 通过置顶 删除
推荐网站	www.ldjt.com.cn	绿蕾工作組	2008-8-24	修改 取消审核 通过推荐 通过置顶 删除
推荐网站	www.justfutoncovers.com	绿蕾工作組	2008-8-24	修改 取消审核 通过推荐 通过置顶 删除
推荐网站	www.intercity.co.nz	绿蕾工作組	2008-8-24	修改 取消审核 通过推荐 通过置顶 删除
推荐网站	www.bhdouble.com	绿蕾工作組	2008-8-24	修改 取消审核 通过推荐 通过置顶 删除
图片新闻	我专业学生获08全国大赛团体三等奖	绿蕾工作組	2008-8-24	修改 取消审核 取消推荐 取消置顶 删除

共 347 条信息　首页　上一页　下一页　尾页　页次：1/24页　15条信息/页　转到：第1页

图 1-15　信息列表页面

通过选择栏目类别、审核、置顶、精品推荐、删除等不同筛选条件的组合（组合条件之间为“AND”关系），可以有效快捷地获取所需信息，系统默认筛选条件（单击链接打开该页面时）为未审核并且未删除的所有信息。

在该页面中单击相应“标题”即可在新页中打开该信息页面（前台图文或资源信息页面），单击“修改”链接可修改该行对应的信息（信息修改根据栏目类型的不同，选择不同的信息编辑页面，与各自的信息添加页面相同）。

如果操作区显示“审核”则表明该条信息未通过审核，此时单击该链接可将该信息设置为通过审核；如果操作区显示“取消审核”则表明该条信息已经通过审核，此时单击该链接可将该信息设置为未通过审核。推荐、置顶和删除同理。这里的删除并非真正意义上的删除，只是在数据表中做了标记，前台将不显示该信息，被删除的信息操作区将显示“收回”操作指示。

（7）管理评论信息

单击“评论管理”中的“管理评论”链接，右部页面将打开评论信息列表页面，如图 1-16 所示。删除操作同“信息管理”，其中列表中的内容只显示评论内容的前 20 个字符，将鼠标指向“信息内容”时，将显示完整的评论内容。

想一想　“评论列表”中，显示完整评论内容用的技术是：____________________。

（8）管理友情链接

单击“友情链接管理”中的“管理友情链接”，右部页面将打开友情链接信息列表页面，如图 1-17 所示。删除操作同“信息管理”。单击“名称”即可在新页面中打开对应的网站页面。友情链接信息添加由前台“友情链接申请页面”完成。

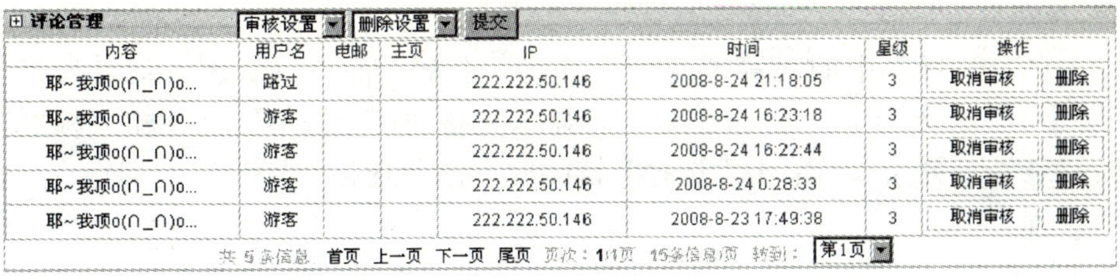

⊞ 评论管理　审核设置　删除设置　提交

内容	用户名	电邮	主页	IP	时间	星级	操作	
耶~我顶o(∩_∩)o...	路过			222.222.50.146	2008-8-24 21:18:05	3	取消审核	删除
耶~我顶o(∩_∩)o...	游客			222.222.50.146	2008-8-24 16:23:18	3	取消审核	删除
耶~我顶o(∩_∩)o...	游客			222.222.50.146	2008-8-24 16:22:44	3	取消审核	删除
耶~我顶o(∩_∩)o...	游客			222.222.50.146	2008-8-24 0:28:33	3	取消审核	删除
耶~我顶o(∩_∩)o...	游客			222.222.50.146	2008-8-23 17:49:38	3	取消审核	删除

共 5 条信息　首页　上一页　下一页　尾页　页次：1/1页　15条信息/页　转到：第1页

图 1-16　评论信息列表页面

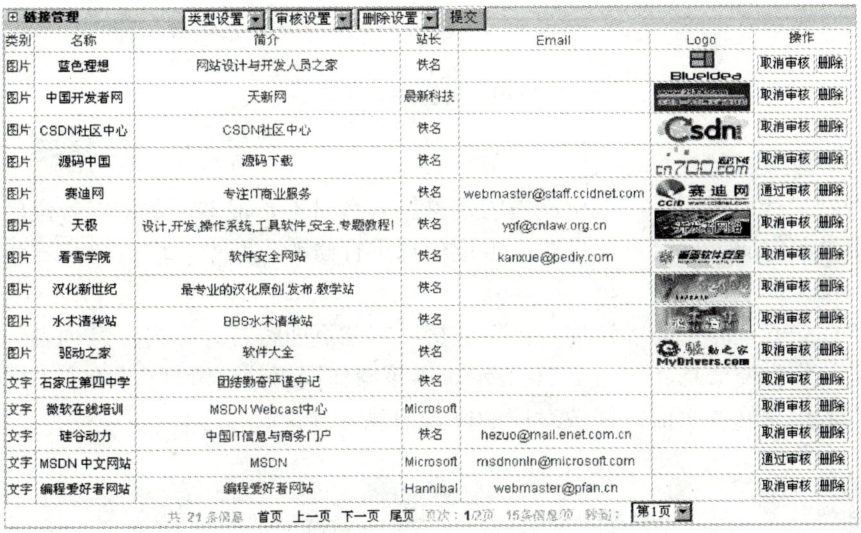

⊞ 链接管理　类型设置　审核设置　删除设置　提交

类别	名称	简介	站长	Email	Logo	操作	
图片	蓝色理想	网站设计与开发人员之家	佚名		Blueldea	取消审核	删除
图片	中国开发者网	天新网	最新科技			取消审核	删除
图片	CSDN社区中心	CSDN社区中心	佚名		Csdn	取消审核	删除
图片	源码中国	源码下载	佚名		cn700.com	取消审核	删除
图片	赛迪网	专注IT商业服务	佚名	webmaster@staff.ccidnet.com	赛迪网 CCID	通过审核	删除
图片	天极	设计,开发,操作系统,工具软件,安全,专题教程!	佚名	ygf@cnlaw.org.cn		取消审核	删除
图片	看雪学院	软件安全网站	佚名	kanxue@pediy.com		取消审核	删除
图片	汉化新世纪	最专业的汉化原创.发布.教学站	佚名			取消审核	删除
图片	水木清华站	BBS水木清华站	佚名			取消审核	删除
图片	驱动之家	软件大全	佚名		MyDrivers.com	取消审核	删除
文字	石家庄第四中学	团结勤奋严谨守记	佚名			取消审核	删除
文字	微软在线培训	MSDN Webcast中心	Microsoft			取消审核	删除
文字	硅谷动力	中国IT信息与商务门户	佚名	hezuo@mail.enet.com.cn		取消审核	删除
文字	MSDN 中文网站	MSDN	Microsoft	msdnonln@microsoft.com		通过审核	删除
文字	编程爱好者网站	编程爱好者网站	Hannibal	webmaster@pfan.cn		取消审核	删除

共 21 条信息　首页　上一页　下一页　尾页　页次：1/2页　15条信息/页　转到：第1页

图 1-17　友情链接信息列表页面

（9）添加调查信息

单击“调查管理”中的“添加调查”链接，右部页面将打开友情链接“添加调查信息”页面，如图 1-18 所示。由于网站中同一个时间内只能有一个被选中的调查信息，所以，当选中“提交同时置为当前投票”选项时，取消以前被选中的调查信息。

图 1-18　“添加调查信息”页面

（10）管理调查信息

单击“调查管理”中的“管理调查”链接，右部页面将打开调查信息列表页面，如图 1-19 所示。当鼠标指向“标题”时，将显示完整的调查内容，而单击“标题”将打开该调查的信息修改页面。当单击“选择”链接时，该调查将被置为当前调查，其他均取消当前调查设置。

⊞ 调查管理　选择设置　提交

标题	答题1	答题2	答题3	答题4	答题5	答题6	答题7	答题8	时间	类型	操作
来源调查	百度搜索 (30)	搜狐搜索 (15)	谷歌搜索 (112)	通过网站的链接 (26)	朋友告诉 (129)	平面媒体（报纸、书籍等） (39)	其他途径 (219)	0		单选	不选

共 1条信息　首页　上一页　下一页　尾页　页次：1/1页　15条信息/页　转到：第1页

图 1-19　调查信息列表页面

（11）管理广告信息

由于网站设计完成后，广告位就被固定且广告数量不是很多，通常广告位信息在数据库建立过程中录入完成，后台系统只对广告位信息进行修改，其中，广告位编号和规格不做修改操作。

单击“广告管理”中的“管理广告”链接，右部页面将打开广告信息列表页面，该页面将显示所有的广告位信息，如图 1-20 所示。审核操作同“信息管理”。单击“广告位编号”即可打开广告信息修改页面，修改对应的广告信息。

⊞ 广告管理

广告位编号	规格（宽*高）	标题	来源	简介	操作
ArtInfo01	250*n				通过审核
ArtInfo02	710*90				通过审核
ArtInfo03	710*90				通过审核
Head01	970*90	绿蕾网络	绿蕾工作组		取消审核
Index01	120*60				通过审核
Index02	970*90				通过审核
Index03	970*90				通过审核
list01	250*n				通过审核
ResInfo01	250*n				通过审核
ResInfo02	710*90				通过审核
ResInfo03	400*60				通过审核
ResInfo04	710*90				通过审核
ResInfo05	710*90				通过审核
ResInfo06	710*90				通过审核
Search01	250*n				通过审核

图 1-20　广告信息列表页面

任务 2　用 Dreamweaver 建立站点

任务描述

与静态网站设计不同，动态网站系统是基于网站服务器上运行的网络程序系统，在建立站点之前需要明确网络程序设计语言，建立动态网络程序的调试环境。

绿蕾教育动态网站系统采用 ASP+VBScript 技术开发而成，本任务的目标是建立好 ASP 动态网站系统的开发和测试环境（学生上机环境详见附录 B　学校机房环境配置推荐方案）。

注意　本书以绿蕾工作组推荐的学校机房上机环境（详见附录 B）为背景。

小知识　目前常用的网络程序设计语言

（1）ASP（Active Server Pages）活动服务器网页

ASP 是微软公司开发的一种包含使用 VBScript（VBScript 是微软编程语言 Visual Basic 家族中的一个成员，可以看做 VB 的简化版，与 VBA 类似）或 JavaScript 脚本程序代码的网页技术。它没有提供自己专门的编程语言，而是允许用户使用许多已有的脚本语言编写 ASP 的应用程序。ASP 的程序编制比 HTML 更方便且更有灵活性。它是在 Web 服务器端运行，运行后再将运行结果以 HTML 格式传送至客户端的浏览器。它可以与数据库及其他程序进行交互，是一种简单、方便的编程工具。在一般中小型企业网站和信息服务网站中，大多采用 ASP 语言设计，其特点是开发简单，维护方便，因此获得了广泛应用，是企业网站设计的主流语言。ASP 的网页文件扩展名为“.asp”。

（2）PHP（Hypertext Preprocessor）超文本预处理器

PHP 与 HTML 语言具有非常好的兼容性，使用者可以直接在脚本代码中加入 HTML 标签，或者在 HTML 标签中加入脚本代码，从而更好地实现页面控制。PHP 提供标准的数据库接口，数据库连接方便、兼容性强、扩展性强，可以进行面向对象编程。

PHP 是完全免费和开源的，在网站开发方面，流行一个叫“LAMP”的黄金编程组合，在商业开发中用这个组合不受版权的困扰。

.LAMP：

L——linux，开源操作系统

A——Apache，目前最热门的个人主机服务器软件

M——MySQL，免费数据库

P——PHP，动态编程语言

（3）JSP（Java Server Pages）

JSP 是由 Sun Microsystem 公司于 1999 年 6 月推出的新技术，是基于 Java Servlet 及整个 Java 体系的网络程序设计语言。JSP 网页为整个服务器端的 JAVA 库单元提供一个接口来服务于 HTTP 的应用程序。其中的高安全性是它与 ASP 的最大区别，JSP 也是比较流行的一种动态网页编程技术，大型的网站及安全要求较高的电子商务类的网站大多采用 JSP 来开发。

（4）ASP.NET

ASP.NET 是.NET 框架的一部分，可以使用任何与.NET 兼容的语言来编写 ASP.NET 应用程序。Web Forms 允许在网页基础上建立强大的窗体。在建立网页时还可以使用 ASP.NET 服务端控件来建立常用的 UI 元素。这些控件允许使用内建可重用的组件和自定义组件来快速建立 Web Form，使代码简单化。

操作步骤

1. 配置 Windows XP 单机环境下的 ASP 服务器环境（便于在家中练习）

① 将 Windows XP 安装光盘输入光驱中。

② 打开“控制面板”，单击“添加或删除程序”图标，屏幕弹出“添加或删除程序”对话框。

③ 单击对话框中的“添加/删除 Windows 组件”图标，屏幕弹出“Windows 组件向导”对话框，如图 1-21 所示。按图中所示步骤进行安装操作。

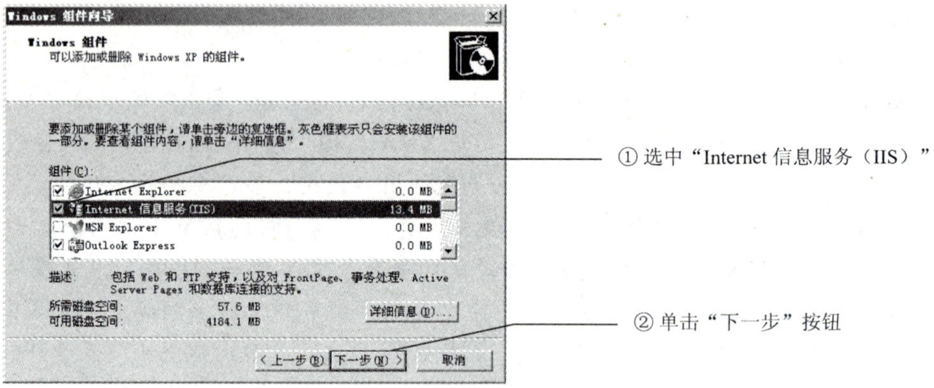

图 1-21 “Windows 组件向导”对话框

④ 安装完毕，单击“完成”按钮。

⑤ 网站默认根目录位于“C:\Inetpub\wwwroot”，URL 为“http://localhost”

小知识

依次打开“控制面板”→“管理工具”，单击“Internet 信息服务”，可启动“Internet 信息服务”对话框，如图 1-22 所示，在这里可以对网站服务器进行个性化设置。

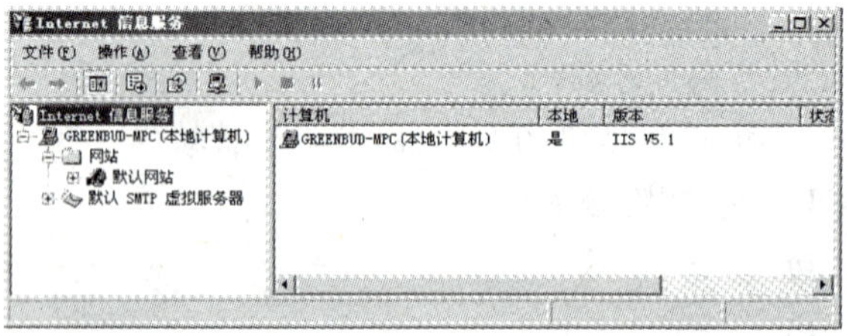

图 1-22 “Internet 信息服务”对话框

2. 建立 MyEdu123 站点并新建相关文件夹（操作环境：学校机房环境配置推荐方案）

① 启动 Adobe Dreamweaver CS3 程序

② 单击“站点”菜单中的“新建站点”命令，具体操作步骤如下。

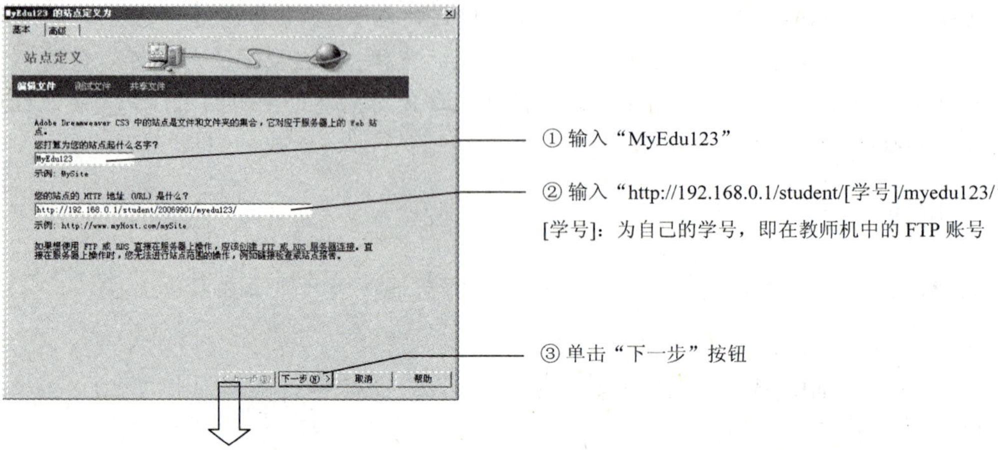

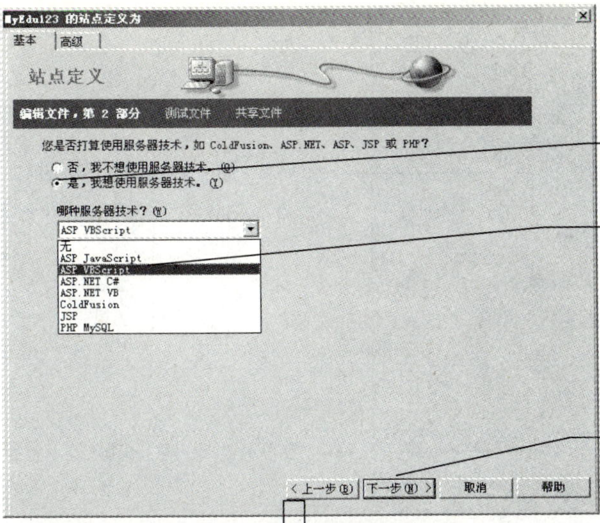

① 单击选中“是，我想使用服务器技术。（Y）”

② 选中“ASP VBScript”

③ 单击“下一步”按钮

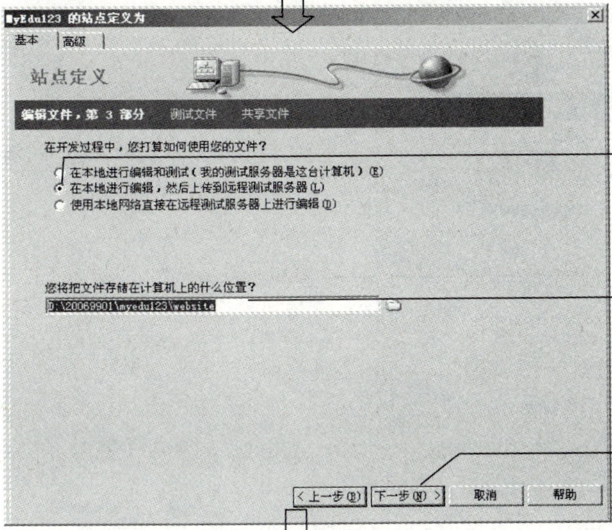

① 选中“在本地进行编辑，然后上传到远程测试服务器（L）”选项

② 输入“D:\[学号]\myedu123\website”

③ 单击“下一步”按钮

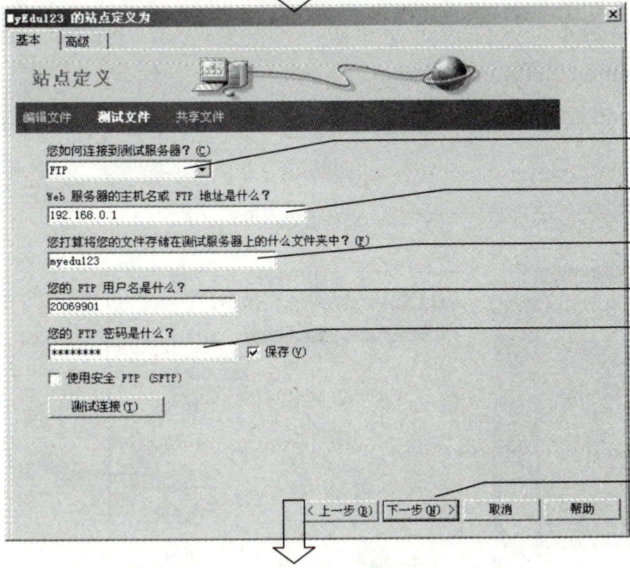

① 选中“FTP”选项

② 输入“192.186.0.1”

③ 输入“myedu123”

④ 输入自己的 FTP 账号

⑤ 输入自己的 FTP 密码，并选择“保存”选项

⑥ 单击“下一步”按钮

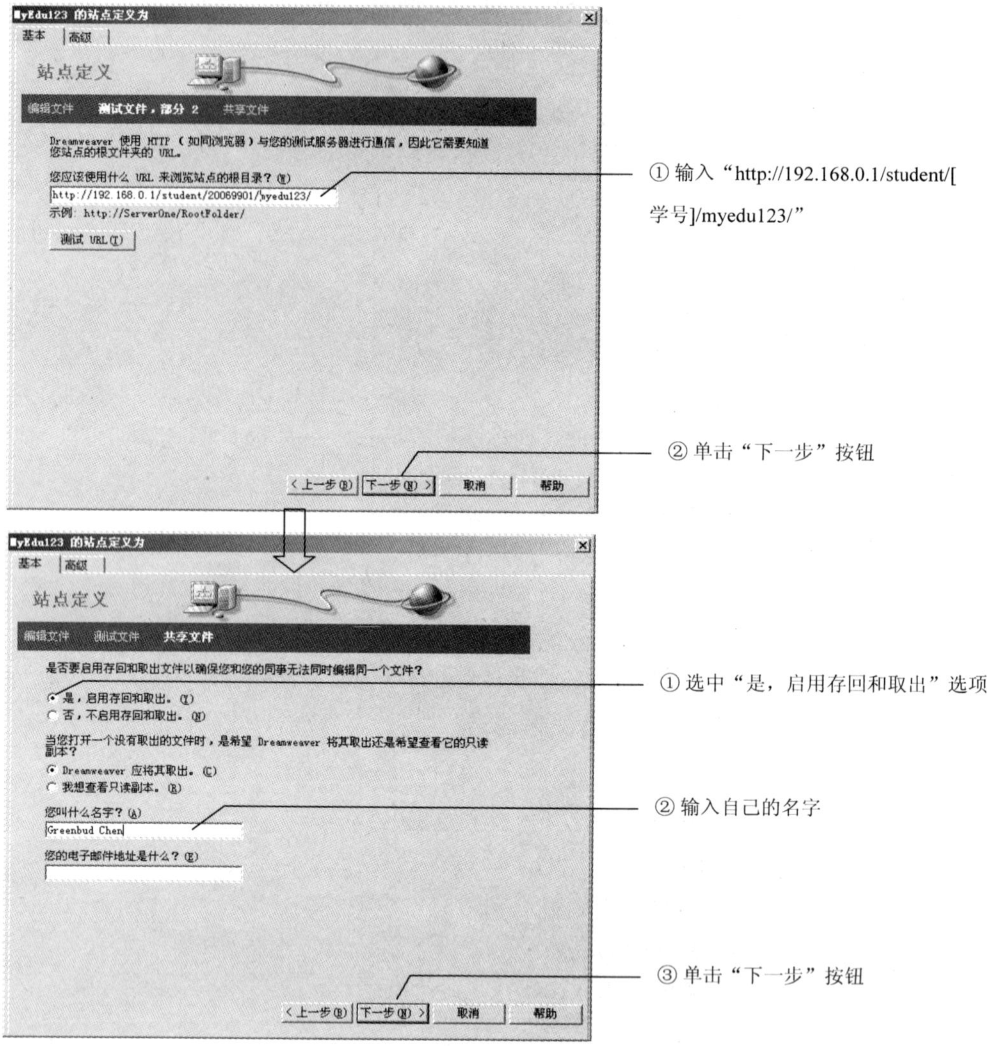

① 操作完成后，单击“完成”按钮。

② 在新建的“MyEdu123”站点的本地文件夹中新建如下文件夹：cert、codes、database、images、inc、manager、scripts、sounds、styles、upload、version。

③ 打开随书光盘中的 asp_myedu123_01.rar 文件，将素材复制到相应的文件夹中，具体操作如下。

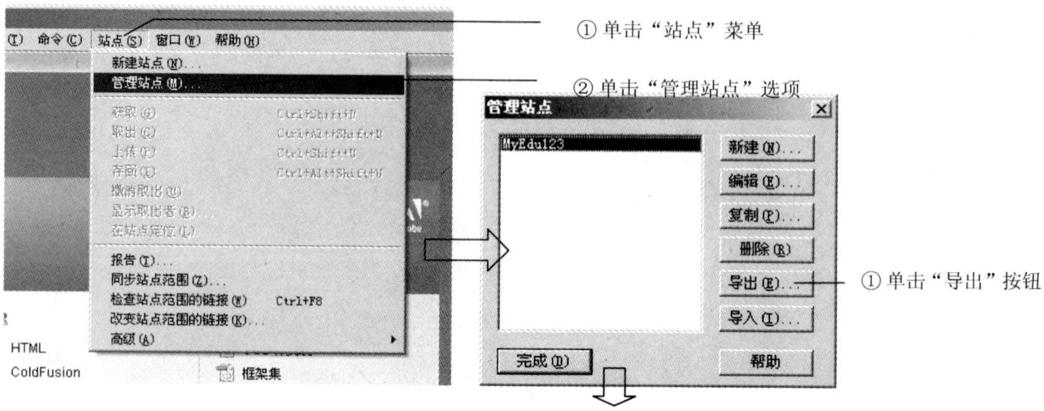

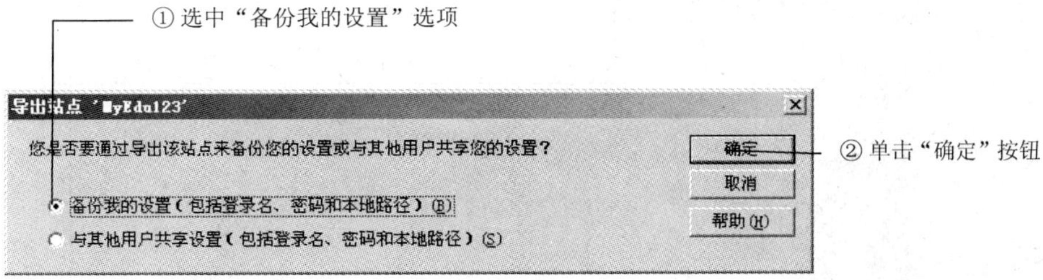

④ 保存到项目文件夹“myedu123”中。

⑤ 将“MyEdu123.ste”文件上传到 FTP 服务器的根目录中，以备下次上机时使用；

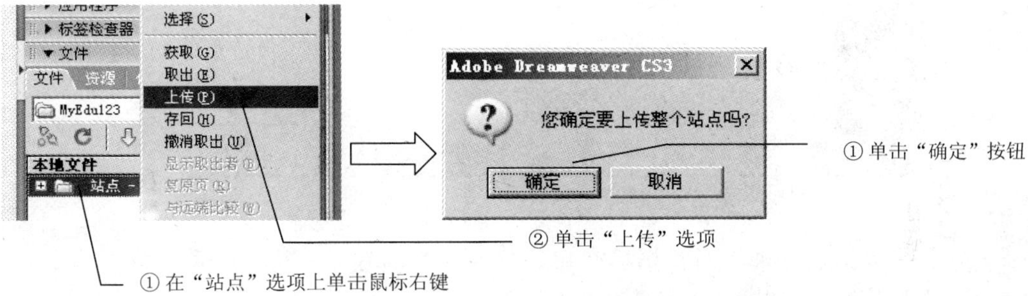

3．从服务器恢复 MyEdu123 站点（每次重启学生机后要做的第一件事）

（1）在 D 盘建立“D:\[学号]\myedu123\website”文件夹。

（2）登录 FTP，将“MyEdu123.ste”文件下载到“D:\[学号]\myedu123”文件夹中。

（3）启动 Adobe Dreamweaver CS3 程序。

（4）单击“站点”菜单中的“管理站点”命令，完成以下操作。

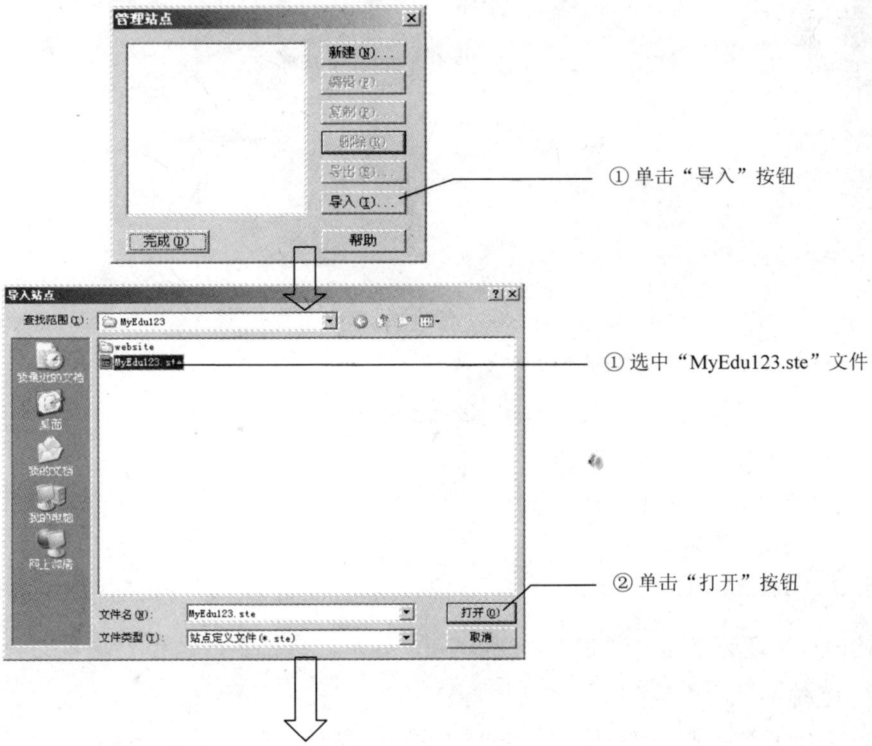

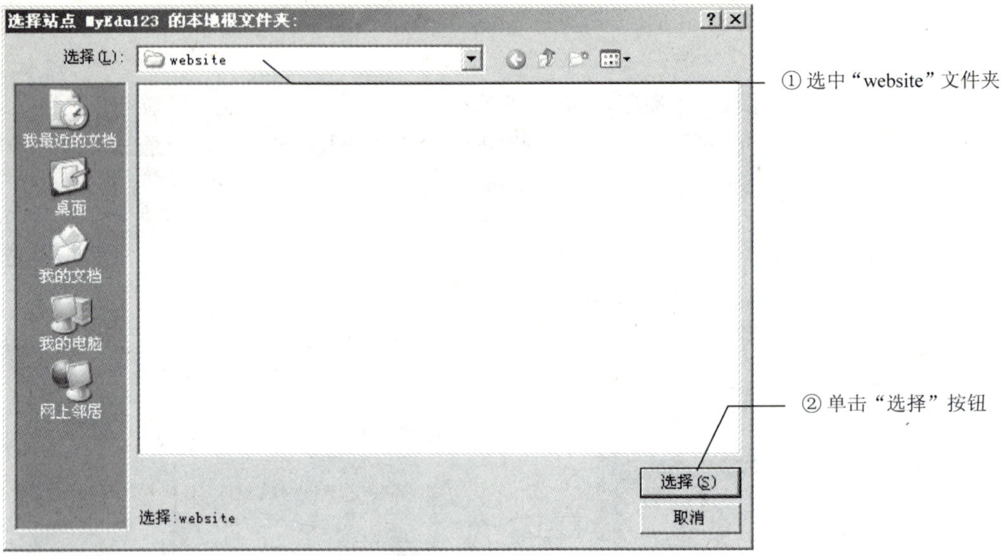

⑤ 返回“站点管理”对话框后，单击“完成”按钮。

⑥ 从服务器上下载数据，具体操作如下。

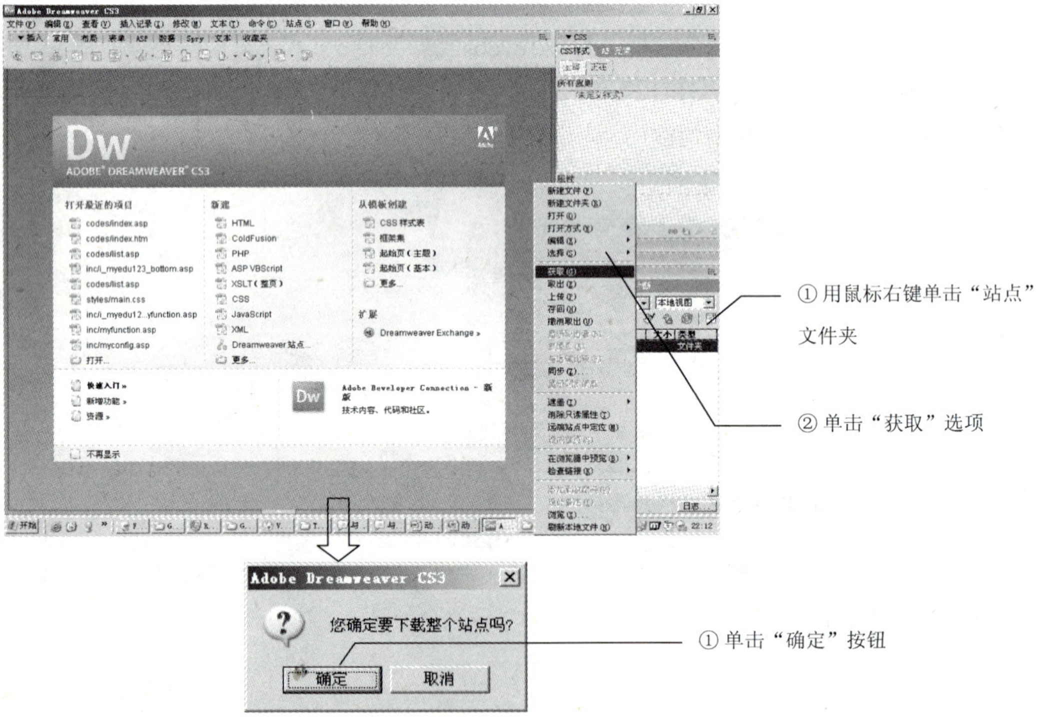

知识拓展

ASP 网站设计规范（绿蕾工作组 v2008.1 版）有关文件夹和文件名的规定如下。

1. 网站文件夹的组织

网站文件夹位于“项目文件夹/website”，网站文件夹中只允许存放 default.htm 或

index.html 文件，以及其他必需的系统文件。网站文件夹下的目录应简洁清晰，不同类型的文件存放于不同的文件夹下。

以下是默认的方案：

- cert　用于放置备案文件
- codes　网页、ASP 程序
- database　数据库文件
- images　本网站公用图片
- inc　包含文件
- manager　网站后台管理程序
- scripts　JScript 程序
- sounds　声音文件
- styles　网站的样式表及样式专用图片
- upload　上传文件
- version　网站上传纪录（包括 database.htm、pages.htm）

2．文件及文件名

源程序文件名使用英文，由一个或多个单词及必要的前缀组成，单词之间用“_”分隔或直接相连，如“maintain_cross_product.asp”或“MaintainCrossProduct.asp”，不要使用汉字或汉语拼音。源程序文件名应足够长，但最长不要超过 128 个字符。包含有服务器端 ASP 程序的源程序文件使用扩展名“.asp”，否则使用扩展名“.htm”。被其他源文件包含的源程序文件使用前缀“i_”，如“i_myedu123_connectionstring.asp”。

以下是常用文件的命名：

- 网站的首页　default.*
- 图片名　同美工图片命名规范的标准
- 包含文件　i_项目名_功能.*（项目名如果用缩写应大写）
- 样式表文件　main.css

例如：

- 公用变量定义文件　i_项目名_common.asp（公用变量）
- 公用函数定义文件　i_项目名_function.asp（公用函数）
- 多语言的定义文件　i_项目名_language.asp（支持多语言的定义文件）
- 网站访问量统计代码　i_page_log.asp

4．修改网站起始页

① 打开站点根目录中的“default.htm”文件。

② 修改文件头注释信息，如下所示。

```
<!--
REM ######################################################################## REM
REM File Name: default.htm
REM Created By: Greenbud.Chen    2007-07-27  建立源文件
REM Modify By:  Greenbud.Chen    2008-02-24  修改跳转转移
REM Modify By:
REM Description:    网站起始页
REM Include Files:
REM Project:    我的教育网(MyEdu123)
REM Version:    v1.00
REM Copyright (c) 2007 Greenbud WorkGroup All rights reserved.
REM ########################################################################
-->
```

输入自己的“姓名”、“当前日期”及“修改说明”

③ 找到“<meta http-equiv="Refresh" content="2;URL=codes/index.htm">”，将“index.htm”修改为“index.asp”。

④ 保存文件。

⑤ 查看预览结果，具体操作步骤如下（按 F12 键弹出“相关文件”对话框。

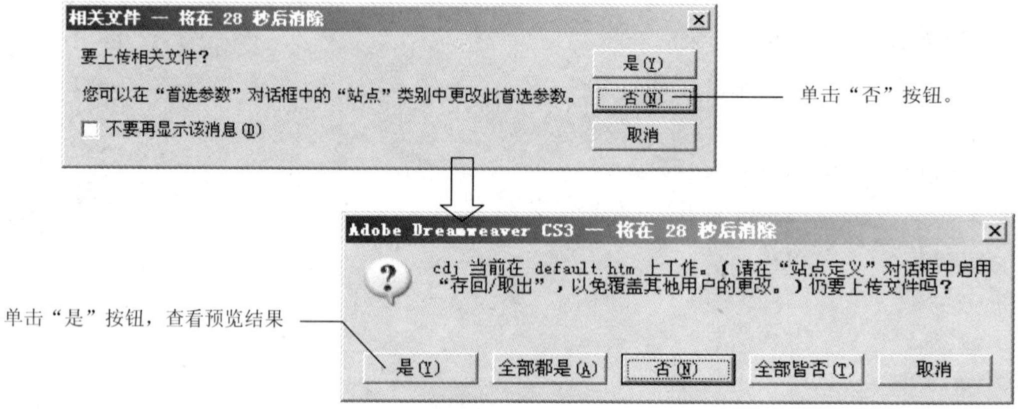

本章小结

知识与技能	学 习 情 况		
	掌握（理解）	基本掌握（理解）	未掌握（理解）
B/S 架构网络程序的工作原理			
动态网页当前流行的编程技术			
Windows XP 环境下的 IIS 配置方法			
绿蕾教育网前台程序的使用（浏览、搜索、发表评论）			
绿蕾教育网后台程序的基本使用			
在线编辑器的使用			
Dreamweaver 站点新建			
Dreamweaver 站点管理（修改、导出、导入、上传、获取）			
ASP 网站文件夹缺省方案			
ASP 网站设计规范（文件及文件夹部分）			
网页文件头注释规范			

第 2 章　创建网站首页文件

学习目标

- ◆ 了解 ASP 文件的基本格式及新建方法
- ◆ 了解 IIS Web 服务器中文件属性的设置方法
- ◆ 理解 VBScript 的数据类型
- ◆ 理解变量命名规则
- ◆ 掌握 VBScript 常用语句和函数的使用
- ◆ 掌握 ASP 读取数据库信息并显示输出的技能
- ◆ 熟练掌握 Response.Write 方法

内容摘要

- ◆ 介绍 Access 数据库 ADO 连接字符串
- ◆ 介绍 ASP 文件的基本格式及新建方法
- ◆ 介绍 IIS Web 服务器中文件属性的设置方法
- ◆ 介绍变量命名规则
- ◆ 介绍 VBScript 的数据类型
- ◆ 介绍 Server 对象的 MapPath 方法
- ◆ 介绍 VBScript Left 等几个常用函数
- ◆ 介绍 ASP 长代码书写技能
- ◆ 详细介绍包含文件的新建、命名与使用
- ◆ 详细介绍 VBScript 的 For、If 语句
- ◆ 详细介绍 Response 对象 Write 方法的用法
- ◆ 详细介绍访问数据库操作的一般步骤

任务 1　连接数据库

任务描述

动态网站系统离不开数据库，使用 ASP 编程，通常会选择利用 ADO 技术对数据库进行存取操作。

需要注意的是，应尽可能晚地建立连接，同时又尽可能早的关闭连接，这样能保证连接打开的时间最短，可以充分发挥 OLE-DB 连接缓冲池的作用，节省连接资源；另外，在实际应用中，为避免在每个 ASP 页面中都输入连接字符串（ConnectionString）中的连接细节，一般使用包含文件来存储 ConnectionString。

想一想

（1）Access 中连接 SQL Server 2005 的连接字符串是：________________________。

（2）Access 中连接 MySql5 的连接字符串是：________________________。

操作步骤

① 单击“文件”菜单中的“新建”命令，打开“新建文档”对话框，具体操作步骤如图 2-1 所示；

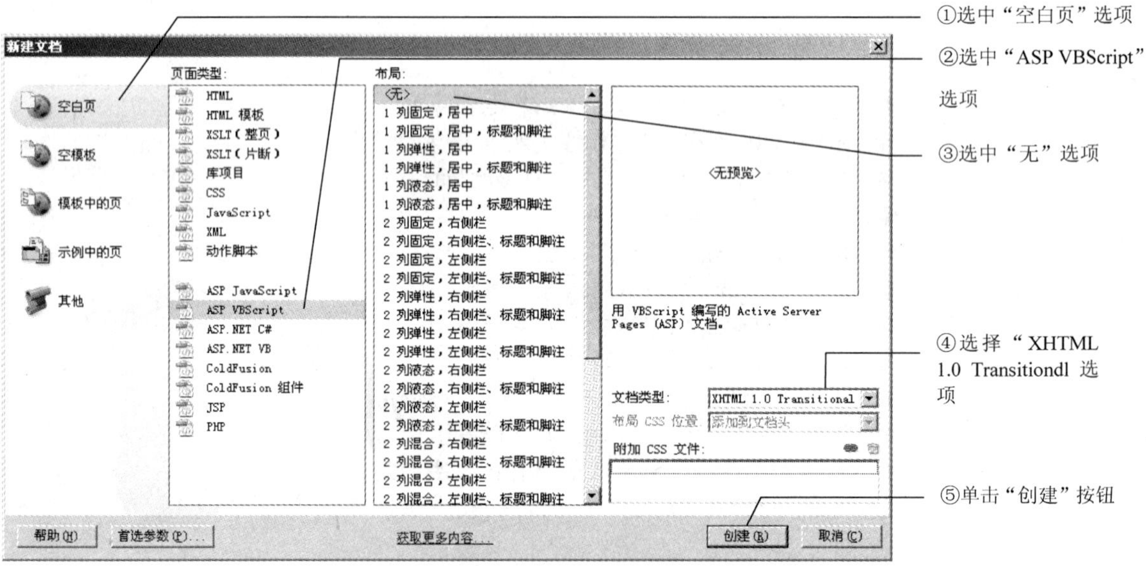

图 2-1　“新建文档”对话框及操作步骤

“新建文档”的“首选参数”设置如图 2-2 所示。

② 选择“代码”视图格式，删除所有代码；

③ 依次输入如下代码。

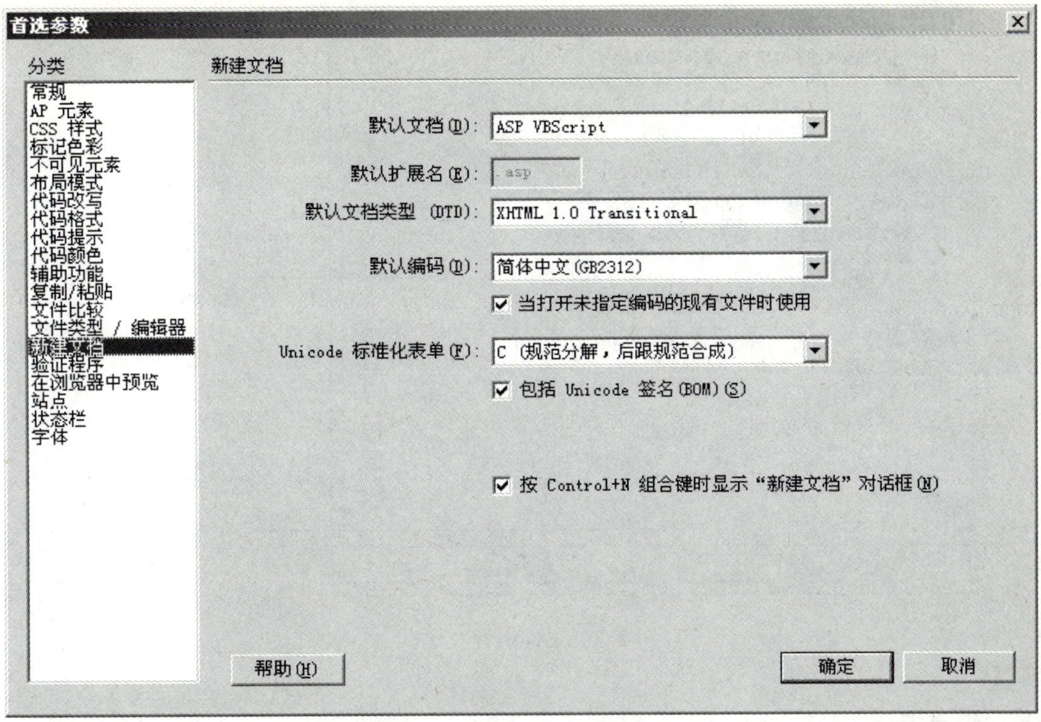

图 2-2 “首选参数”设置对话框

```
<%
REM ############################################################################ REM
REM File Name: i_myedu123_connectionstring.asp
REM Created By:       Greenbud.Chen   2008-02-27建立源文件
REM Description:      数据库连接字符串
REM Include Files:
REM Project:    我的教育网
REM Version:    v1.00
REM Copyright (c) 2008 Greenbud WorkGroup All rights reserved.
REM ############################################################################
Dim strConn
strConn="Provider=Microsoft.Jet.OLEDB.4.0;Data Source="&Server.MapPath("../database/myedu123.mdb")
%>
```

④ 将文件保存至“inc”文件夹，命名为“i_myedu123_connectionstring.asp”。

注意 在 Web 服务器中，Access 数据库文件必须具备“写入”属性，通过如下操作查看或设置写入属性。

① 启动 IIS，并找到数据库文件。

② 在数据库文件上单击鼠标右键，单击“属性”选项，屏幕弹出如图 2-3 所示的对话框。

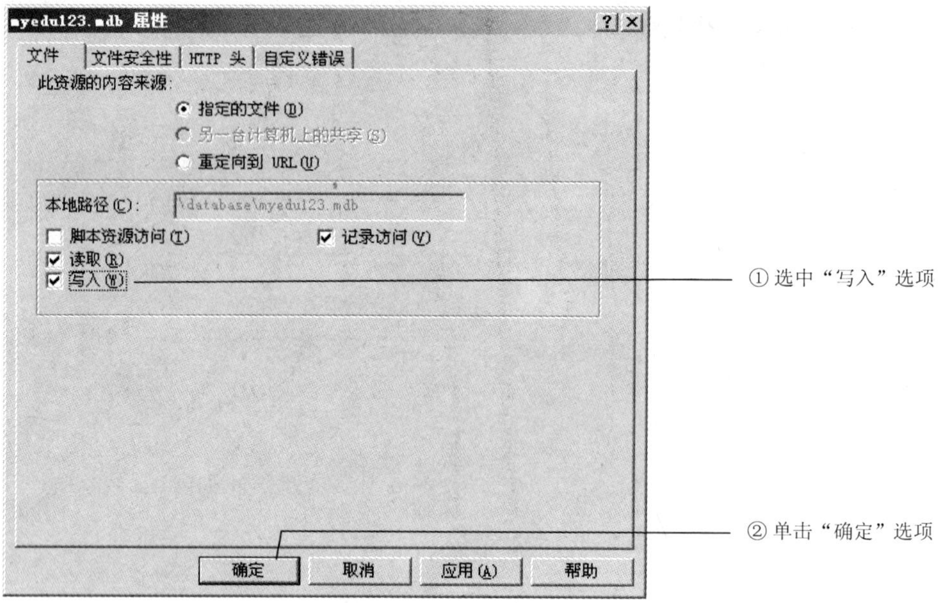

图 2-3　文件属性对话框

想一想

① 语句 Dim 的作用是____________。与它功能类似的语句还有________、________。

② 符号“&”的作用是__________。JavaScript 中类似的操作是___________。

知识拓展

拓展 1　<%...%>

ASP 文件和 HTML 文件很相似，都包含 HTML 标签，不同的是 ASP 文件中还包含服务器端脚本代码。ASP 用“<%”表示服务器端脚本的开始，用“%>”表示服务器端脚本的结束。

拓展 2　ASP 中的注释

ASP 中注释的写法与 VBA 一样，可以用“REM”和“'”，通常文件头注释出于美观选用“REM”，其他地方一般选用“'”。

程序中应有足够的注释，以便于阅读。注释尽量写在 ASP 程序中，而不要写在 HTML 中，为 HTML 及客户端 Script 写的注释可以写成<% REM　[注释内容]%>。注释内容应尽量详尽，对复杂的算法要详细说明。

在修改源程序时，如果需要删除原来的程序，一般不要直接删除，而要将需要删除的程序注释起来并注明修改者。

拓展 3　变量命名规则

变量名使用英文，由一个或多个单词及必要的前缀组成，每个单词的第一个字母应大写，如“strConn”，不要使用汉字或汉语拼音。变量名应足够长，以便可以清楚地描述变量的特征，但最长不要超过 30 个字符，避免使用过分简短的变量名，如“gg”、“a1”、“a2”等。仅用于控制循环的变量名，可按习惯用如“i”、“j”、“k”等短的变量名。变量前应有表明变量类型的前缀，如表 2-1～表 2-3 所示。

表 2-1　一般变量的变量类型前缀

前　缀	类　型	说　明	举　例
b	Boolean	布尔	bFinished
c	Currency	货币	cSum
d	Double	双精度浮点	dPI
dt	Date and Time	日期或时间	dtToday
f	Float/Single	浮点	fWidth
l	Long	长整型	lCount
n	Integer	整型	nCir
vnt	Variant	可变类型	vntTemp
str	String	字符串	strTemp
o	Object	对象	oDatabase

表 2-2　常见 ASP 对象的变量类型前缀

前　缀	类　型	说　明	举　例
MSWCad	MSWC.AdRotator	广告对象	MSWCadMyad
MSWCbro	MSWC.BrowserType		MSWCbroThis
MSWCnlk	MSWC.NextLink		MSWCnlkHome
MSWCcor	MSWC.ContentRotator		MSWCcorTitle
MSWCpac	MSWC.PageCounter		MSWCpacHomepage
MSWCpck	MSWC.PermissionChecker		MSWCpckData
MSWCctr	MSWC.Counters		MSWCctrFoot
MSWCtol	MSWC.Tools		MSWCtolAll
fle	FileSystemObject		fleConfig
tst	TextStream		tstHelp

表 2-3　ADO 对象后变量类型前缀

前　缀	类　型	说　明	举　例
cnn	Connection	数据库连接	cnnStore
rst	Recordset	记录集	rstShop
cmd	Command		cmdQuery
err	Error		errHomapage
fld	Field		fldName
par	Parameter		parAll
pro	Property		proTable

- 数组变量：在变量类型前缀后加“a”，例如：“saData”表示一个字符串数组。
- 全局变量：作用范围为整个网站的变量，以“g_”作为前缀，例如“g_vntTemp”。

用于在源文件之间传递的变量：以“t_”作为前缀，例如“t_vntTemp”。
- 公共变量：作用范围为整个源文件的变量，以“m_”作为前缀，例如“m_vntTemp”。
- 局部变量：无前缀，例如：“vntTemp”。

拓展 4　ASP 中连接 Access 的连接字符串

Access 2003 及以前版本：

Provider=Microsoft.Jet.OLEDB.4.0;Data Source=含完整路径的数据库文件名；[User Id=admin; Password=口令]

Access 2007 版本：

Provider=Microsoft.ACE.OLEDB.12.0;Data Source=含完整路径的数据库文件名；[Jet OLEDB:Database Password=口令]

拓展 5　Server.MapPath

Data Source 参数要求提供完整的文件路径。一般的，网站的根目录（虚拟路径）不设定在实际存储器的根目录上，而程序员也很难知道数据库文件的真实路径。

在这里，Server 对象的 MapPath 方法将指定的虚拟路径转换为真实的文件路径，最终结果类似于 C:\InetPub\home\asp\Northwind.mdb。

用 ASP 中提供的 Server.MapPath 方法可以得到指定文件的真实路径，假设网站根目录的真实路径为“C:\Inetpub\wwwroot\”，调用该语句的文件位于根目录的“codes”文件夹中，则

- Server.MapPath("/") 将得到网站根目录所在的实际位置，即“C:\Inetpub\wwwroot\”。
- Server.MapPath("") 将得到语句所在页面的当前文件夹，即“C:\Inetpub\wwwroot\codes\”。
- Server.MapPath("../")将得到语句所在页面的上一级文件夹，即“C:\Inetpub\wwwroot\”。

任务 2　建立页头、页尾文件

任务描述

为了保证网站整体的一致性，一般网站中绝大部分网页的页头部分和页尾部分是相同的，为避免在每个 ASP 页面中都输入大量的页头和页尾代码，同时也便于日后的修改，一般使用包含文件来存储页头和页尾。

操作步骤

① 新建“ASP VBScript”空白页，选择“代码”视图格式，删除所有代码。
② 输入文件头注释。

```
<%
REM ############################################################################ REM
REM File Name: i_myedu123_head.asp
```

```
REM Created By:        Greenbud.Chen   2008-02-28建立源文件
REM Description:       网页头部文件
REM Include Files:
REM Project:    我的教育网
REM Version:    v1.00
REM Copyright (c) 2008 Greenbud WorkGroup All rights reserved.
REM ##########################################################################
%>
```

③ 打开资源包“asp_myedu123_01”中的“codes/index.htm”文件，选择“代码”视图格式；

④ 将“<!--head start-->”与“<!--head end-->”之间的代码剪贴到新建页的文件头注释下面，如图 2-4 所示；

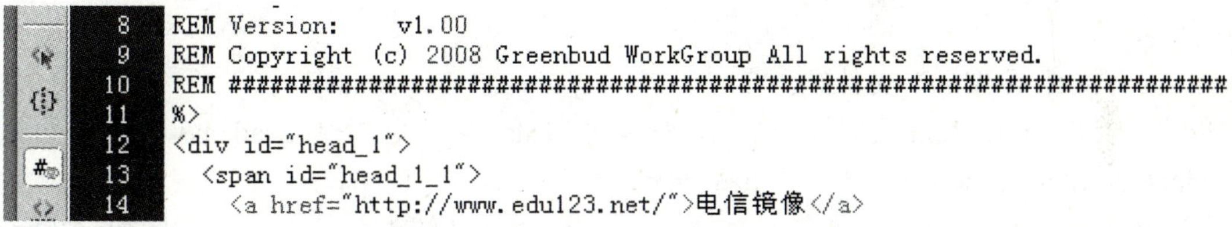

图 2-4　代码视图

⑤ 将“head_3”部分修改为以下代码。

```
<div id="head_3">
  <ul>
    <li class="towwords"><a href="">首  页</a></li>
    <li class="fourwords"><a title="绿蕾概况" href="list.asp?ChannelID=01">绿蕾概况</a></li>
    <li class="fourwords"><a title="新闻动态" href="list.asp?ChannelID=02">新闻动态</a></li>
    <li class="fourwords"><a title="技术文章" href="list.asp?ChannelID=03">技术文章</a></li>
    <li class="fourwords"><a title="招生就业" href="list.asp?ChannelID=04">招生就业</a></li>
    <li class="fourwords"><a title="图文展示" href="list.asp?ChannelID=05">图片展示</a></li>
    <li class="fourwords"><a title="外包服务" href="list.asp?ChannelID=06">勤工俭学</a></li>
    <li class="fourwords"><a title="下载中心" href="list.asp?ChannelID=07">资源中心</a></li>
  </ul>
</div>
```

⑥ 保存文件至“inc”文件夹，命名为“i_myedu123_head.asp”。

⑦ 新建“ASP VBScript”空白页，选择“代码”视图模式，删除所有代码。

⑧ 输入文件头注释，其中：“File Name”为“i_myedu123_bottom.asp”，“Description”为“网页尾部文件”。

⑨ 切换到“index.htm 代码视图”，将“<!--bottom start-->”与“<!--bottom end-->”之间的代码剪贴到新建页的文件头注释下面。

⑩ 将“floorlinks”中的“list.htm”修改为以下代码。

```
    <div class="floorlinks">
      <b><a href="list.asp?ChannelID=01">绿蕾概况</a>:</b>
```

```
    <a href="list.asp?ChannelID=0101">关于我们</a>
    <a href="list.asp?ChannelID=0102">联系我们</a>
    <a href="list.asp?ChannelID=0103">教师风采</a>
    <a href="list.asp?ChannelID=0104">投稿说明</a>
    <a href="list.asp?ChannelID=0105">通知公告</a>
</div>

<div class="floorlinks">
    <b><a href="list.asp?ChannelID=02">新闻动态</a>:</b>
    <a href="list.asp?ChannelID=0201">图片新闻</a>
    <a href="list.asp?ChannelID=0202">文字新闻</a>
    <a href="list.asp?ChannelID=0203">教学科研</a>
    <a href="list.asp?ChannelID=0204">专业文化</a>
    <a href="list.asp?ChannelID=0205">德育工作</a>
</div>
```

⑪ 保存文件至“inc”文件夹，命名为“i_myedu123_bottom.asp”。

⑫ 切换到“index.htm 代码视图”，在“<!--head start-->”与“<!--head end-->”之间输入“<!--#include file="../inc/i_myedu123_head.asp"-->”。

⑬ 在“<!--bottom start-->”与“<!--bottom end-->”之间输入“<!--#include file="../inc/i_myedu123_bottom.asp"-->”。

⑭ 将“index.htm”另存到网站的“codes”文件夹中，命名为“index.asp”。

⑮ 在“index.asp”中输入文件头注释信息。

```
<%
REM ############################################################################ REM
REM File Name: index.asp
REM Created By:       Greenbud.Chen   2008-02-29建立源文件
REM Description:      网站首页
REM Include Files: i_myedu123_head.asp、i_myedu123_bottom.asp
REM Project:          我的教育网
REM Version:          v1.00
REM Copyright (c) 2008 Greenbud WorkGroup All rights reserved.
REM ############################################################################
%>
```

⑯ 在“index.asp”的第一行中，输入“<%@LANGUAGE="VBSCRIPT" CODEPAGE="936"%>”。

⑰ 按 F12 键预览网页，单击“上”按钮上传相关文件，查看效果。

知识拓展

#include 命令

#include 命令指示 Web 服务器将文件内容输入 HTML 页中。该命令既可用在 ASP 页中，也可用在 HTML 页中，如：<!-- #include PathType = "FileName" -->。

#include 命令可以在 Web 服务器处理之前将一个文件的内容输入另一个文件中。语法为<!--#include virtual | file ="filename"-->。

其中，virtual 和 file 关键字指被包含文件的路径类型，filename 指被包含文件的路径和文件名（含扩展名）。被包含的文件可具有任何文件扩展名，从安全角度考虑，建议用.asp 扩展名。

- 文件（file）：相对路径。被包含文件可位于与调用文件相同的目录或子目录中。如果 IIS 中“启用父路径”选项被选中（用鼠标右键单击“网站”，依次单击属性→主目录→配置，即可打开如图 2-5 所示的“应用程序配置”对话框），也可以使用“file”和“../”的方法包含父目录（上一层目录）中的文件。

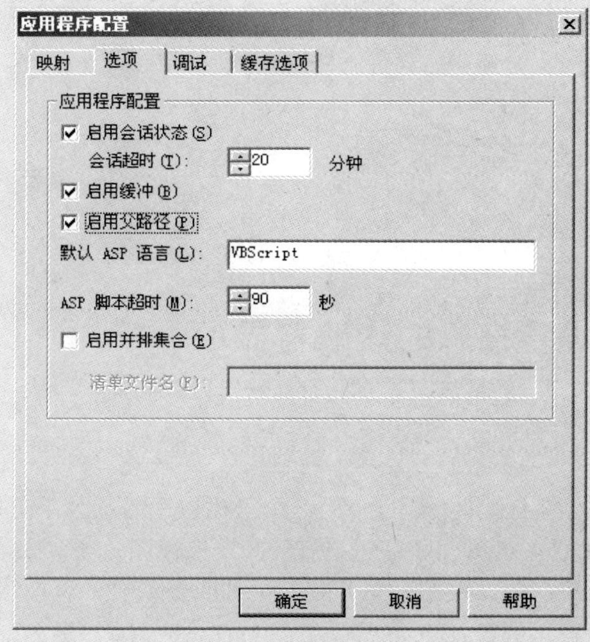

图 2-5 “应用程序配置”对话框

- 虚拟（virtual）：虚拟目录。例如，被包含文件“i_xxx_footer.asp”位于“/Myapp”虚拟目录，则可写成<!--#include virtual ="/myapp/i_xxx_footer.asp"-->。

注意 被包含文件也可以包含其他文件，一个.asp 文件还可以多次包含同一个文件，但被包含文件不能包含自身，也不能两个文件相互包含。例如：“i_xxx_a.asp”文件中包含了（#include）“i_xxx_b.asp”文件，则“i_xxx_b.asp”文件中不允许包含（#include）“i_xxx_a.asp”文件。

ASP 在执行脚本命令之前读入被包含文件。因此，不能用脚本命令去创建被包含文件的名称。

做一做

将 i_myedu123_bottom.asp 文件中“floorlinks”未修改部分的链接补全。

```
<div class="floorlinks">
  <b><a href="#">技术文章</a>:</b>
```

```
    …
</div>
<div class="floorlinks">
    <b><a href="#">招生就业</a>:</b>
    …
</div>
<div class="floorlinks">
    <b><a href="#">图片展示</a>:</b>
    …
</div>
<div class="floorlinks">
    <b><a href="#">勤工俭学</a>:</b>
    …
</div>
<div class="floorlinks">
    <b><a href="#">资源中心</a>:</b>
    …
</div>
```

任务 3　专业设置信息的读取与显示

任务描述

“专业设置”属于“招生就业”栏目中的一个子栏目，信息保存在 Gls 表中，为了简化信息查询，在数据库中建立“ViewGls”视图（查询），该视图只获取未被删除且已经审核通过的信息。

首页中的“专业设置”信息为置顶信息，即“OnTop”为真，最多可显示 10 条，如图 2-6 所示。本任务完成置顶专业设置信息读取与显示程序段的编写，专业设置的类别代码为“0401”，涉及字段为 ID 和 Titel。

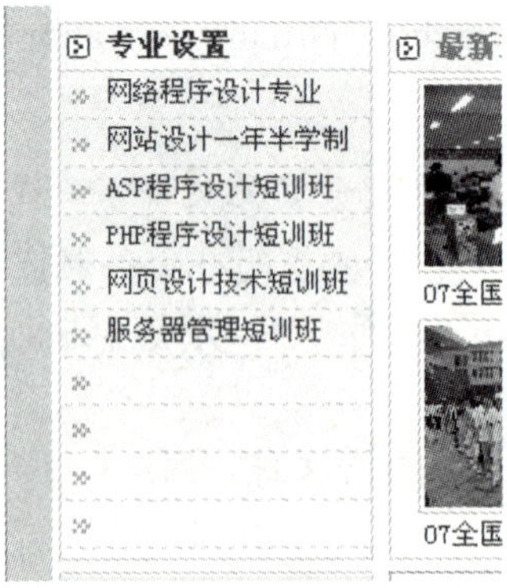

图 2-6 “专业设置”信息显示块

注意　编写 Select 语句时，在保证代码简洁的同时，要注意环保，只选取显示输出所必需的那些字段，严格控制用“*”。

想一想

① 建立 ViewGls 视图的命令是______________________________。
② 置顶专业设置的筛选条件是______________________________。
③ 完整的 SQL 语句是__________________________________。

操作步骤

① Dreamweaver 打开“index.asp”文件；
② 修改注释。

```
<%@LANGUAGE="VBSCRIPT" CODEPAGE="936"%>
<%
REM ########################################################################## REM
REM File Name: index.asp
REM Created By:      Greenbud.Chen   2008-02-29建立源文件
REM Modify By:       Greenbud.Chen   2008-03-01增加专业设置信息的读取与显示
REM Description:     网站首页
REM Include Files: i_myedu123_connectionstring.asp、i_myedu123_head.asp、i_myedu123_bottom.asp
REM Project:         我的教育网
REM Version:         v1.00
REM Copyright (c) 2008 Greenbud WorkGroup All rights reserved.
REM ##########################################################################
%>
```

③ 在文件头注释下一行输入以下代码。

```
<!--#include file="../inc/i_myedu123_connectionstring.asp"-->;
```

④ 找到“<h2><a href="list.htm">专业设置</a></h2>”。
⑤ 将“href="list.htm"”修改为“href="list.asp? ChannelID=0401"”。
⑥ 将代码

```
<li><a href="art_info.htm">网络程序设计专业</a></li>
<li><a href="art_info.htm">网站设计一年半学制</a></li>
<li><a href="art_info.htm">ASP 程序设计短训班</a></li>
<li><a href="art_info.htm">PHP 程序设计短训班</a></li>
<li><a href="art_info.htm">网页设计技术短训班</a></li>
<li><a href="art_info.htm">服务器管理短训班</a></li>
<li><a href="#"> </a></li>
<li><a href="#"> </a></li>
<li><a href="#"> </a></li>
<li><a href="#"> </a></li>
```

修改为

```
<%
```

```
    Dim cnnMyedu123,cmdQuery,rstInfo
    Set cnnMyedu123=Server.CreateObject("ADODB.Connection") '创建连接对象
    cnnMyedu123.Open strConn '打开连接
    Set cmdQuery=Server.CreateObject("ADODB.Command") '创建命令对象
    Set cmdQuery.ActiveConnection = cnnMyedu123 '指定命令对象的连接
    cmdQuery.CommandType=1 '设定查询类型为 SQL 命令类型
    cmdQuery.CommandText = "select top 10 ID,Title from ViewGls where CatID='0401' and OnTop
    order by ID" '设置查询命令
    Set rstInfo=cmdQuery.Execute '执行查询，获取记录集（Recordset）
    For i=1 to 10 '逐条输出专业设置信息
      If not rstInfo.EOF Then '检测是否到记录集
        Response.Write "<li><a href='art_info.asp?InfoID="&rstInfo("ID")&"'>"&rstInfo("Title")&"</a></li>"
        rstInfo.MoveNext
      else
        Response.Write "<li><a href='#'> </a></li>"
      End if
    Next
    Set rstInfo=Nothing '关闭记录集，释放服务器资源
    Set cmdQuery=Nothing '关闭命令对象，释放服务器资源
    Set cnnMyedu123=Nothing '关闭连接对象，释放服务器资源
%>
```

⑦ 按 F12 键预览网页，查看效果。

知识拓展

拓展 1　访问数据库操作的一般步骤

图 2-7 所示为“专业设置信息的读取与显示”程序流程图。

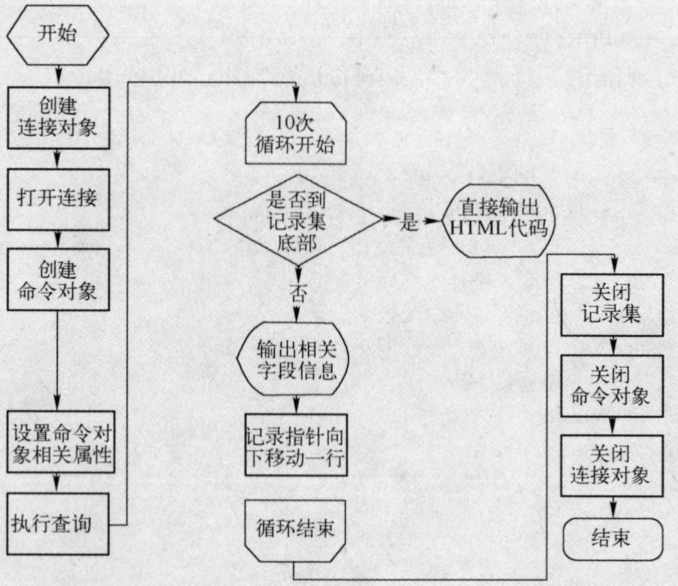

图 2-7　“专业设置信息的读取与显示”程序流程图

要访问数据库，首先要用 ASP 中 Server 对象的 CreateObject 方法创建连接对象（Connection 对象）：Set cnnMyedu123=Server.CreateObject("ADODB.Connection")。

再利用连接对象的 Open 方法（连接对象.Open 连接字符串）打开数据库并与之建立连接：cnnMyedu123.Open strConn。

命令（Command）对象提供强大的数据库访问功能，可以通过 SQL 命令对数据库进行数据的查询、添加、删除、更新等操作。命令对象的创建方法同连接对象。

```
Set cmdQuery=Server.CreateObject("ADODB.Command")
```

设置必要命令对象的属性，说明如下。

- ActiveConnection：活动的连接对象属性。例如：Set cmdQuery.ActiveConnection = cnnMyedu123。
- CommandType：命令类型属性，如表 2-4 所示。

表 2-4 Command Type 属性说明

参　数	类 型 值	说　明
AdCmdUnknown	-1	默认值。无法确定，由系统自动判断，影响运行速度
AdCmdText	1	SQL 命令类型
AdCmdTable	2	数据表名
AdCmdStoreProc	4	查询名或存储过程名

- CommandText：命令字属性，即 SQL 语句、数据表名、查询名或存储过程名等。例如：cmdQuery.CommandText = " select top 10 ID,Title from ViewGls where CatID='0401' and OnTop order by ID"。

属性设置完毕，即可使用 Execute 方法执行数据库操作。如果操作需要返回 Recordset（记录集)，则写成 Set Recordset 对象名=Command 对象.Execute，如 Set rstGlss=cmdQuery.Execute；否则可直接书写为 Command 对象.Execute。

数据库操作完毕，应该用 Set 对象=Nothing 将它们关闭，释放服务器资源。

注意 打开 Recordset 时，当前记录位于第一条记录（如果有），并且 BOF（当前记录位置位于 Recordset 对象的第一条记录之前）和 EOF（当前记录位置位于 Recordset 对象的最后一条记录之后）属性被设置为 False。如果没有记录，则 BOF 和 EOF 属性设置为 True。

当 Recordset 存在记录时，可使用 MoveFirst（转到第一条记录）、MoveLast（转到最后一条记录）、MoveNext（下一条记录）和 MovePrevious（上一条记录）等方法来重新确定当前记录的位置。

拓展 2　For…Next 循环语句

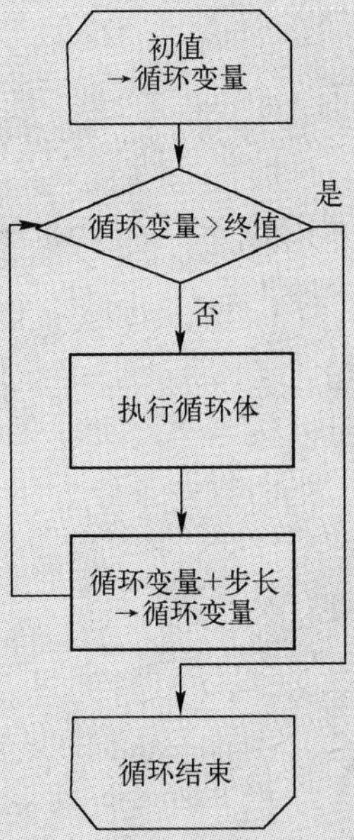

图 2-8　For…Next 流程图

For…Next 语句为按指定次数重复执行一组语句，其流程如图 2-8 所示，格式如下。

```
For counter = start To end [Step step]
    [statements]
    [Exit For]
    [statements]
Next
```

其中，

- ➢ counter：用做循环计数器的数值变量。这个变量不能是数组元素或用户自定义类型的元素。
- ➢ start：counter 的初值。
- ➢ end：counter 的终值。
- ➢ step：counter 的步长，默认值为 1，step 参数可为正数或负数。
- ➢ statements：For 和 Next 之间的一条或多条语句，将被执行指定次数。

当循环启动并且所有循环中的语句都执行后，step 值被加到 counter 中。这时，或者循环中的语句再次执行（基于循环开始执行时同样的测试），或者退出循环并从 Next 语句之后的语句继续执行。

Exit For 只能用于 For…Next 结构中，提供一种非正常退出循环的方法。可在语句中的任意位置放置任意个 Exit For 语句。Exit For 经常和条件判断语句一起使用（如 If…Then），并立即将控制权转移到 Next 之后的语句。

可以将一个 For…Next 循环放置在另一个 For…Next 循环中，组成嵌套循环。每个循环中的 counter 要使用不同的变量名。例如：

```
For I = 1 To 10
    For J = 1 To 10
        For K = 1 To 10
        ...
        Next
    Next
Next
```

拓展 3　If…Then…Else 条件语句

If…Then…Else 语句用于判断条件为 True 或 False，并且根据计算结果指定要运行的语句。通常，条件是使用比较运算符对常量或变量进行比较的表达式。If…Then…Else 语句可以按照需要进行嵌套。

当需要在条件为 True 时运行单行语句时，可省略关键字 Else。例如：

```
If rstInfo.EOF Then Exit For
```

要运行多行代码，必须使用多行语法，多行语法包含 End If 语句。例如：

```
If not rstInfo.EOF Then
   Response.Write rstInfo("ID")&"<br/>"
   rstInfo.MoveNext
End if
```

条件为 True 或 False 时分别运行某些语句，可以使用 If…Then…Else 语句定义两个可执行语句块，条件为 True 时运行某一语句块，条件为 False 时运行另一语句块。例如：

```
If not rstInfo.EOF Then
   Response.Write "<li><a href='art_info.asp?InfoID="&rstInfo("ID")&"'>"&rstInfo("Title")&"</a></li>"
   rstInfo.MoveNext
else
   Response.Write "<li><a href='#'> </a></li>"
End if
```

If…Then…Else 语句的一种变形允许从多个条件中选择，即添加 Else If 子句以扩充 If…Then…Else 语句的功能，可以控制基于多种可能的程序流程。例如：

```
If value = 0 Then
   Response.Write "值为 0"
ElseIf value = 1 Then
   Response.Write "值为 1"
ElseIf value = 2 then
   Response.Write "值为 2"
Else
   Response.Write "值大于 2"
End If
```

拓展 4　Response.Write

Response 是 ASP 中最常用的对象之一，其功能为将信息输出发送到客户端。其中的 Write 方法将指定的字符串写到当前的 HTTP 输出，即显示输出。

命令格式：Response.Write variant

其中，variant 即欲输出的数据。该参数可以是任何 VBScript 的 VARIANT 数据类型，包括字符、字符串和整数。该值不能包括字符组合“%>”，如果需要，可用转义序列“%\>”代替。

例如，欲输出“<TABLE WIDTH = 80%>”，则应写成<% Response.Write "<TABLE WIDTH = 80%\>" %>。

注意　用 Response.Write 输出较长代码时，为了防止书写错误，可用以下步骤来书写。

示例代码："<li><a href='art_info.asp?InfoID="&rstInfo("ID")&"'>"&rstInfo("Title")&"</a></li>"

① 写好将输出的 HTML 代码，并把其中的双引号修改为单引号，代码两端用双引号。

```
"<li><a href='art_info.asp?InfoID='></a></li>"
```

② 在需要写入 ASP 变量的位置标记@符号+序号。

```
"<li><a href='art_info.asp?InfoID=@1'>@2</a></li>"
```

③ 分别写出 ASP 代码，并用“"&”和“&"”包括。

```
@1="&rstInfo("ID")&"    @2="&rstInfo("ID")&"
```

④ 将在 HTML 代码中的@序号部分用对应的 ASP 代码替换。

```
"<li><a href='art_info.asp?InfoID="&rstInfo("ID")&"'>"&rstInfo("ID")&"</a></li>"
```

拓展 5　VBScript 数据类型

VBScript 只有一种数据类型，称为 Variant。Variant 是一种特殊的数据类型，根据使用的方式，它可以包含不同类别的信息。因为 Variant 是 VBScript 中唯一的数据类型，所以它也是 VBScript 中所有函数返回值的数据类型。

最简单的 Variant 可以包含数字或字符串信息。Variant 在上下文为数字时作为数字处理，在上下文为字符串时作为字符串处理。这就是说，如果使用数字数据，则 VBScript 会假定其为数字并以适用于数字的方式处理。与此类似，如果使用字符串数据，则 VBScript 将按字符串处理。也可以将数字包含在引号（" "）中使其成为字符串。

除简单的数字或字符串以外，Variant 可以进一步区分数值信息的特定含义。例如，使用数值信息表示日期或时间。此类数据在与其他日期或时间数据一起使用时，结果也总是表示为日期或时间。从 Boolean 值到浮点数，数值信息是多种多样的。Variant 包含的数值信息类型称为子类型。大多数情况下，可将所需的数据放进 Variant 中，而 Variant 也会按照最适用于其包含的数据类型的方式进行操作。表 2-5 所示为 Variant 包含的数据子类型。

表 2-5　Variant 包含的数据子类型

子 类 型	描 述
Empty	未初始化的 Variant。对于数值变量，值为 0；对于字符串变量，值为零长度字符串（""）
Null	不包含任何有效数据的 Variant
Boolean	包含 True 或 False
Byte	包含 0～255 之间的整数
Integer	包含-32 768～32 767 之间的整数
Currency	-922 337 203 685 477.580 8～922 337 203 685 477.580 7 之间的数
Long	包含-2 147 483 648～2 147 483 647 之间的整数
Single	包含单精度浮点数，负数范围为-3.402823E38～-1.401298E-45，正数范围为 1.401298E-45～3.402823E38
Double	包含双精度浮点数，负数范围为-1.79769313486232E308～-4.94065645841247E-324，正数范围为 4.94065645841247E-324～1.79769313486232E308
Date (Time)	包含表示日期的数字，日期范围从公元 100 年 1 月 1 日到公元 9999 年 12 月 31 日
String	包含变长字符串，最大长度可为 20 亿个字符
Object	包含对象
Error	包含错误号

可使用转换函数来转换数据的子类型。另外，可使用 VarType 函数返回数据的 Variant 子类型。

任务 4　新闻信息的读取与显示

任务描述

首页中新闻信息分为 3 个部分：最新图片新闻、最新其他新闻和焦点（置顶）图片新闻，如图 2-9 所示。新闻栏目的信息保存在 Gls 表中，对应视图为 ViewGls。

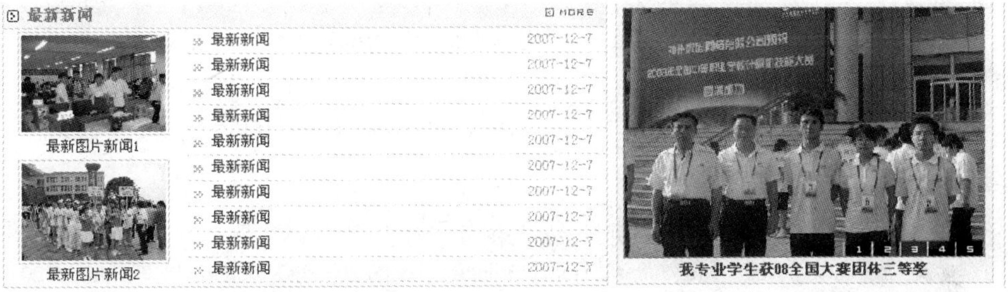

图 2-9　新闻信息显示块

本任务完成最新图片新闻信息和最新其他新闻信息读取与显示程序段的编写。其中，“图片新闻”的类别代码为“0201”，涉及字段有 ID、Title、PicUrl；“其他新闻”为除了图片新闻之外的新闻，涉及字段有 ID、Title、Brief、UpdateTime，而“title=”所对应的字段为“ViewGls”中的“Brief”字段。

想一想

① 最新图片新闻的筛选条件是________________________________。
完整的 SQL 语句是____________________________________。
② 最新其他新闻的筛选条件是________________________________。
完整的 SQL 语句是____________________________________。
提示：参考函数：Left()

做一做

参照“专业设置信息的读取与显示”程序流程图，试着画出它们的流程图，并在流程旁边写出相关语句。

操作步骤

① 用 Dreamweaver 打开“index.asp”文件。
② 修改注释。

```
<%@LANGUAGE="VBSCRIPT" CODEPAGE="936"%>
<%
REM ################################################################## REM
REM File Name: index.asp
REM Created By:      Greenbud.Chen   2008-02-29建立源文件
```

```
REM Modify By:       Greenbud.Chen  2008-03-01增加专业设置信息的读取与显示
REM Modify By:       Greenbud.Chen  2008-03-02增加新闻信息的读取与显示
REM Description:     网站首页
REM Include Files: i_myedu123_connectionstring.asp、i_myedu123_head.asp、i_myedu123_bottom.asp
REM Project:         我的教育网
REM Version:         v1.00
REM Copyright (c) 2008 Greenbud WorkGroup All rights reserved.
REM ################################################################################
%>
```

③ 找到“<a href="list.htm"><img alt="更多" src="../images/more.gif"/></a></span>最新新闻</h2>”。

④ 将“href="list.htm"”修改为“href="list.asp? ChannelID=02"”。

⑤ 将代码

```
<div id="index_1_2_1_1"> <!-- 两条最新的图片信息信息 -->
  <p><img alt="" class="pic2" src="../upload/image/2008-8/cq03.JPG" height="81" width="120" /></p>
  <p><a href="art_info.htm">最新图片新闻 1</a></p>
  <p><img alt="" class="pic2" src="../upload/image/2008-8/cq02.JPG" height="81" width="120" /></p>
  <p><a href="art_info.htm">最新图片新闻 2</a></p>
</div>
```

修改为

```
<div id="index_1_2_1_1"> <!-- 两条最新的图片信息信息 -->
<%
  Set cnnMyedu123=Server.CreateObject("ADODB.Connection") '创建连接对象
  cnnMyedu123.Open s_strConn '打开连接
  Set cmdQuery=Server.CreateObject("ADODB.Command") '创建 Command 对象
  Set cmdQuery.ActiveConnection = cnnMyedu123 '连接 Command 对象
  cmdQuery.CommandText = "select top 2 ID,Title,PicUrl from ViewGls where CatID='0201' and not
  OnTop order by ID desc"
  Set rstInfo=cmdQuery.Execute '执行查询
  For i=1 to 2
     If not rstInfo.Eof Then
       Response.Write "<p><img alt='"&rstInfo("Title")&"' class='pic2' src='"&rstInfo("PicUrl")&"'
       height='81' width='120' /></p>"
       Response.Write "<p><a href='art_info.asp?InfoID="&rstInfo("ID")&"'>"&rstInfo("Title")&"</a></p>"
       rstInfo.MoveNext
     Else
       Response.Write "<p><img alt='暂无新闻' class='pic2' src='../images/nonews.jpg' height='81'
       width='120' /></p>"
       Response.Write "<p><a href='#'>暂无新闻</a></p>"
     End if
Next
  Set rstInfo=Nothing '关闭记录集
%>
</div>
```

⑥ 按 F12 键预览网页，查看效果。

注意 由于“专业设置”程序段中已经用 Dim 定义了 cnnMyedu123、cmdQuery 和 rstInfo 全局变量，因此在本程序段不必再定义。

⑦ 将代码

```
<li><span class="div_span">2007-12-7</span><a title="最新新闻" href="art_info.htm">最新新闻</a></li>
<li><span class="div_span">2007-12-7</span><a title="最新新闻" href="art_info.htm">最新新闻</a></li>
<li><span class="div_span">2007-12-7</span><a title="最新新闻" href="art_info.htm">最新新闻</a></li>
<li><span class="div_span">2007-12-7</span><a title="最新新闻" href="art_info.htm">最新新闻</a></li>
<li><span class="div_span">2007-12-7</span><a title="最新新闻" href="art_info.htm">最新新闻</a></li>
<li><span class="div_span">2007-12-7</span><a title="最新新闻" href="art_info.htm">最新新闻</a></li>
<li><span class="div_span">2007-12-7</span><a title="最新新闻" href="art_info.htm">最新新闻</a></li>
<li><span class="div_span">2007-12-7</span><a title="最新新闻" href="art_info.htm">最新新闻</a></li>
<li><span class="div_span">2007-12-7</span><a title="最新新闻" href="art_info.htm">最新新闻</a></li>
<li><span class="div_span">2007-12-7</span><a title="最新新闻" href="art_info.htm">最新新闻</a></li>
```

修改为

```
<%
cmdQuery.CommandText = "select top 10 ID,Title,Brief,UpdateTime from ViewGls where left(CatID,2)='02'_
and not OnTop and CatID<>'0201' order by ID Desc"
  Set rstInfo=cmdQuery.Execute '执行查询
  For i=1 to 10
    If not rstInfo.Eof Then
      Response.Write "<li><span class='div_span'>"&FormatDateTime(rstInfo("UpdateTime"),2)&
      "</span><a title='"&rstInfo("Brief")&"' href='art_info.asp?InfoID="&rstInfo("ID")&"'>"&left
       (rstInfo("Title"),20)& "</a></li>"
      rstInfo.MoveNext
    Else
      Response.Write "<li> </li>"
    End if
  Next
  Set rstInfo=Nothing '关闭记录集
%>
```

⑧ 按 F12 键预览网页。

注意 由于“两条最新的图片信息信息”程序段中并未关闭 Conncetion 和 Command 对象，所以在本程序段中可直接使用它们。本程序段结束时也未关闭这两个对象，下面的程序段也可以直接使用。

做一做

将代码“<li><a title="最新新闻" href="art_info.asp?InfoID=nID">最新新闻</a><span>2007-12-7 </span> </li>”用 ASP 长代码书写技巧分步骤完成书写过程。

其中，第一个“最新新闻”对应 ASP 代码“rstInfo("Brief")”，第二个“最新新闻”对应 ASP 代

码 “left(rstInfo("Title"),20)”，“rstInfo("ID")” 对应 “nID”，“FormatDateTime(rstInfo("UpdateTime"), 2)” 对应日期。

知识拓展

拓展 1　访问数据库操作流程的另一种描述方法（表格描述法）

步　骤	语　句	说　明
开始（定义变量）	Dim cnnMyedu123,cmdQuery,rstInfo	已经定义（略）
创建连接对象	Set cnnMyedu123=Server.CreateObject(..)	建立 cnnMyedu123 连接对象
打开连接对象	cnnMyedu123.Open strConn	strConn 连接字符串
创建命令对象	Set cmdQuery=Server.CreateObject(“ADODB.Command”)	建立 cmdQuery 命令对象
指定连接	Set cmdQuery.ActiveConnection=cnnMyedu123	将 cnnMyedu123 指定给 cmdQuery
设定命令类型	cmdQuery.CommandType=1	设置命令类型为 SQL 命令类型，即=1
设置查询命令	cmdQuery.CommandText=”select Top 10 ID,Title,Brief,UpdateTime from ViewGls where left(CatID,2)='02' and not CatID='0201' order by ID Desc” cmdQuery.CommandText=”select Top 10 ID,Title,Brief,UpdateTime from ViewGls where left(CatID,2)='02' and CatID<>'0201' order by ID Desc”	left(CatID,2)='02'表示类别代码前两位是 02 的，即全部新闻大类
执行查询	Set rstInfo=cmdQuery.Execute	得到记录集 rstInfo，相关字段如下： rstInfo("ID") rstInfo("Title") rstInfo("Brief") rstInfo("UpdateTime")
循环开始	For i=1 to 10	循环 10 次
判断	If not rstInfo.EOF Then	是否到记录底部
显示输出	<li><span class="div_span">2007-12-7</span><a title=" 最 新 新 闻 " href="art_info.htm">最新新闻</a></li> Response.Write "<li><span class='div_span'>"&FormatDateTime(rstInfo("UpdateTime"),2)&"</span><a title='"&rstInfo("Brief")&"' href='art_info.asp?InfoID="&rstInfo("ID")&"'>"&left(rstInfo("Title"),20)&"</a></li>"	如果数据库信息存在： 第一种显示输出方法,纯 ASP 代码方式
显示输出	%> <span class="div_span"><%= FormatDateTime(rstInfo(“UpdateTime”),2)%></span><li><a title="<%=rstInfo(“Brief”)%>" href="art_info.asp?InfoID=<%=rstInfo(“ID”)%>"><%=rstInfo(“Title”)%></a></li> <%	第二种显示输出方法，HTML+ASP 方式，注意等号“=”
下移记录指针	rstInfo.MoveNext	下移一条
否则	Else	
显示空行	Response.Write “<li> </li>”	无数据库时显示空行，以保证页面显示的完整性
	End IF	
循环结束	Next	
关闭记录集	Set rstInfo=Nothing	
关闭命令对象	Set cmdQuery=Nothing	
关闭连接对象	Set cnnMyedu123=Nothing	

拓展 2　函数 Left()

Left()函数可从字符串的左侧返回指定长度的字符。

函数格式：Left(string,length)

其中，

- string：必选参数，从其中返回字符的字符串。
- length：必选参数，规定需返回多少字符。如果设置为 0，则返回空字符串("")；如果设置为大于或等于字符串的长度，则返回整个字符串。

类似的函数还有以下 3 个。

（1）Right(string,length)：从字符串右侧返回指定长度的字符。string 为必选参数，从其中返回字符的字符串；length 为必选参数，规定返回多少字符。如果设置为 0，则返回空字符串（""）；如果设置为大于或等于字符串的长度，则返回整个字符串。

（2）Mid(string,start[,length])：从字符串中返回指定长度的字符。string 为必选参数，从其中返回字符的字符串表达式，如果字符串包含 Null，则返回 Null；start 为必选参数，规定起始位置，如果设置为大于字符串的长度，则返回空字符串（""）；length 为可选参数，返回的字符长度，如果省略或 length 超过文本的字符数（包括 start 处的字符），将返回字符串中从 start 到字符串结束的所有字符。

（3）Len(string)：可返回字符串中字符的长度。string 为必选参数，字符串表达式。

拓展 3　函数 FormatDateTime()

FormatDateTime()函数，可格式化并返回一个合法的日期或时间表达式。

函数格式：FormatDateTime(date,format)

其中，

- date：必选参数，任何合法的日期表达式，如 Date() 或 Now()。
- format：可选参数，规定所使用的日期/时间格式的格式。

format 参数说明如下。

- 0：显示日期和/或时间。如果有日期部分，则将该部分显示为短日期格式。如果有时间部分，则将该部分显示为长时间格式。如果都存在，则显示所有部分。
- 1：使用计算机区域设置中指定的长日期格式显示日期。
- 2：使用计算机区域设置中指定的短日期格式显示日期。
- 3：使用此格式显示时间：hh:mm:ss PM/AM。
- 4：使用 24 小时格式（hh:mm）显示时间。

类似的函数还有以下 4 个。

（1）　Year(date)：返回 date 的年份，date 为必选参数，为有效日期表达式。

（2）　Month(date)：返回 date 的月份，date 为必选参数，为有效日期表达式。

（3）　Day(date)：返回 date 的天数，date 为必选参数，为有效日期表达式。

（4）　Weekday(date)：返回 date 一周的天数，即星期数，周日为 1，周一为 2……date 为必选参数，为有效的日期表达式。

利用 Year、Month 和 Day 函数可以实现多种日期格式的显示。例如，将最新新闻的日期输出改为“月/日”形式，ASP 代码可写成“Month(rstInfo("UpdateTime"))&"/"&Day(rstInfo("UpdateTime"))”。

做一做

（1）试着用“表格描述法”写出“通知公告”（公告滚动条）的流程，写出完整的 ASP 代码并上机调试。

```
<div id="index_1_2_3"> <!--公告滚动条-->
    <marquee onmouseover="this.stop();" onmouseout="this.start();" scrollamount="4" scrolldelay="150">
    <ul>
        <li><a href="http://www.edu123.net/#">公告 1</a> <span>11/3</span></li>
        <li><a href="http://www.edu123.net/#">公告 2</a> <span>10/28</span></li>
        <li><a href="http://www.edu123.net/#">公告 3</a> <span>10/28</span></li>
        <li><a href="http://www.edu123.net/#">公告 4</a> <span>10/27</span></li>
        <li><a href="http://www.edu123.net/#">公告 5</a> <span>10/25</span></li>
        <li><a href="http://www.edu123.net/#">公告 6</a> <span>10/24</span></li>
      </ul>
    </marquee>
</div>
```

提示：

- 涉及字段为 ID、Title、UpdateTime。
- “通知公告”的类别代码为“0105”。

想一想

（1）最新“通知公告”所在视图是____________________。

（2）最新“通知公告”的筛选条件是____________________。

（3）完整的 SQL 语句是____________________。

（2）试着画出“最新招生就业”的流程图并标注相关语句，日期输出要求 Year、Month、Day 三个函数组合运用，写出 ASP 代码并上机调试。

```
<h2><span class="div_span"><a href="">更多</a></span>招生就业</h2>
<ul class="array_ul">
<li><span class="div_span">2007-12-7</span>[...]<a title="招生就业" href="art_info.htm">招生就业</a></li>
<li><span class="div_span">2007-12-7</span>[...]<a title="招生就业" href="art_info.htm">招生就业</a></li>
<li><span class="div_span">2007-12-7</span>[...]<a title="招生就业" href="art_info.htm">招生就业</a></li>
<li><span class="div_span">2007-12-7</span>[...]<a title="招生就业" href="art_info.htm">招生就业</a></li>
<li><span class="div_span">2007-12-7</span>[...]<a title="招生就业" href="art_info.htm">招生就业</a></li>
<li><span class="div_span">2007-12-7</span>[...]<a title="招生就业" href="art_info.htm">招生就业</a></li>
<li><span class="div_span">2007-12-7</span>[...]<a title="招生就业" href="art_info.htm">招生就业</a></li>
<li><span class="div_span">2007-12-7</span>[...]<a title="招生就业" href="art_info.htm">招生就业</a></li>
<li><span class="div_span">2007-12-7</span>[...]<a title="招生就业" href="art_info.htm">招生就业</a></li>
<li><span class="div_span">2007-12-7</span>[...]<a title="招生就业" href="art_info.htm">招生就业</a></li>
</ul>
```

提示：

- 修改“更多”的 URL 链接。
- 涉及字段为 CatName、ID、Title、Brief、UpdateTime。
- “[...]”内显示“CatName”，而“title=”所对应的字段为“ViewGls”中的“Brief”字段。
- “招生就业”的类别代码为“04”。

想一想

（1）最新“招生就业”所在视图是____________________。

（2）最新“招生就业”筛选条件是________________________________。

（3）完整的 SQL 语句是________________________________。

（3）试着画出“焦点图片新闻”的流程图并标注相关语句。

任务 5　焦点图片新闻的读取与显示

任务描述

本任务完成焦点图片新闻信息读取与显示程序段的编写。

焦点图片新闻即置顶图片新闻（类别代码为“0201”，OnTop 为真），涉及字段有 ID、Title、PicUrl。

想一想

（1）最新焦点图片新闻的筛选条件是：________________________________

（2）完整的 SQL 语句是：________________________________

操作步骤

① 用 Dreamweaver 打开“index.asp”文件。

② 修改注释，在“REM Description：网站首页”前输入一行“REM Modify By: Greenbud.Chen 2008-03-01 焦点图片新闻信息读取与显示”。

③ 在“<!-- flash 滚动焦点图 begin -->”下面输入以下代码。

```
<%
Dim strPic,strLink,strText '定义 JavaScript 字符串赋值语句变量
strPic="spics=" '初始化图片地址字符串变量
strLink="slinks=" '初始化超级链接字符串变量
strText="stexts=" '初始化文字标题字符串变量
cmdQuery.CommandText="select top 5 ID,Title,PicUrl from ViewGls where CatID='0201' and OnTop
order by ID Desc"
Set rstInfo=cmdQuery.Execute '执行查询
For i=1 to 5
   If not rstInfo.Eof Then
      strPic=strPic&rstInfo("PicUrl")
      strLink=strLink&"art_info.asp?InfoID="&rstInfo("ID")
      strText=strText&rstInfo("Title")
      rstInfo.MoveNext
       If not rstInfo.Eof Then '如果不是最后一条，则 3 个变量分别增加一个“|”分隔字符
          strPic=strPic&rstInfo("PicUrl")
          strLink=strLink&"art_info.asp?InfoID="&rstInfo("ID")
          strText=strText&rstInfo("Title")
      End if
   End if
Next
Set rstInfo=Nothing '关闭记录集
```

```
'分别在最后增加单引号和分号“';”
strPic=strPic&"';"
strLink=strLink&"';"
strText=strText&"';"
%>
```

④ 将“spics=…”等 3 个 JavaScript 赋值语句替换为以下语句。

```
<%
 '输出 JavaScript 赋值语句
 Response.Write strPic
 Response.Write strLink
 Response.Write strText
%>
```

⑤ 按 F12 键预览网页。

做一做

完成最新图片展示、技术文章各板块代码编写，并上机调试。

本章小结

知识与技能	学 习 情 况		
	掌握（理解）	基本掌握（理解）	未掌握（理解）
Access 数据库 ADO 连接字符串			
ASP 文件的基本格式及新建方法			
IIS Web 服务器中文件属性的设置方法			
变量命名规则			
VBScript 的数据类型			
Server 对象的 MapPath 方法			
VBScript Left 等几个常用函数			
包含文件的新建、命名与使用			
VBScript 的 For、If 语句			
Response 对象 Write 方法的用法			
ASP 长代码书写技能			
访问数据库操作的一般步骤			

第 3 章　创建图文信息页面文件

学习目标

- ◆ 了解 ASP 更新数据库
- ◆ 了解位置导航及代码编写
- ◆ 了解百度、谷歌搜索本站的方法
- ◆ 理解显示信息格式化
- ◆ 理解 Parameters 集合及访问数据库中的应用
- ◆ 理解参数合法性检测与错误处理
- ◆ 掌握 URL 参数及获取方法
- ◆ 熟练掌握数据库信息读取与显示

内容摘要

- ◆ 介绍 Response 对象 End 方法的用法
- ◆ 介绍 VBScript 检测函数、String 函数及用法
- ◆ 介绍位置导航信息显示代码的编写方法
- ◆ 介绍 ASP 更新数据库的方法
- ◆ 介绍上下文信息读取与显示方法
- ◆ 介绍利用百度、谷歌搜索本站的方法
- ◆ 详细介绍 URL 参数获取方法
- ◆ 详细介绍 Parameters 集合及访问数据库中的应用
- ◆ 详细介绍栏目列表信息的读取和显示
- ◆ 详细介绍精品信息的读取和显示
- ◆ 详细介绍显示信息的简单格式化（Server.HTMLEncode 方法、Replace 函数）

任务 1　新建 art_info.asp 文件

任务描述

图文信息页面文件的主要功能为显示指定 ID 号的图文信息，如图 1-4 所示。本任务完成 art_info.asp 文件基本框架的建立。

操作步骤

① 打开资源包“asp_myedu123_01”中的“codes/art_info.htm”文件，并选择“代码”视图格式；

② 在第一行中输入“<%@LANGUAGE="VBSCRIPT" CODEPAGE="936"%>”。

③ 在“<head>”前输入文件头注释。

```
<%
REM ########################################################################## REM
REM File Name: art_info.asp
REM Created By:       Greenbud.Chen   2008-03-08建立源文件
REM Description:      图文信息显示
REM Include Files: i_myedu123_connectionstring.asp, i_myedu123_head.asp, i_myedu123_bottom.asp
REM Project:          我的教育网
REM Version:          v1.00
REM Copyright (c) 2008 Greenbud WorkGroup All rights reserved.
REM ###########################################################################%>
%>
```

④ 在随后的行中输入数据库连接字符串包含文件“<!--#include file="../inc/i_myedu123_connect ionstring.asp"-->”。

⑤ 将“<!--head start-->”与“<!--head end-->”之间的代码替换成“<!--#include file="../inc/I_myedu123_head.asp"-->”。

⑥ 将“<!--bottom start-->”与“<!--bottom end-->”之间的代码替换成“<!--#include file="../inc/i_myedu123_bottom.asp"-->”。

⑦ 将“art_info.htm”另存到网站的“codes”文件夹中，文件命名为“art_info.asp”。

⑧ 在“<head>”前输入如下代码。

```
<%
  '定义变量 nArtID—文章 ID，strCatID—类别 ID，strTitle—文章标题
  Dim nArtID,strCatID,strTitle
  'Request 对象在 HTTP 请求期间，检索客户端浏览器传递给服务器的值
  nArtID=Request("InfoID")
  '判断变量 nArtID 的值是否为数值
  If not Isnumeric(nArtID) Then
    nArtID=0
  End If
```

```
    '判断 nArtID 的合法性
    if nArtID<=0 then
      Response.Write "参数错误!"
      Response.End '结束 ASP
    end if
    '获取类别 ID 及文章标题
    Dim cnnMyedu123,cmdQuery,rstGls
    Set cnnMyedu123=Server.CreateObject("ADODB.Connection") '创建连接对象
    cnnMyedu123.Open strConn '打开连接
    Set cmdQuery=Server.CreateObject("ADODB.Command") '创建 Command 对象
    Set cmdQuery.ActiveConnection = cnnMyedu123 '指定连接对象
    cmdQuery.CommandType=1 '设定查询类型为 SQL 命令类型
    cmdQuery.CommandText = "select CatID,Title from Gls where ID="&nArtID
    Set rstGls=cmdQuery.Execute '执行查询
    if not rstGls.Eof then
      strCatID=rstGls("CatID") '得到类别代码
      strTitle=rstGls("Title") '得到标题
    else
      Response.Write "文章不存在!"
      Response.End '结束 ASP
    end if
    cmdQuery.CommandText = "update Gls set Hits=Hits+1 where ID="&nArtID '文章点击数+1
    Set rstGls=cmdQuery.Execute '执行查询
    Set rstGls=Nothing '关闭数据集
%>
```

⑨ 将“<title>”修改为“<title>绿蕾教育-绿蕾工作组[<%=strTitle%>]</title>”。

⑩ 按 F12 键预览网页（单击“否”按钮，不上扣传相关文件），将得到“参数错误!”的提示。

⑪ 在浏览器地址栏的 URL 后面追加“?InfoID=316”字串并回车，注意查看浏览器标题发生的变化。

知识拓展

拓展 1　Request.QueryString

与 Response 一样，Request 也是 ASP 中最常用的对象之一，其功能为从客户端获取信息。

QueryString 方法用于获取 HTTP 查询字符串中的变量值，即问号（?）之后的值。例如：上例中带有查询字符串的 URL（art_info.asp?InfoID=1），该方法将得到一个名为 InfoID 且值为“1”的变量。该查询字符串可以通过用户在浏览器的地址栏中输入，也可以通过表单 GET 方法提交来生成。

命令格式：Request.QueryString(variable)

其中，参数 variable 指在 HTTP 查询字符串中要取回的变量名称，变量名称必须与客户端设定的相一致。

在实际应用中，常常把 Request.QueryString 简写成 Request，如 nArtID=Int(Request("InfoID"))。

拓展 2　IsNumeric

IsNumeric 函数用于检测指定的表达式是否为数字，是则返回 True，否则返回 False。

函数格式：IsNumeric(expression)

其中，参数 expression 可以是任意的表达式、变量和值。

类似的检测函数还有以下 4 个。

（1）IsDate(expression)：检测表达式是否为日期，是返回 True，否则返回 False。

（2）IsEmpty(expression)：检测表达式（通常为一个变量）是否被初始化，是返回 False，否则返回 True。

（3）IsNull(expression)：检测表达式（通常为一个变量）是否为 Null，是返回 True，否则返回 False。

（4）IsArray(variable)：检测变量是否为数组，是返回 True，否则返回 False。

拓展 3　Response.End

Response 的 End 方法其功能为停止对脚本的处理，并返回当前的结果。该方法通常用于错误调试。

做一做

参照任务一完成新建“res_info.asp”文件，并上机调试。静态页面“res_info.htm”在资源包“codes”文件夹中。

任务 2　位置导航信息读取与显示

任务描述

为了便于浏览者了解当前浏览页面所属的频道和栏目，通常在信息显示页面中包含一个位置导航条。位置导航条从网站首页开始，依次显示一级类别、二级类别……直到该信息所在的最后一级类别，如图 3-1 所示。本任务完成该导航条信息的读取与显示功能。

图 3-1　位置导航条

想一想

① 第一个位置，即“绿蕾教育网”的链接是________________。

② 两个值之间所有数据的筛选条件是________________。

操作步骤

① 用 Dreamweaver 打开“art_info.asp”文件。

② 修改注释。

```
<%
REM ############################################################################## REM
REM File Name: art_info.asp
REM Created By:        Greenbud.Chen  2008-03-08建立源文件
REM Modify By:         Greenbud.Chen  2008-03-08 增加位置导航条
REM Description:       图文信息显示
REM Include Files: i_myedu123_connectionstring.asp, i_myedu123_head.asp, i_myedu123_bottom.asp
REM Project:           我的教育网
REM Version:           v1.00
REM Copyright (c) 2008 Greenbud WorkGroup All rights reserved.
REM ###############################################################################%>
%>
```

③ 将代码

```
 &gt;&gt; <a class="linkpath" href="http://www.edu123.net/">大类</a>
 &gt;&gt; <a class="linkpath" href="http://www.edu123.net/">小类</a>
```

修改为

```
<%
  cmdQuery.CommandText = "select * from ViewCatalog where CatID between ? and ?"
  cmdQuery.Parameters.Refresh
  cmdQuery(0)=left(strCatID,2)
  cmdQuery(1)=strCatID
  Set rstCat=cmdQuery.Execute '执行查询
  Do While not rstCat.Eof
    If rstCat("CatID")=left(strCatID,len(rstCat("CatID"))) Then
   '如果当前类别属于结果类别代码，则显示
      Response.Write " &gt;&gt; <a class='linkpath' href='list.asp?ChannelID="&rstCat
       ("CatID")&"'>"&rstCat("CatName")&"</a>"
    End If
    rstCat.movenext
    loop
    Set rstCat=Nothing
%>
```

④ 按 F12 键预览网页，在随后打开的浏览器地址栏的 URL 后面追加“?InfoID=316”字串并回车。

知识拓展

Parameters 参数集合

使用 Parameters 参数集合可以实现参数化查询功能，Command 对象具有由 Parameter 对象组成的 Parameters 集合，Parameter 对象代表与基于参数化查询或存储过程的 Command 对象相关联的参数或自变量。通过创建 Parameter 对象并添加到 Parameters 集合中，可以向参数化查询传递所需要的数据。

在使用 Parameter 对象时，必须通过 Parameters.Refresh 方法才可取得对应的 Parameter 对象，否则 Parameters 数据集合内将不存在或出现不符合的 Parameter 对象，导致 Command 对象的 Execute 方法执行错误。

通常使用“?”表示一个参数，如“cmdQuery.CommandText = "select * from ViewCatalog where CatID between ? and ?"”中包含两个参数。

用“0”开始的数字索引来依序设定 Command 对象的参数。

- cmdQuery(0)=left(strCatID,2)：给第一个参数赋值。
- cmdQuery(1)=strCatID：给第二个参数赋值。

用表格法描述使用 Parameters 集合的步骤如表 3-1 所示。

表 3-1　用表格法描述使用 Parameters 集合的步骤

步　骤	语　句	说　明
设置带参数的查询命令	cmdQuery.CommandText = "select * from ViewCatalog where CatID between ? and ?"	“?”即为参数，共有两个参数
获取 Parameter 对象	cmdQuery.Parameters.Refresh	
参数赋值	cmdQuery(0)=left(strCatID,2) cmdQuery(1)=strCatID	共两个参数
执行查询	Set rstInfo=cmdQuery.Execute	得到记录集 rstInfo

做一做

参照任务一完成新建“res_info.asp”文件，并上机调试。静态页面“res_info.htm”在资源包“codes”文件夹中。

任务 3　栏目列表信息的读取与显示

任务描述

本任务完成本栏目及兄弟栏目信息读取与显示程序段的编写。

栏目列表信息中包含本栏目和兄弟栏目。例如，“文字新闻”栏目的兄弟栏目只有“图片新闻”，如图 3-2 所示。

图 3-2　栏目列表显示块

想一想

① 本栏目代码的变量名是________________________。

② 本栏目及兄弟栏目代码的筛选条件是________________________。

操作步骤

① 用 Dreamweaver 打开“art_info.asp”文件。

② 修改注释，在“REM Description:图文信息显示”前输入一行“REM Modify By: Greenbud.Chen 2008-03-08 增加位置导航条”。

③ 将“<h2>栏目列表</h2>”至“</div>”之间的代码修改为如下所示代码。

```
<%
Dim nCatIDLen '定义本级类别代码长度
nCatIDLen=len(strCatID) '获得本级类别代码长度
cmdQuery.CommandText = "select * from ViewCatalog where left(CatID,?)=? and len(CatID)=?_order
by CatID"
cmdQuery.Parameters.Refresh
cmdQuery(0)=nCatIDLen-2 '上一级类别代码长度
cmdQuery(1)=left(strCatID,nCatIDLen-2) '上一级类别代码
cmdQuery(2)=nCatIDLen '本级类别代码长度
Set rstGls=cmdQuery.Execute '执行查询
Dim i
i=0
Do While not rstGls.Eof
  i=i+1
  if i mod 2 = 0 then '如果被显示的栏目顺序为偶数，即为第二列，则栏目名称前加 3 个空格，否则加
  一个空格
    response.write "   "
  else
   response.write " "
  end if
  response.write "<a class=childclass href='list.asp?ChannelID="&rstGls("CatID")&"'>"&_
  rstGls("CatName")&"</a>"
  rstGls.MoveNext
  if not rstGls.Eof and i mod 2 = 0 then
 '如果被显示的栏目顺序为偶数且不是最后一个，则其后增加换行
    response.write "<br/>"
  end if
  loop
Set rstGls=Nothing
%>
```

④ 按 F12 键预览网页，在随后打开的浏览器地址栏的 URL 后面追加“?InfoID=1”字符串并回车。

知识拓展

mod 运算符

mod 运算符获取两数的余数（模数）。

格式：result = number1 Mod number2

其中：number1 为被除数，任意数值表达式；number2 为除数，任意数值表达式。

当 number1 或 number2 为小数时，将先按四舍五入法则取整再进行计算。例如：19 mod 6.7，结果为 5。

任务 4　精品推荐信息的读取与显示

任务描述

本任务完成从图文信息表中筛选最新的 5 条精品推荐信息显示到相应的网页位置，如图 3-3 所示。图文信息精品推荐信息在数据库中的标识为 Elite，字段为真（Ture）。

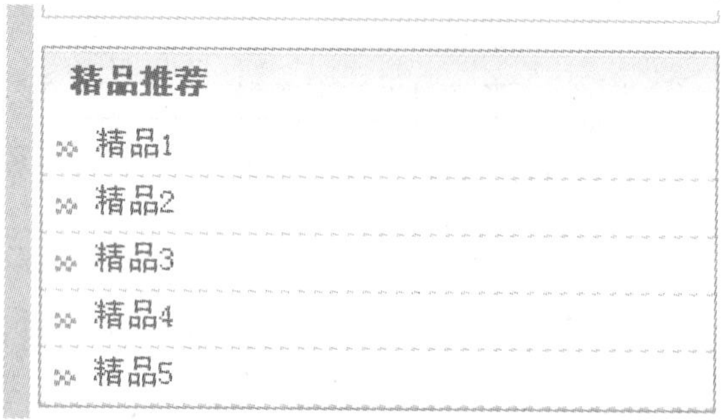

图 3-3　精品推荐显示块

想一想

① 精品推荐的筛选条件是________________。

② 获取最新 5 条信息的方法是________________。

③ 最新 5 条精品推荐信息的 SQL 语句是________________。

操作步骤

① 用 Dreamweaver 打开“art_info.asp”文件。

② 修改注释，在“REM Description: 图文信息显示”前输入一行“REM Modify By:Greenbud.Chen　2008-03-08 增加栏目列表”。

③ 将代码

```
<li><a href="res_info.htm">精品 1</a></li>
<li><a href="res_info.htm">精品 2</a></li>
<li><a href="res_info.htm">精品 3</a></li>
<li><a href="res_info.htm">精品 4</a></li>
<li><a href="res_info.htm">精品 5</a></li>
```

修改为

```
<%
  cmdQuery.CommandText = "select top 5 ID,Title from ViewGls where Elite order by CatID Desc"
  Set rstGls=cmdQuery.Execute '执行查询
  For i=1 to 5
    If not rstGls.EOF Then
```

```
        Response.Write "<li><a href='art_info.asp?InfoID="&rstGls("ID")&"'>"&rstGls("Title")&"</a></li>"
        rstGls.MoveNext
      else
        Response.Write "<li><a href='#'> </a></li>"
      End if
    Next
    Set rstGls=Nothing
  %>
```

④ 按 F12 键预览网页，在随后打开的浏览器地址栏的 URL 后面追加“?InfoID=316”字符串并回车。

做一做

① 试着用“表格描述法”写出“本类热门”的流程，写出完整的 ASP 代码并上机调试。

```
<li><a href="reinfo.htm" target=_blank>本类热门</a></li>
<li><a href="reinfo.htm" target=_blank>本类热门</a> </li>
<li><a href="reinfo.htm" target=_blank>本类热门</a> </li>
<li><a href="reinfo.htm" target=_blank>本类热门</a> </li>
<li><a href="reinfo.htm" target=_blank>本类热门</a> </li>
```

提示：

- 涉及字段为 ID、Title。
- 热门信息指点击数高的信息，字段 Hits 即为点击数。
- 该程序段的功能是读取并显示“本类”信息中点击数最高的 5 条信息。
- 请关注程序中已定义的类别代码变量。

想一想

① 本类信息的筛选条件是____。

② 获取点击数最高的 5 条信息的方法是______________________________。

③ 完整的 SQL 语句是____。

（2）试着用“表格描述法”写出“栏目热门”的流程，写出完整的 ASP 代码并上机调试。

```
<li><a href="reinfo.htm" target=_blank>栏目热门</a> </li>
<li><a href="reinfo.htm" target=_blank>栏目热门</a> </li>
<li><a href="reinfo.htm" target=_blank>栏目热门</a> </li>
<li><a href="reinfo.htm" target=_blank>栏目热门</a> </li>
```

提示：栏目热点即本栏目中点击数高的信息。

想一想

① 本栏目信息的筛选条件是______________________________________。

② 完整的 SQL 语句是____。

③ 试着用“表格描述法”写出“栏目精品”的流程，写出完整的 ASP 代码并上机调试。

```
<li><a href="reinfo.htm" target=_blank>栏目精品推荐</a> </li>
<li><a href="reinfo.htm" target=_blank>栏目精品推荐</a> </li>
```

```
<li><a href="reinfo.htm" target=_blank>栏目精品推荐</a> </li>
<li><a href="reinfo.htm" target=_blank>栏目精品推荐</a> </li>
```

想一想

完整的 SQL 语句是：______________________________。

注意 在修改“art_info.asp”文件时不要忘了修改相应的文件头注释信息。

任务 5　图文信息的读取与显示

任务描述

图文信息的读取与显示是本页面的主要任务，本任务完成指定 ID（由 URL 提供）的图文信息读取，按照页面设定的位置，依次显示文章标题、作者、文章来源、点击数、更新时间和文章内容等信息，如图 3-4 所示。

图 3-4　图文信息显示块

想一想

① 需要读取的字段分别是______________________________。
② 完整的 SQL 语句是______________________________。

操作步骤

① 用 Dreamweaver 打开“art_info.asp”文件。
② 修改注释。

```
<%
```

```
REM ########################################################################## REM
REM File Name: art_info.asp
REM Created By:        Greenbud.Chen   2008-03-08建立源文件
REM Modify By:Greenbud.Chen   2008-03-08 增加位置导航条
REM Modify By:Greenbud.Chen   2008-03-08 增加栏目列表
REM Modify By:Greenbud.Chen   2008-03-08 增加精品推荐
REM Modify By:Greenbud.Chen   2008-03-09 增加本栏热门
REM Modify By:Greenbud.Chen   2008-03-09 增加栏目热门
REM Modify By:Greenbud.Chen   2008-03-09 增加栏目精品
REM Modify By:Greenbud.Chen   2008-03-10 增加文章信息
REM Description: 图文信息显示
REM Include Files: i_myedu123_connectionstring.asp, i_myedu123_head.asp, i_myedu123_bottom.asp
REM Project: 我的教育网
REM Version: v1.00
REM Copyright (c) 2008 Greenbud WorkGroup All rights reserved.
REM ##########################################################################%>
%>
```

③ 在“<div class="div_5" id="info_1_2_2">”后输入如下代码。

```
<%
  cmdQuery.CommandType=1 '设定查询类型为 SQL 命令类型
  cmdQuery.CommandText = "select * from ViewGls where ID="&nArtID
  Set rstGls=cmdQuery.Execute '执行查询
  If rstGls.Eof Then
    Response.Write "该文章不存在!"
    Response.End
  End if
%>
```

④ 将“<h1>文章标题</h1>”修改为“<h1><%=rstGls("Title")%></h1>”。

⑤ 将代码

```
<p>
  作者：    
  文章来源：    
  点击数：    
  更新时间：
</p>
```

修改为

```
<p>
  作者：<%=rstGls("Author")%>  
  文章来源：<%=rstGls("CopyFrom")%>  
  点击数：<%=rstGls("Hits")%>  
  更新时间：<%=rstGls("Updatetime")%>
</p>
```

将“文章内容”修改为“<%=rstGls("Content")%>”。

⑥ 按 F12 键预览网页，在随后打开的浏览器地址栏的 URL 后面追加“?InfoID=316”字符串并回车。

⑦ 刷新页面，观察“点击数”是否增加。

做一做

完成首页“index.asp”文件中热点文章、最新资源等板块的代码编写，并上机调试。

任务 6　相关信息的读取与显示

任务描述

相关信息包括两个部分，第一部分为利用百度和谷歌的站内搜索功能，创建在本站搜索该文章标题的链接；第二部分为该文章前、后各一篇文章的链接，如图 3-5 所示。

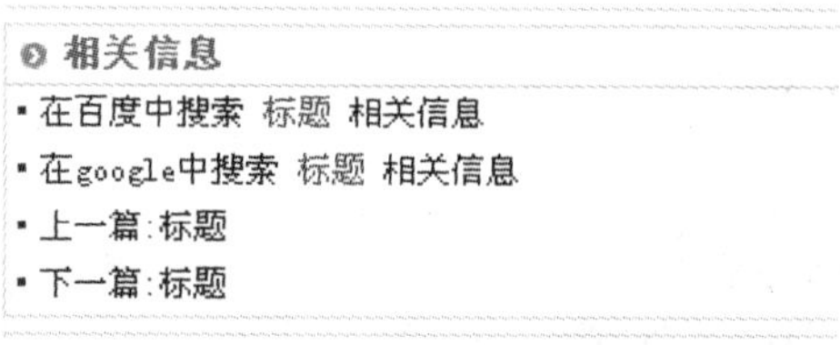

图 3-5　相关信息显示块

其中，百度站内搜索格式为 http://www.baidu.com/s?wd=site:网站 URL+关键字；谷歌站内搜索格式为 http://www.google.cn/search?q=site:网站 URL+关键字。

想一想

① 上一篇文章的筛选条件是____________________

② 完整的 SQL 语句是____________________

③ 下一篇文章的筛选条件是____________________

④ 完整的 SQL 语句是____________________

操作步骤

① 用 Dreamweaver 打开“art_info.asp”文件。

② 修改注释，在“REM Description: 图文信息显示”前输入一行“REM Mordify By: Greenbud.Chen　2008-03-10 增加相关信息”。

③ 设定百度和谷歌站内关键字搜索，将代码

```
<p> •<a href="http://www.baidu.com/s?wd=site:www.edu123.net+关键字" rel=external>在百度中搜索 <span class="hotword">标题</span> 相关信息</a></p>
<p> • <a href="http://www.google.cn/search?q=site:www.edu123.net+关键字" rel=external>在 google 中搜索 <span class="hotword">标题</span> 相关信息</a></p>
```

修改为

```
<p>・<a href="http://www.baidu.com/s?wd=site:www.edu123.net+<%=rstGls("aKey")%>_" target=
"_blank" rel=external>在百度中搜索 <span class="hotword"><%=rstGls("Title")%>_</span> 相关信
息</a></p>
<p>・<a href="http://www.google.cn/search?q=site:www.edu123.net+<%=rstGls("aKey")%>_" target="_
blank" rel=external>在 google 中搜索 <span class="hotword"><%=rstGls("Title")%>_</span> 相关信
息</a></p>
```

④ 读取并显示上一篇文章，将代码

```
<p>・上一篇:<a class="linksoftcorrelative" title="作者:上传时间" href="art_info.asp?InfoID=">标题
</a></p>
```

修改为

```
<%
cmdQuery.CommandText="select top 1 ID,Title,Author,Updatetime from ViewGls where ID>"&nArtID
set rstGls=cmdQuery.Execute
response.write "<p>・上一篇:"
 if not rstGls.Eof then
   response.write "<a class='linksoftcorrelative' title='"&rstGls("Author") &":"&rstGls("Updatetime")_
   &"' href='art_info.asp?InfoID="&rstGls("ID")&"'>"&rstGls("Title")&"</a></p>"
 else
   response.write "没有了</p>"
 end if
 Set rstGls=Nothing
%>
```

⑤ 读取并显示下一篇文章，将代码

```
<p>・下一篇:<a class="linksoftcorrelative" title="作者:上传时间" href="art_info.htm=">标题</a></p>
```

修改为

```
<%
cmdQuery.CommandText="select top 1 ID,Title,Author,Updatetime from ViewGls where ID<"&nArtID
set rstGls=cmdQuery.Execute
response.write "<p>・下一篇:"
 if not rstGls.Eof then
   response.write "<a class='linksoftcorrelative' title='"&rstGls("Author") &":"&rstGls("Updatetime")_
   &"' href='art_info.asp?InfoID="&rstGls("ID")&"'>"&rstGls("Title")&"</a></p>"
 else
   response.write "没有了</p>"
 end if
 Set rstGls=Nothing
%>
```

⑥ 按 F12 键预览网页，在随后打开的浏览器地址栏的 URL 后面追加“?InfoID=316”字符串并回车。

做一做

上述“上一篇”、“下一篇”文章的筛选范围为整个图文信息，试着将它们在本栏目中进行筛选。写出完整的 ASP 代码并上机调试。

任务 7　文章评论信息的读取与显示

任务描述

本任务完成文章评论信息的读取，并按如图 3-6 所示的格式显示评论信息。文章评论信息最多显示 5 条最新评论。

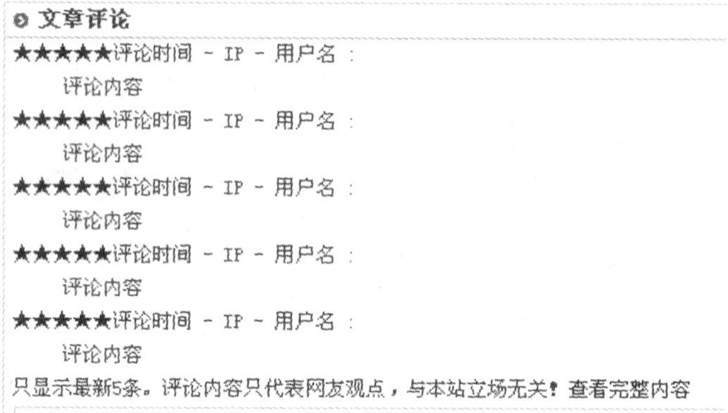

图 3-6　最新评论信息显示块

想一想

① 文章评论信息的筛选条件是____________________________________。

② 完整的 SQL 语句是____。

③ 什么是 ASCII 码？____。

④ 如何正确显示评论内容中包含的空格和换行字符？________________________

____。

操作步骤

① 用 Dreamweaver 打开“art_info.asp”文件。

② 修改注释，在“REM Description: 图文信息显示”前输入一行“REM Mordify By: Greenbud.Chen　2008-03-10 增加文章评论信息”。

③ 读取与显示最新 5 条评论信息，将代码

```
<p>
    <span class="hotword">★★★★★</span>评论时间 - IP - 用户名 :</br>
         评论内容
</p>
<p>
```

```
    <span class="hotword">★★★★★</span>评论时间 - IP - 用户名 :</br>
         评论内容
  </p>
  <p>
    <span class="hotword">★★★★★</span>评论时间 - IP - 用户名 :</br>
         评论内容
  </p>
  <p>
    <span class="hotword">★★★★★</span>评论时间 - IP - 用户名 :</br>
         评论内容
  </p>
  <p>
    <span class="hotword">★★★★★</span>评论时间 - IP - 用户名 :</br>
         评论内容
  </p>
```

修改为

```
<%
 cmdQuery.CommandText="select top 5 * from ViewComment where ObjectID="&nArtID&_" and
 CatID='"&strCatID&"' order by ID Desc" '最新 5 条评论信息
 set rstGls=cmdQuery.Execute
 Do While not rstGls.Eof
     response.write "<p><span class='hotword'>"&String(rstInfo("Stars"),"★")&"</span>"
     response.write rstGls("WriteTime")&" - "&rstGls("IP")&" - "&rstGls("UserName")&" :</br>"
     response.write "    "
     '替换评论内容中相关的控制符
     Dim strContent
     strContent=Server.HTMLEncode(rstRes("Content")) '对评论信息进行 HTML 编码
     strContent=Replace(strContent,chr(32)," ") '将空格字符替换为 HTML 空格特殊字符
     '将回车+换行替换为 HTML 换行特殊字符，另起一行时，首行缩进两个字
     strContent=Replace(strContent,chr(13)&chr(10),"</br>    ")
     '将回车替换为 HTML 换行特殊字符，另起一行时，首行缩进两个字
     strContent=Replace(strContent,chr(13),"</br>    ")
     '将换行替换为 HTML 换行特殊字符，另起一行时，首行缩进两个字
     strContent=Replace(strContent,chr(10),"</br>    ")
     response.write strContent&"</p>"
     rstGls.movenext
     loop
 Set rstGls=Nothing
 Set cmdQuery=Nothing '关闭 Command 对象
 Set cnnMyedu123=Nothing '关闭连接对象
%>
```

④ 按 F12 键预览网页，在随后打开的浏览器地址栏的 URL 后面追加“?InfoID=316”字符串并回车。

知识拓展

拓展 1　评论信息的简单格式化

如果用户在发表评论信息时加入 JavaScript 代码、嵌套框架等 HTML 源代码，直接显示将导致程序执行这些源代码；另外，在显示输出时，HTML 会自动截去多余的空格，不管有多少空格，都被看做一个空格，为了在网页中增加空格，只能用“ ”表示空格，同样的，换行（回车）也只能用“</br>”来表示。

为此，在显示评论信息前，必须对该信息进行简单的格式化。其中，处理源代码操作由 Server 对象 HTMLEncode 方法完成；空格、回车等字符转换由 Replace 函数实现。

Server.HTMLEncode 方法可实现对指定的字符串实行 HTML 编码。

命令格式：Server.HTMLEncode(string)

其中，string 为必选参数，需编码的字符串。

例如：

设 strContent="<a href='http://www.baidu.com'>百度</a>"

```
Response.Write Server.HTMLEncode(strContent)
```

显示结果为：“<a href='http://www.baidu.com'>百度</a>”

```
Response.Write strContent
```

显示结果为：百度

Replace 函数可使一个字符串中的一部分被替换成另一个字符串，返回被替换后的字符串。

函数格式：Replace(string,find,replacewith[,start[,count]])

其中，

- string：必选参数，需要被替换的源字符串。
- find：必选参数，将被替换的字符串部分。
- replacewith：必选参数，为用于替换的字符串。
- start：可选参数，指定开始替换的位置，默认为 1。
- count：可选参数，指定替换的次数，默认为-1，表示进行所有可能的替换。

例如：strContent=Replace(rstGls("Content"),chr(32)," ")，即实现将 rstGls("Content")（评论内容字符串）中所有的“空格”替换为“ ”。

拓展 2　String

函数 String 可返回包含指定长度的重复字符的一个字符串。

函数格式：String(number,character)

其中，

- number：必选参数，为被返回字符串的长度。
- character：必选参数，为被重复的字符。

例如：String(5,"★")得到的字符串为"★★★★★"。

做一做

完成资源信息页面“res_info.asp”文件的设计，并上机调试。

任务 8　资源下载程序

任务描述

当用户单击资源信息页面“下载页面”（如图 3-7 所示）中的任一下载链接后，即调用资源下载程序，其调用的 URL 格式为“http://url?ResID=160&Url=1”。资源下载程序实现更新资源下载次数和提供下载两项功能。本任务完成资源下载程序的设计。

图 3-7　资源信息页面的“下载页面”信息显示块

操作步骤

① 新建“ASP VBScript”页面，并选择“代码”视图模式。

② 保留“<%@LANGUAGE="VBSCRIPT" CODEPAGE="936"%>”，删除其他所有代码。

③ 输入文件头注释。

```
<%
REM ########################################################################## REM
REM File Name: download.asp
REM Created By:      Greenbud.Chen   2008-03-13建立源文件
REM Description:     资源下载程序
REM Include Files: i_myedu123_connectionstring.asp
REM Project:         我的教育网
REM Version:         v1.00
REM Copyright (c) 2008 Greenbud WorkGroup All rights reserved.
REM ##############################################################################
%>
```

④ 在随后的行中输入数据库连接字符串包含文件“<!--#include file="../inc/i_myedu123_connectionstring.asp"-->”。

⑤ 输入包含文件，代码如下。

```
<!--#include file="../inc/i_myedu123_connectionstring.asp"-->
```

⑥ 将文件保存至“codes”文件夹，文件命名为“download.asp”。

⑦ 定义变量，读取 URL 传递的数据并进行有效性检查。

```
<%
Dim nResID,nUrl '定义变量
nResID=Request("ResID")
nUrl=Request("Url")
'判断变量 nResID 的值是否有效，如果无效提示参数错误
If not Isnumeric(nResID) or nResID<1 Then
  Response.Write "参数错误!"
  Response.End '结束 ASP
End If
'判断变量 nUrl 的值是否有效，如果无效提示参数错误
If not Isnumeric(nUrl) or nUrl<1 or nUrl>4 Then
  Response.Write "参数错误!"
  Response.End '结束 ASP
End If
```

⑧ 从 ViewRes 视图中读取指定的下载地址信息。

```
'从 ViewRes 视图中读取指定的下载地址信息
Dim cnnMyedu123,cmdQuery,rstInfo,strDownUrl
Set cnnMyedu123=Server.CreateObject("ADODB.Connection") '创建连接对象
cnnMyedu123.Open strConn '打开连接
Set cmdQuery=Server.CreateObject("ADODB.Command") '创建 Command 对象
Set cmdQuery.ActiveConnection = cnnMyedu123 '指定连接对象
cmdQuery.CommandType=1 '设定查询类型为 SQL 命令类型
cmdQuery.CommandText = "select Url"&nUrl&" as DownUrl from ViewRes where ID="&nResID
Set rstInfo=cmdQuery.Execute
If rstInfo.Eof Then
  Response.Write "资源文件不存在！"
  Response.End()
Else
  strDownUrl=rstInfo("DownUrl")
End If
Set rstInfo=Nothing
```

⑨ 更新下载次数后跳转到下载 URL 指向的页面。

```
'更新下载次数信息
cmdQuery.CommandText = "update Res set DownCount=DownCount+1 where ID="&nResID
cmdQuery.Execute
Set cmdQuery=Nothing
Set cnnMyedu123=Nothing
'跳转至 strDownUrl 所指向的页面
Response.Write "<meta http-equiv='Refresh' content='1;URL="&strDownUrl&"'>"
```

```
%>
```

⑩ 保存并上传文件。

本章小结

知识与技能	学 习 情 况		
	掌握（理解）	基本掌握（理解）	未掌握（理解）
Response 对象 End 方法的用法			
VBScript 检测函数			
String 函数及用法			
位置导航信息显示代码的编写方法			
ASP 更新数据库的方法			
上下文信息读取与显示方法			
利用百度、谷歌搜索本站的方法			
URL 参数获取方法			
Parameters 集合及访问数据库中的应用			
栏目列表信息的读取和显示			
精品信息的读取和显示			
显示信息的简单格式化（Server.HTMLEncode 方法、Replace 函数）			

第 4 章　创建列表信息页面文件

学习目标

- 了解 VBScript Select...Case 语句
- 理解 VBScript Int 等函数及用法
- 理解 VBScript Trim 等函数及用法
- 理解自定义函数的设计与调用方法
- 掌握 ASP 模糊查找，即 like 操作符的应用
- 掌握 ASP 分页技术
- 熟练掌握精品、热点等信息的读取与显示

内容摘要

- 介绍 VBScript Int 等函数及用法
- 介绍 VBScript Trim 等函数及用法
- 介绍 VBScript Select...Case 语句
- 介绍自定义函数的设计与调用方法
- 详细介绍信息搜索的实现及搜索页的建立
- 详细介绍 ASP 模糊查找，即 like 操作符的应用
- 详细介绍 ASP 分页技术

任务 1　新建类别列表信息文件

任务描述

本任务完成 list.asp 页面的新建、URL 参数处理、分页相关部分参数的建立和设置等功能。

类别列表信息页面（list.asp）的功能是按页显示指定类别的信息列表，根据浏览者的要求，每次分别从符合查询条件的记录中将规定数目的记录数读取出来并显示。通常客户端传送过来的参数有两种：查询条件和显示页数，而每页的行数则由程序中设定。由“list.asp?ChannelID=01&Page=3”可知，list.asp 页面从 URL 处得到的参数为类别代码（ChannelID）和页码（Page）。

想一想

① 本网站一共涉及的栏目类型分别是____________________。

② 不同栏目类型信息对应的表名和视图名分别是____________________。

③ 不同栏目类型信息的 ASP 页面分别是____________________。

操作步骤

① 打开资源包“asp_myedu123_01”中的“codes/list.htm”文件，并选择“代码”视图模式。

② 在第一行中，输入“<%@LANGUAGE="VBSCRIPT" CODEPAGE="936"%>”。

③ 在“<head>”前输入如下文件头注释：

```
<%
REM ############################################################################ REM
REM File Name: list.asp
REM Created By:      Greenbud.Chen   2008-03-11 建立源文件
REM Description:     列表信息显示
REM Include Files: i_myedu123_connectionstring.asp, i_myedu123_head.asp, i_myedu123_bottom.asp
REM Project:         我的教育网
REM Version:         v1.00
REM Copyright (c) 2008 Greenbud WorkGroup All rights reserved.
REM ############################################################################
%>
```

④ 在随后的行中输入数据库连接字符串包含文件“<!--#include file="../inc/i_myedu123_connectionstring.asp"-->”。

⑤ 将“<!--head start-->”与“<!--head end-->”之间的代码替换成“<!--#include file="../inc/i_myedu123_head.asp"-->”。

⑥ 将“<!--bottom start-->”与“<!--bottom end-->”之间的代码替换成“<!--#include file="../inc/i_myedu123_bottom.asp"-->”。

⑦ 将“list.htm”另存到网站的“codes”文件夹中，文件命名为“list.asp”。

⑧ 在“<head>”前输入如下代码。

```
<%
  Dim nPageSize '定义每页信息条数变量
  nPageSize=10 '设定每页信息条数
  Dim strCatID,strCatName,strInfoView,strInfoFile,nPageCount
  strInfoView="ViewGls" '初始化查询视图名变量
  strInfoFile="art_info.asp" '初始化信息显示网页 ASP 文件名变量
  strCatID=request("ChannelID") '获取客户端浏览器传递给服务器的 ChannelID
  nPageCount=request("Page") '获取客户端浏览器传递给服务器的当前页码
  If not Isnumeric(strCatID) Then '如果 strCatID 为非数字，则置为 0
    strCatID=0
  End If
  If not Isnumeric(nPageCount) Then '如果 nPageCount 为非数字，则置为 1
    nPageCount=1
  End If
  nPageCount=int(nPageCount) '将 nPageCount 转换成整数
  If nPageCount<1 Then
    nPageCount=1
  End If
  If strCatID<=0 Then
    Response.Write "参数错误!"
    Response.End '结束 ASP
  End If
  '获取 CatName 和 CatType，确定查询视图名和信息显示网页 ASP 文件名
  Dim cnnMyedu123,cmdQuery,rstCat
  Set cnnMyedu123=Server.CreateObject("ADODB.Connection") '创建连接对象
  cnnMyedu123.Open strConn '打开连接
  Set cmdQuery=Server.CreateObject("ADODB.Command") '创建 Command 对象
  Set cmdQuery.ActiveConnection = cnnMyedu123 '指定连接对象
  cmdQuery.CommandType=1 '设定查询类型为 SQL 命令类型
  cmdQuery.CommandText = "select CatName,CatType from ViewCatalog where CatID='"&strCatID&"'"
  Set rstCat=cmdQuery.Execute '执行查询
  If not rstCat.Eof Then
    strCatName=rstCat("CatName") '得到类别名称
    If rstCat("CatType")>0 Then '如果得到的类别类型大于 0，则该栏目为资源下载类型
      strInfoView="ViewResDownload"
      strInfoFile="res_info.asp"
    End If
  Else
    Response.Write "栏目不存在!"
    Response.End '结束 ASP
  End If
  Set rstCat=Nothing '关闭数据集
%>
```

⑨ 将“<title>”修改为“<title>绿蕾教育-绿蕾工作组[<%=strCatName%>]列表信息</title>”。

⑩ 按 F12 键预览网页（单击“否”按钮，上传相关文件），将得到“参数错误!”的提示。

⑪ 在浏览器地址栏的 URL 后面追加“? ChannelID=02”字符串并回车，注意查看浏览器标题发生的变化。

知识拓展

Int 函数

Int 函数可返回指定数值的整数部分。

函数格式：Int(number)

其中 number 为有效的数值表达式。

Int 函数返回小于或等于参数 number 的整数。当 number 为正数时，直接取 number 的整数部分；当 number 为负数时，Int 函数返回小于或等于 number 的第一个负整数，例如，Int(−8.4)结果为−9。

类似的检测函数还有以下两种。

➢ Fix (number)：返回指定数值的整数部分。与 Int 不同的是，当 number 为负数时，Fix 函数返回大于或等于 number 参数的第一个负整数。例如，Fix(−8.4)结果为−8。

➢ Round(expression[,numdecimalplaces])：对数进行四舍五入运算。其中，expression 为必选参数，即被四舍五入的表达式；numdecimalplaces 为可选参数，指定小数点右边的四舍五入位数，默认为 0。例如，Round(3.14159)结果为 3，Round(3.14159,2)结果为 3.14，Round(3.14159,3)结果为 3.142。

做一做

① 参照第 3 章任务 2，写出完整的“位置导航”程序段并上机调试。

② 参照第 3 章任务 3，写出完整的“栏目列表”程序段并上机调试。

③ 参照第 3 章任务 4，写出完整的“精品推荐”程序段并上机调试。

④ 写出完整的“本类热点”、“栏目热点”和“栏目精品”程序段并上机调试。

注意 ZHU YI

① 在修改 list.asp 时不要忘了修改相应的文件头注释信息。

② 读取“精品推荐”、“本类热点”、“栏目热点”和“栏目精品”的信息时，应根据不同的信息类型分别从不同的数据表中读取，而显示时的链接也要根据不同的信息类型选择不同的三级页面。

任务 2　分页技术（列表信息读取与显示）

任务描述

分页显示是信息列表页面的主要任务，分页技术包括按指定要求筛选符合条件的信息、显示列表信息、设定翻页工具栏等。本任务完成按类别分页显示列表信息并设定如图 4-1 所示的翻页工具栏，每页显示 nPageSize 条信息。

图 4-1　翻页工具栏

想一想

① 在 ViewGls 数据表中，筛选类别代码为“02”、最新 10 条信息的 SQL 语句是__________。

② 在 ViewGls 数据表中，筛选类别代码为 strCatID（变量）、最新 nPageSize（变量）条信息的 ASP 语句是__________。

③ Select 嵌套语句的书写格式是__________。

④ 在 ViewGls 数据表中，除去最新 50 条以后的最新 10 条信息的 SQL 语句是__________。

⑤ 在 ViewGls 数据表中，筛选类别代码为 strCatID（变量）、除去最新 nPageCount（变量）乘以 nPageSize（变量）以后的最新 nPageSize（变量）条信息的 SQL 语句是__________。

⑥ Access 的 VBA 中函数 IIF 的用法是__________。

操作步骤

① 用 Dreamweaver 打开“list.asp”文件。

② 修改注释，在“REM Description: 列表信息显示”前输入一行“REM Modify By: Greenbud.Chen　2008-03-11 分页技术（列表信息读取与显示）”。

③ 将代码“<h2>当前分类：</h2>”修改为“<h2>当前分类：<%=strCatName%></h2>”。

④ 读取一页列表信息，在“<div class="list_1_2_2_div">”前输入如下代码。

```
<%
 '获取符合条件的记录总数
cmdQuery.CommandText="select count(*) as totalrec from "&strInfoView&" where left(CatID,?)=?"
cmdQuery.Parameters.Refresh
cmdQuery(0)=len(strCatID)
cmdQuery(1)=strCatID
Set rstInfo=cmdQuery.Execute
Dim nTotalRec '定义记录总数变量
nTotalRec=rstInfo("totalrec") '得到记录总数
Dim nTotalPages '定义总页数变量
nTotalPages=int(nTotalRec/nPageSize) '计算得到总页数的整数部分，赋值给变量 nTotalPages（总页数）
If nTotalRec mod nPageSize >0 Then '如果总记录数不被每页行数整除，则 nTotalPages+1
  nTotalPages=nTotalPages+1
End If
Dim strSeek '定义搜索条件字符串变量
'设置搜索条件字符串值，即 left(CatID,strCatID 的长度)=strCatID
strSeek="left(CatID,"&len(strCatID)&")='"&strCatID&"'"
If nPageCount=1 Then '如果是第一页，则 select 不嵌套，否则嵌套
  cmdQuery.CommandText="select top "&nPageSize&" ID,Title,Brief,Author,CatName,[Level],_Hits,
  UpdateTime,Stars from "&strInfoView&" where "&strSeek&" order by ID Desc"
Else
```

```
    cmdQuery.CommandText="select top "&nPageSize&" ID,Title,Brief,Author,CatName,[Level],_Hits,
    UpdateTime,Stars from "&strInfoView&" where "&strSeek&" and ID not in (select top
    "&_(nPageCount-1)* nPageSize&" ID from "&strInfoView&" where "&strSeek&_" order by ID Desc)
    order by ID Desc"
  End If
  Set rstInfo=cmdQuery.Execute
   Do While not rstInfo.Eof
  %>
```

⑤ 输出列表信息，紧接上述代码，并修改“<div class="list_1_2_2_div">”层内代码如下所示。

```
    <div class="list_div_1">
      <a href="<%=strInfoFile%>?InfoID=<%=rstInfo("ID")%>" target=_blank><%=rstInfo("Title")%></a>
    </div>
    <div class="list_div_2">
      <%=rstInfo("Brief")%>
    </div>
    <div class="list_div_3">
      <p>作者:<span><%=rstInfo("Author")%></span></p>
      <p>类别:<span><%=rstInfo("CatName")%></span></p>
      <p>级别:<span><%=rstInfo("Level")%></span></p>
      <p>点击:<span><%=rstInfo("Hits")%></span></p>
      <p>添加:<span><%=formatdatetime(rstInfo("UpdateTime"),2)%></span></p>
      <p>星级:<span><font color=#009999><%=String(rstInfo("Stars"),"★")%></font></span></p>
      </div>
    </div>
    <%
      rstInfo.MoveNext
    loop
    Set rstInfo=Nothing
    Set cmdQuery=Nothing
    Set cnnMyedu123=Nothing
  %>
```

⑥ 建立自定义函数。用 Dreamweaver 新建一个文件，转到“代码”视图格式，如图 4-2 所示，删除所有代码。

⑦ 输入文件头注释：

```
  <%
  REM ########################################################################### REM
  REM File Name: i_myedu123_function.asp
  REM Description:      自定义函数包文件
  REM Created By:       Greenbud.Chen   2008-03-11 新建 IIF 自定义函数
  REM Include Files:
  REM Project:          我的教育网
  REM Version:          v1.00

  REM Copyright (c) 2008 Greenbud WorkGroup All rights reserved.
```

```
REM ###########################################################################
%>
```

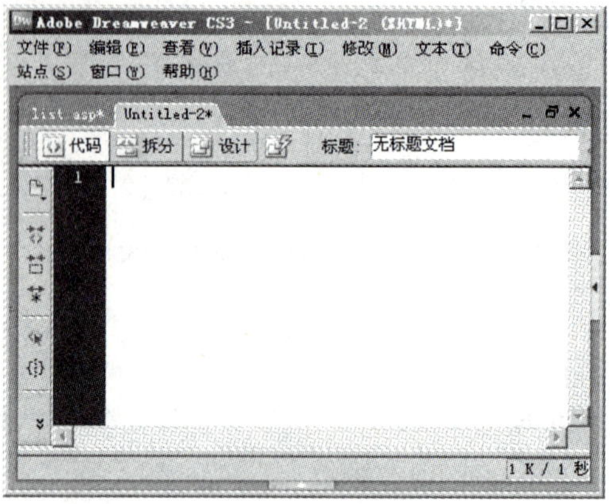

图 4-2　新建页“代码”视图格式

⑧ 创建 IIF 自定义函数，输入如下代码。

```
<%
REM ########################################################################## REM
REM  函数名称：IIF
REM  函数功能：根据关系表达式 bExpression 的结果，返回 vntExpression1 和 vntExpression2 中一个。
REM  函数格式：iif(bExpression,vntExpression1,vntExpression2)
REM  其中：
REM bExpression：必选参数，关系表达式
REM vntExpression1：必选参数，任意类型表达式，当 bExpression 为真时返回该值。
REM vntExpression2：必选参数，任意类型表达式，当 bExpression 为假时返回该值。
REM ###########################################################################
Function iif(bExpression,vntExpression1,vntExpression2)
  if bExpression then
    iif=vntExpression1 '如果条件 bExpression 为真，则返回 vntExpression1
  else
    iif=vntExpression2 '如果条件 bExpression 为假，则返回 vntExpression1
  end if
End Function
%>
```

⑨ 保存并关闭文件，将文件保存到“inc”文件夹中，文件命名为“i_myedu123_function.asp”。

⑩ 转到“list.asp”代码视图格式，在文件头注释的“Include Files:”行的最后，追加包含文件“i_myedu123_function.asp”。

⑪ 加入自定义函数文件，在“<!--#include file="../inc/i_myedu123_connectionstring.asp"-->”行后面输入“<!--#include file="../inc/i_myedu123_function.asp"-->”。

⑫ 显示分页工具栏，将“<div class="show_page">”域内代码修改为如下所示。

```
共 <b><%=nTotalRec%></b> 条信息
  <a href="list.asp?ChannelID=<%=strCatID%>&Page=1">首页</a>
 <a href="list.asp?ChannelID=<%=strCatID%>&Page=<%=nPageCount-iif(nPageCount>_
1,1,0)%>">上一页</a>
```

```
 <a href="list.asp?ChannelID=<%=strCatID%>&Page=<%=iif(nPageCount>=nTotalPages,_
nPageCount,nPageCount+1)%>">下一页</a>
 <a href="list.asp?ChannelID=<%=strCatID%>&Page=<%=nTotalPages%>">尾页</a>
 页次：<strong><font color=red><%=nPageCount%></font>/<%=nTotalPages%></strong>页
 <b><%=nPageSize%></b>条信息/页
 转到：
<select onchange=javascript:location.href=this.options[this.selectedIndex].value; size="1" name="page">
<%
for i=1 to nTotalPages
    response.write "<option value='list.asp?ChannelID="&strCatID&"&Page="&i&"'"&iif_
      (i=nPageCount," selected","")&">第"&i&"页</option>"
next
  %>
</select>
```

⑬ 按 F12 键预览网页，单击“是”按钮，上传相关文件。在随后打开的浏览器地址栏的 URL 后面追加“? ChannelID=02”字符串并回车。

知识拓展

拓展 1　分页技术

分页技术的关键在于如何正确筛选指定的信息，本程序采用了 Select 嵌套方法来读取指定的信息：

select top 行数 字段列表 from 表 where 条件 and ID not in (select top (当前页数-1)* 行数 ID from 表 where 条件 order by ID Desc) order by ID Desc

它表示从数据表中除去已经被显示的信息“(当前页数-1)*行数”后，再筛选符合条件的最新信息。

拓展 2　自定义函数

本任务使用了一个自定义函数 IIF，自定义函数也叫函数程序，是一系列的语句，被封装在 Function 和 End Function 语句内，可执行某些操作并返回值。自定义函数的使用方法与系统函数一样，自定义函数也可带有参数。

自定义函数可以在任何 ASP 代码段中创建，创建后在本页 ASP 代码中使用。通常自定义函数建立在包含文件中，便于在不同页面中使用。

任务 3　新建搜索列表信息文件

任务描述

搜索列表信息页面（search.asp）的功能是按页显示符合搜索关键字的信息列表。本网站提供了 3 种方式的搜索功能。

- 站内搜索：按关键字搜索图文及资源信息。Opt=1，从 ViewGlsRes 视图中筛选。
- 字母搜索：按标题第一个英文字母或拼音字母搜索资源信息。Opt=2，从 ViewRes 视图中筛选。
- 绿蕾搜索：按关键字、标题、内容全面搜索图文及资源信息。Opt=3，从 ViewGlsRes 视图中筛选。

调用页面传递的参数有 Opt 和 KeyWord 两个。

本任务完成 list.asp 页面的新建、URL 参数处理、分页相关部分参数的建立和设置等功能。

想一想

① 本网站一共涉及的栏目类型分别是________________________________。

② 不同栏目类型信息对应的表名和视图名分别是________________________。

③ 不同栏目类型信息的 ASP 页面分别是____________________________。

操作步骤

① 打开资源包“asp_myedu123_01”中的“codes/search.htm”文件，并选择“代码”视图格式。

② 在第一行中，输入“<%@LANGUAGE="VBSCRIPT" CODEPAGE="936"%>”。

③ 在“<head>”前输入文件头注释：

```
<%
REM ############################################################################ REM
REM File Name: secrch.asp
REM Created By:        Greenbud.Chen   2008-03-11 建立源文件
REM Description:       搜索列表信息显示
REM Include Files: i_myedu123_connectionstring.asp,i_myedu123_function.asp
REM                     i_myedu123_head.asp,i_myedu123_bottom.asp
REM Project:           我的教育网
REM Version:           v1.00
REM Copyright (c) 2008 Greenbud WorkGroup All rights reserved.
REM ##############################################################################
%>
```

④ 在随后的行中输入数据库连接字符串和自定义函数包含文件。

```
<!--#include file="../inc/i_myedu123_connectionstring.asp"-->
<!--#include file="../inc/i_myedu123_function.asp"-->
```

⑤ 将“<!--head start-->”与“<!--head end-->”之间的代码替换成“<!--#include file="../inc/i_myedu123_head.asp"-->”。

⑥ 将“<!--bottom start-->”与“<!--bottom end-->”之间的代码替换成“<!--#include file="../inc/i_myedu123_bottom.asp"-->”。

⑦ 将“search.htm”另存到网站的“codes”文件夹中，文件名为“search.asp”。

⑧ 在“<head>”前输入如下代码。

```
<%
  Dim nPageSize '定义分页变量
  nPageSize=10 '设定每页信息条数
  Dim nOpt,strCatName,strInfoView,strKeyWord,nPageCount
  strInfoView="ViewGlsRes" '初始化查询视图名变量
  nOpt=request("Opt") '获取客户端浏览器传递给服务器的 Opt
  strKeyWord=trim(request("KeyWord")) '获取客户端浏览器传递给服务器的 KeyWord，并除去两端
  空格
  nPageCount=request("Page") '获取客户端浏览器传递给服务器的当前页码
  If not Isnumeric(nOpt) Then '如果 nOpt 为非数字，则置为 0
    nOpt=0
  End If
  If not Isnumeric(nPageCount) Then '如果 nPageCount 为非数字，则置为 1
    nPageCount=1
  End If
  nPageCount=int(nPageCount) '将 nPageCount 转换成整数
  If nPageCount<1 Then
    nPageCount=1
  End If
  If nOpt<1 or nOpt>3 or strKeyWord="" Then '检查参数的合法性
    Response.Write "参数错误!"
    Response.End '结束 asp
  End If
  If nOpt=2 Then '如果 Opt 为 2，则置查询视图名变量值为 ViewRes
    strInfoView="ViewRes"
  End If
%>
```

⑨ 将“<title>”修改为“<title>绿蕾教育-绿蕾工作组[<%=strKeyWord%>]列表信息</title>”。

⑩ 按 F12 键预览网页（单击“否”按钮，不上传相关文件），将得到“参数错误!”的提示。

⑪ 在浏览器地址栏的 URL 后面追加“? Opt=1&KeyWord=绿蕾工作组”字符串并回车，注意查看浏览器标题发生的变化。

知识拓展

Trim 函数

Trim 函数删除字符串两端的空格。

函数格式：Trim(string)

其中，string 为有效的字符串表达式。

类似的删除字符串空格函数还有以下两种。

- Ltrim(string)：删除字符串左端的空格。string 为必选参数，有效的字符串表达式。
- Rtrim(string)：删除字符串右端的空格。string 为必选参数，有效的字符串表达式。

做一做

① 试着用“表格描述法”写出“精品推荐”的流程，写出完整的 ASP 代码并上机调试。

```
<li><a href="res_info.htm">精品推荐 1</a></li>
<li><a href="res_info.htm">精品推荐 2</a></li>
<li><a href="res_info.htm">精品推荐 3</a></li>
<li><a href="res_info.htm">精品推荐 4</a></li>
<li><a href="res_info.htm">精品推荐 5</a></li>
<li><a href="res_info.htm">精品推荐 6</a></li>
<li><a href="res_info.htm">精品推荐 7</a></li>
<li><a href="res_info.htm">精品推荐 8</a></li>
<li><a href="res_info.htm">精品推荐 9</a></li>
<li><a href="res_info.htm">精品推荐 10</a></li>
```

提示：

- 整站范围内的精品推荐信息应从 ViewGlsRes 视图中读取。
- 涉及字段为 ID、Title、CatType。
- 在显示输出时，充分应用 IIF 自定义函数，根据 CatType 值的不同，正确选择链接页面文件（art_info.asp 和 res_info.asp）。

想一想

完整的 SQL 语句是____。

② 试着用“表格描述法”写出“热点信息”的流程，写出完整的 ASP 代码并上机调试。

```
<li><a href="res_info.htm">热点信息 1</a></li>
<li><a href="res_info.htm">热点信息 2</a></li>
<li><a href="res_info.htm">热点信息 3</a></li>
<li><a href="res_info.htm">热点信息 4</a></li>
<li><a href="res_info.htm">热点信息 5</a></li>
<li><a href="res_info.htm">热点信息 6</a></li>
<li><a href="res_info.htm">热点信息 7</a></li>
<li><a href="res_info.htm">热点信息 8</a></li>
<li><a href="res_info.htm">热点信息 9</a></li>
<li><a href="res_info.htm">热点信息 10</a></li>
```

提示：整站范围内的热点信息应从 ViewGlsRes 视图中读取点击数高的信息。

想一想

完整的 SQL 语句是____。

任务 4　信息搜索及列表显示

任务描述

本任务完成按搜索关键字要求筛选并显示列表信息和设置翻页工具栏。

想一想

① 在 Access 中 like 的用法是________________________________。

② 在 SQL Server 中 like 的用法是________________________________。

操作步骤

① 用 Dreamweaver 打开“search.asp”文件。

② 修改注释，在“REM Description: 搜索列表信息显示”前输入一行“REM Modify By: Greenbud.Chen　2008-03-11 信息搜索及列表显示”。

③ 将代码“<h2>当前搜索：</h2>”修改为“<h2>当前搜索：<%=strKeyWord%> </h2>”。

④ 读取一页列表信息，在“<div class="list_1_2_2_div">”前输入如下代码。

```
<%
Dim strSeek '定义搜索条件字符串变量
Select Case nOpt
   Case 1 '站内搜索：按关键字搜索图文及资源信息
      strSeek="aKey like '%"&strKeyWord&"%' "
   Case 2 '字母搜索：按标题第一个英文字母搜索资源信息
      strSeek="left(Title,1)=strKeyWord "
   Case Else '绿蕾搜索：按关键字、标题、内容全面搜索图文及资源信息
      strSeek="aKey like '%"&strKeyWord&"%' or Title like '%"&strKeyWord&"%' or Content like_
      '%"&strKeyWord&"%' "
End Select
 '获取符合条件的记录总数
cmdQuery.CommandText="select count(*) as totalrec from ViewGlsRes where "&strSeek
Set rstInfo=cmdQuery.Execute
Dim nTotalRec '定义记录总数变量
nTotalRec=rstInfo("totalrec") '得到记录总数
Dim nTotalPages '定义总页数变量
nTotalPages=int(nTotalRec/nPageSize) '计算得到总页数的整数部分，赋值给变量 nTotalPages（总页数）
If nTotalRec mod nPageSize >0 Then '如果总记录数不被每页行数整除，则 nTotalPages+1
   nTotalPages=nTotalPages+1
End If
cmdQuery.CommandText="select top 10 * from ViewGlsRes where "&strSeek&" order by ID Desc"
Set rstInfo=cmdQuery.Execute
```

⑤ 输出列表信息，紧接上述代码，并修改“<div class="list_1_2_2_div">”层内代码修改为如下所示。

```
Do While not rstInfo.Eof
%>
   <div class="list_div_1">
   <a href="<%=iif(rstInfo("CatType")=0,"art_info.asp","res_info.asp")%>?InfoID=<%=rstInfo("ID")%>"
   target=_blank><%=rstInfo("Title")%></a>
   </div>
   <div class="list_div_2">
   <%=rstInfo("Brief")%>
</div>
<div class="list_div_3">
   <p>作者:<span><%=rstInfo("Author")%></span></p>
   <p>类别:<span><%=rstInfo("CatName")%></span></p>
   <p>级别:<span><%=rstInfo("Level")%></span></p>
   <p>点击:<span><%=rstInfo("Hits")%></span></p>
   <p>添加:<span><%=formatdatetime(rstInfo("UpdateTime"),2)%></span></p>
   <p>星级:<span><font color=#009999><%=String(rstInfo("Stars"),"★")%></font></span></p>
   </div>
   </div>
<%
   rstInfo.MoveNext
   loop
   Set rstInfo=Nothing
   Set cmdQuery=Nothing
   Set cnnMyedu123=Nothing
%>
</div>
```

⑥ 显示分页工具栏，将“<div class="show_page">”层内代码修改为如下所示。

```
共 <b><%=nTotalRec%></b> 条信息
  <a href="search.asp?Opt=<%=nOpt%>&KeyWord=<%=strKeyWord%>&Page=1">首页</a>
 <a href="search.asp?Opt=<%=nOpt%>&KeyWord=<%=strKeyWord%>&Page=<%_=nPage
Count-iif(nPageCount>1,1,0)%>">上一页</a>
 <a href="search.asp?Opt=<%=nOpt%>&KeyWord=<%=strKeyWord%>&Page=<%_=iif(nPage
Count>=nTotalPages,nPageCount,nPageCount+1)%>">下一页</a>
 <a href="search.asp?Opt=<%=nOpt%>&KeyWord=<%=strKeyWord%>&Page=<%_=nTotal
Pages%>">尾页</a>
 页次：<strong><font color=red><%=nPageCount%></font>/<%=nTotalPages%></strong>页
 <b><%=nPageSize%></b>条信息/页
 转到：
<select onchange=javascript:location.href=this.options[this.selectedIndex].value; size="1" name="page">
<%
for i=1 to nTotalPages
      response.write "<option value='search.asp?Opt="&nOpt&"&KeyWord="&strKeyWord&"&_Page
      ="&i&"'"&iif(i=nPageCount," selected","")&">第"&i&"页</option>"
next
%>
</select>
```

⑦ 按 F12 键预览网页，在随后打开的浏览器地址栏的 URL 后面追加“? Opt=1&KeyWord=绿蕾工作组”字符串并回车。

知识拓展

拓展 1　Select...Case 语句

Select...Case 语句可根据表达式的值执行几组语句之一，语句格式如下。

```
Select Case testexpression
    [Case expressionlist-n
        [statements-n]]
    ...
    [Case Else expressionlist-n
        [elsestatements-n]]
End Select
```

其中，

- testexpression：任意数值或字符串表达式。
- expressionlist-n：若 Case 出现则为必选项，一个或多个表达式的分界列表。
- statements-n：当 testexpression 与 expressionlist-n 中的任意部分匹配时，执行一条或多条语句。
- elsestatements-n：当 testexpression 与 Case 子句的任何部分不匹配时，执行一条或多条语句。

如果要将同一个表达式与不同的值进行比较，则可以用 Select...Case 语句来替换 If...Then...Else 语句。

例如：

```
If value = 0 Then
    Response.Write "值为 0"
ElseIf value = 1 Then
    Response.Write "值为 1"
ElseIf value = 2 then
    Response.Write "值为 2"
Else
    Response.Write "值大于 2"
End If
```

可写成：

```
Select Case value
    Case 0
        Response.Write "值为 0"
    Case 1
        Response.Write "值为 1"
    Case 2
        Response.Write "值为 2"
```

```
        Case Else
            Response.Write "值大于 2"
    End Select
```

拓展 2　ASP 模糊查找

ASP 模糊查找需要用到 where 子句中的 like 操作符，其格式为“where 列（字段）like 条件”，它主要是针对字符类型的列（字段），其功能是在一个字符型列中检索包含对应条件的记录。

符号“%”用于定义条件中的通配符，即代表任意个任意字符。

例如，

- 查询标题字段中包含“网页”的信息：where Title like '%网页%'
- 查询标题字段中以“网页”开头的信息：where Title like '网页%'
- 查询标题字段中以“网页”结尾的信息：where Title like '%网页'

本章小结

知识与技能	学 习 情 况		
	掌握（理解）	基本掌握（理解）	未掌握（理解）
VBScript Int 等函数及用法			
VBScript Trim 等函数及用法			
VBScript Select…Case 语句			
自定义函数的设计与调用方法			
ASP 模糊查找，即 like 操作符的应用			
ASP 分页技术			

第 5 章　完善网站前台相关页面

学习目标

- 了解 VBScript 数组及应用
- 了解 VBScript Date 及相关函数
- 了解 Request 对象 ServerVariables 集合
- 了解 ASP 用表达式实现变量名的方法
- 理解验证码及验证程序的使用方法
- 理解 Session、Cookies 和 Application 对象
- 掌握 ASP 过滤垃圾信息的方法
- 掌握表单参数的获取方法
- 掌握 global.asa 文件的创建及应用
- 熟练掌握数据合法性检查及错误信息提示框的实现
- 熟练掌握自定义函数的建立与使用

内容摘要

- 介绍 VBScript 数组及应用
- 介绍 VBScript Date 及相关函数
- 介绍验证码及验证程序的使用
- 介绍 Request 对象的 ServerVariables 集合
- 介绍用户登录与验证
- 介绍 Session、Cookies 和 Application 对象
- 介绍 ASP 页面跳转命令
- 介绍 ASP 用表达式实现变量名的方法
- 进一步介绍自定义函数
- 详细介绍 ASP 过滤垃圾信息的方法
- 详细介绍表单参数的获取方法
- 详细介绍数据合法性检查及错误信息提示框的实现
- 详细介绍数据添加的 ASP 实现方法
- 详细介绍 global.asa 文件及应用

任务 1 评论信息的添加

任务描述

图文信息页面和资源下载页面均允许客户对相关信息发布评论信息，添加评论信息涉及的字段有评论 ID、评论对象 ID、评论对象所属类别 ID、用户名（昵称）、星级、评论内容、评论员 IP、发布时间，其中评论对象 ID、评论对象所属类别 ID、用户名（昵称）、星级和评论内容由上一级页面通过表单 POST 提供，评论员 IP 和发布时间则由程序自动检测获得。评论信息添加的程序流程如图 5-1 所示。

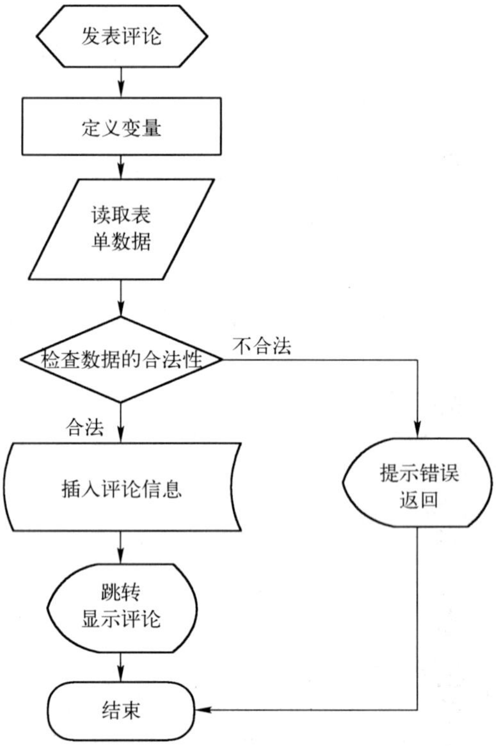

图 5-1 评论信息添加的程序流程

本任务完成评论信息添加程序页面“comment_add.asp”。

想一想

为了防止浏览者发表不雅评论，可以用 JavaScript 技术对内容进行过滤，具体代码是____。

操作步骤

① 打开“inc/i_myedu123_function.asp”文件。

② 追加如下代码：

```
REM ############################################################################## REM
REM 函数名称：ChkBadWord
REM 函数功能：检查字符串中是否包含不雅字词，有返回 True，无返回 False
REM 函数格式：ChkBadWord(strExpression)
REM 其中：
REM strExpression：必选参数，有效的字符串表达式
REM ##################################################################################
Function ChkBadWord(strExpression)
Dim strBadWords
strBadWords="他妈的|TMD|你妈的|傻逼|傻 B"
aBadWord=split(strBadWords,"|") '按分隔符将 strBadWord 分割成多个子字符串保存到 aBadWord 数组中
ChkBadWord=False '初始化返回值为 False，即无不雅字词
For i=0 to Ubound(aBadWord)
  If instr(ucase(strExpression),aBadWord(i))>0 Then
    ChkBadWord=True
  End If
Next
End Function
```

③ 保存并上传“i_myedu123_function.asp”文件。

④ 新建“ASP VBScript”页面，并选择“代码视图”模式。

⑤ 保留“<%@LANGUAGE="VBSCRIPT" CODEPAGE="936"%>”，删除其他所有代码。

⑥ 输入如下文件头注释。

```
<%
REM ############################################################################## REM
REM File Name: comment_add.asp
REM Created By:       Greenbud.Chen   2008-03-11 建立源文件
REM Description:      评论信息添加
REM Include Files: i_myedu123_connectionstring.asp,i_myedu123_function.asp
REM Project:     我的教育网
REM Version:     v1.00
REM Copyright (c) 2008 Greenbud WorkGroup All rights reserved.
REM ##################################################################################%>
%>
```

⑦ 在随后的行中输入数据库连接字符串包含文件“<!--#include file="../inc/i_myedu123_connectionstring.asp"-->”。

⑧ 输入两个包含文件，代码如下。

```
<!--#include file="../inc/i_myedu123_connectionstring.asp"-->
<!--#include file="../inc/i_myedu123_function.asp"-->
```

⑨ 将文件保存至“codes”文件夹中，文件命名为“comment_add.asp”。

⑩ 定义变量，读取表单数据。

```
<%
Dim strCheckCode,strObjectID,strCatID,strUserName,strStars,strContent '定义变量
```

```
strCheckCode=Trim(Request.Form("ftxt_CheckCode")) '获取客户端浏览器传递给服务器的表单数据
strObjectID=Request.Form("ftxt_ObjectID")
strCatID=Trim(Request.Form("ftxt_CatID"))
strUserName=Trim(Request.Form("ftxt_UserName"))
strStars=Request.Form("frdo_Score")
strContent=Request.Form("ftxt_content")
```

⑪ 检查表单数据的合法性。

```
'检查表单数据合法性
Dim strErrMsg '定义错误信息提示字符串变量
strErrMsg="" '初始化错误信息提示变量为空
strErrMsg=strErrMsg&iif(strCheckCode=Session("CheckCode"),"","验证码输入错误!") '检查验证码
strErrMsg=strErrMsg&iif(Isnumeric(strObjectID),"","评论对象 ID 错误!") '检查 strObjectID
strErrMsg=strErrMsg&iif(Isnumeric(strCatID),"","类别 ID 错误!") '检查 strCatID
strErrMsg=strErrMsg&iif(strUserName="","请输入您的昵称!","") '检查用户昵称
strErrMsg=strErrMsg&iif(strStars>5 or strStars<1,"评分信息错误!","") '检查评分
strErrMsg=strErrMsg&iif(len(strContent)<10,"请输入评论内容!","")
'检查评论内容是否超过 5 个汉字
strErrMsg=strErrMsg&iif(ChkBadWord(strContent),"评论内容存在不雅字词!","")
'检查评论内容是否含不雅字词
If strErrMsg<>"" Then '表单数据存在不合法，则提示错误并结束程序
   Response.Write "<Script language='JavaScript'>window.alert('"&strErrMsg&"');window.close();</Script>"
   Response.End()
End If
```

⑫ 输入评论信息。

```
'输入评论信息
Session("CheckCode")="" '删除验证码信息，防止重复提交
Dim cnnMyedu123,cmdQuery
Set cnnMyedu123=Server.CreateObject("ADODB.Connection") '创建连接对象
cnnMyedu123.Open strConn '打开连接
Set cmdQuery=Server.CreateObject("ADODB.Command") '创建 Command 对象
Set cmdQuery.ActiveConnection = cnnMyedu123 '指定连接对象
cmdQuery.CommandType=1 '设定查询类型为 SQL 命令类型
   cmdQuery.CommandText = "insert into comment (ObjectID,CatID,UserName,IP,WriteTime,Stars,
Content) values (?,?,?,?,?,?,?)"
cmdQuery.Parameters.Refresh
cmdQuery(0)=strObjectID
cmdQuery(1)=strCatID
cmdQuery(2)=strUserName
cmdQuery(3)= cmdQuery(3)=Request.ServerVariables("REMOTE_ADDR")
cmdQuery(4)=Now()
cmdQuery(5)=strStars
cmdQuery(6)=strContent
```

```
cmdQuery.Execute
Set cmdQuery=Nothing
Set cnnMyedu123=Nothing
Response.Write "<Script language='JavaScript'>window.alert('恭喜您评论发布成功，正在审核中……');
  window.close();</Script>"
  %>
```

⑬ 保存并上传文件。

⑭ 在浏览器中打开图文信息页面或资源信息页面，发表评论。

知识拓展

拓展 1　Split 函数

Split 函数可根据分隔符将字符串分割成若干个子字符串，并保存到标号从 0 开始的一维数组中。

函数格式：Split(expression[,delimiter])

其中，

- expression：必选参数，包含子字符串和分隔符的字符串表达式。
- delimiter：可选参数，分隔符，默认是空格字符。

数组相关函数如下。

UBound(arrayname)：返回指定数组维数的最大下标。arrayname 为必选参数，数组变量的名称。

LBound(arrayname)：返回指定数组维数的最小下标。arrayname 为必选参数，数组变量的名称。

拓展 2　InStr 函数

InStr 函数可返回一个字符串在另一个字符串中首次出现的位置。

函数格式：InStr([start,]string1,string2)

其中，

- start：可选参数，规定搜索的起始位置，默认搜索起始位置是第一个字符。
- string1：必选参数，被搜索的字符串。
- string2：必选参数，搜索的字符串。

InStr 函数可能返回的值如下：

① 当 string1 为""（零长度）时，返回 0；

② 当 string1 为 Null 时，返回 Null；

③ 当 string2 为""（零长度）时，返回 start；

④ 当 string2 为 Null 时，返回 Null；

⑤ 当 string2 没有找到时，返回 0；

⑥ 当在 string1 中找到 string2 时，返回找到匹配字符串的位置；

⑦ 当 start > Len(string1)时，返回 0。

类似的函数如下。

InStrRev(string1,string2[,start])：返回一个字符串在另一个字符串中首次出现的位置，搜索从字符串的末端开始，但是返回的位置是从字符串的起点开始计数的。参数同 InStr 函数。

拓展 3　UCase 函数

UCase 函数可将指定的字符串转换为大写。

函数格式：UCase(string)

其中，string 为必选参数，需被转换为大写的字符串。

类似的函数如下。

LCase(string)：将指定的字符串转换为小写。

拓展 4　Request.Form

Request 是 ASP 中最常用的对象之一，其功能为从客户端获取信息。其中的 QueryString 方法用于获取 HTTP 查询字符串中的变量值，而 Form 方法则获取表单 POST 传递到服务器的信息。

命令格式：Request.Form(element)

其中，参数 element 指表单元素的名称。

简单的 Resquest 也可以获取表单 POST 信息，为了防止浏览者通过输入浏览器 URL 参数提交信息，在实际应用中，通常不使用简写（Resquest）。

拓展 5　验证码

验证码是为了防止用户利用机器人自动注册、登录、发表评论等功能而推出的一种技术，该技术将一串随机产生的数字或符号生成一幅图片，图片里加上一些干扰像素（防止 OCR），由用户肉眼识别其中的验证码信息，输入表单提交网站验证，验证成功后才能使用某项功能。

本系统使用的验证码生成程序主要由 head.fix、body.fix、body1.fix…body18.fix 和 checkcode.asp 共 21 个文件组成，位于“inc”文件夹中。

验证码的调用方法为：

```
<img src="../inc/checkcode.asp" onclick="this.src='../inc/checkcode.asp?dumy=' +
 Math.random()" title="点击刷新验证码"   align="absmiddle"/>
```

验证码的校验方法为：

```
If 用户输入值=Session("CheckCode") Then
   正确
Else
   不正确
End If
```

拓展 6　Request.ServerVariables

ServerVariables 集合用于取回服务器变量的值。

命令格式：Request.ServerVariables (server_variable)

其中，参数 server_variable 为要取回的服务器变量的名称。

常用的服务器变量的名称及说明如下。

- HTTP_USER_AGENT：浏览器的名称、版本和平台。
- LOCAL_ADDR：服务器端的 IP 地址。
- LOGON_USER：登入 Windows 的用户账号。
- PATH_INFO：目前网页的虚拟路径。
- PATH_TRANSLATED：PATH_INFO 对应的物理路径。
- QUERY_STRING：在一个 HTTP 请求中的查询信息（“？”后的信息）。
- REMOTE_ADDR：发送请求的远程主机的 IP 地址，用该地址可以知道访问者的初始来源。
- REMOTE_HOST：发送请求的远程主机名。
- SCRIPT_NAME：正在执行的脚本的虚拟路径。
- SERVER_NAME：服务器端的计算机名称或 IP 地址。
- SERVER_PORT：服务器端的端口编号。
- SERVER_PROTOCOL：请求信息的协议的名称及版本。
- SERVER_SOFTWARE：服务器端的服务器软件的名称及版本。

拓展 7　提示对话框

ASP 没有提供客户端对话框命令，所以通常通过使用 JavaScript 的“window.alert”来实现。例如：Response.Write "<Script language='JavaScript'>window.alert('"&strErrMsg&"');</Script>"，其中“strErrMsg”为 ASP 字符串变量。

任务 2　用户登录与验证

任务描述

用户登录与验证包括用户登录表单界面、用户登录验证程序和用户分级管理三个部分。其中，用户登录表单界面如图 5-2 所示，用户分级管理界面如图 5-3 所示，二者为同一段程序。用户登录验证程序通常为一个纯 ASP 文件，程序流程如图 5-4 所示。

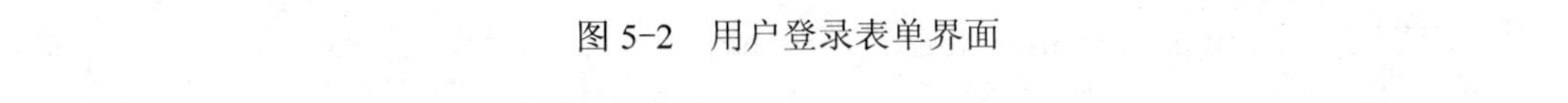

图 5-2　用户登录表单界面

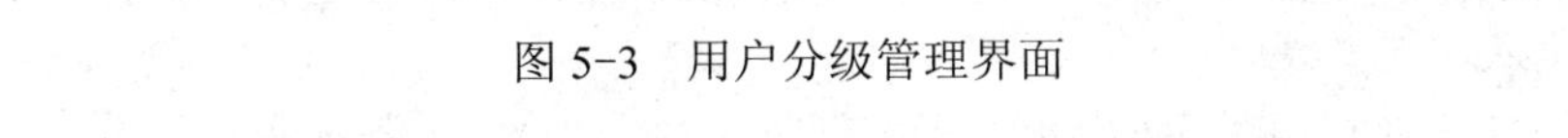

图 5-3　用户分级管理界面

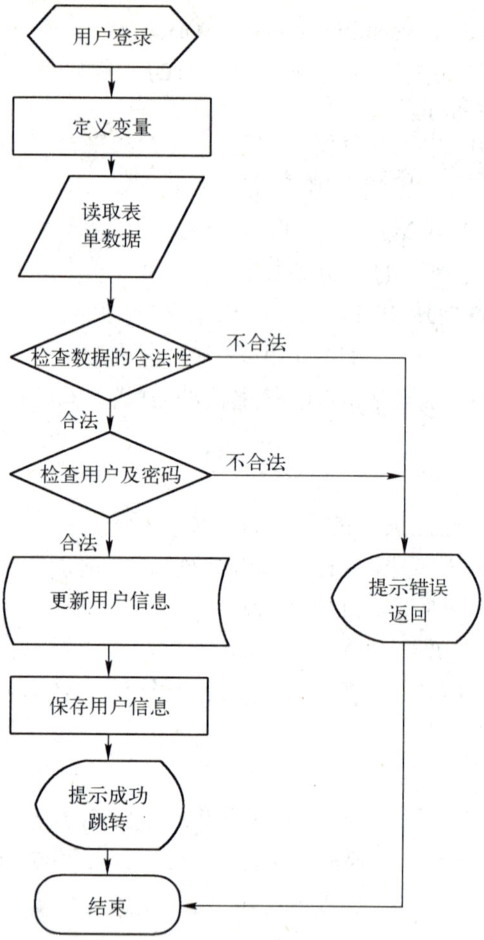

图 5-4　用户登录验证程序流程图

想一想

① 如何验证用户输入的验证码？＿＿＿＿＿＿＿＿＿＿＿＿＿＿＿＿＿＿＿＿＿＿＿＿。

② 回滚页面的 JavaScript 语句是＿＿＿＿＿＿＿＿＿＿＿＿＿＿＿＿＿＿＿＿＿＿＿＿。

③ HTML 跳转页面语句是＿＿＿＿＿＿＿＿＿＿＿＿＿＿＿＿＿＿＿＿＿＿＿＿。

操作步骤

① 打开“inc/i_myedu123_head.asp”。

② 修改注释，在“REM Description: 网页头部文件”前输入一行“REM　Modify By:Greenbud.Chen　2008-03-11　用户登录与分级管理”。

③ 将代码“<form name="user_login" …</form> ”修改为如下所示。

```
<%If Session("strUserName")="" Then '如果用户没有登录，则显示登录表单界面，否则显示分级管理界面%>
  <form name="user_login" method="post" action="user_login.asp">
  <input type="hidden" name="fhid_BackUrl" value="index.asp"/>
    <span>用户名:</span>
    <input name="ftxt_UserName" type="text" size="10" value="<%=Request.Cookies("User")
    ("Name")%>"/>
```

```
        <span>密码:</span>
        <input name="fpwd_PassWord" type="password" size="10"/>
        <span>验证码:</span>
        <input name="ftxt_CheckCode" type="text" size="6" autocomplete="off"/>
        <img src="../inc/checkcode.asp" onclick="this.src='../inc/checkcode.asp?dumy=' + Math.random()"
          title="点击刷新验证码"   align="absmiddle"/>
        <input name="fsmt_Login" type="submit" class="btn" value="登录"/>
        <input name="fbtn_Register" type="button" class="btn" value="注册" onclick="window.open
          ('register.htm')"/>
      </form>
    <%Else%>
      <form name="user_logout" method="post" action="user_logout.asp">
        <input type="hidden" name="fhid_BackUrl" value="index.asp"/>
        您好：<%=Session("strUserName")%>  
        您的级别:<%=Session("strUserCat")%>  
        <%
         If Session("nPurview")>0 Then '如果是会员及以上级别，则显示进入管理中心链接
          Response.Write "<a href='../manager/default.htm'>管理中心</a>"
        End If
       %>
       <input name="fbtn_Logout" type="submit" class="btn" value="退出登录"/>
      </form>
    <%End If%>
```

④ 保存并上传“i_myedu123_head.asp”文件。

⑤ 新建“ASP VBScript”页面，并选择“代码视图”格式。

⑥ 保留“<%@LANGUAGE="VBSCRIPT" CODEPAGE="936"%>”，删除其他所有代码。

⑦ 输入如下文件头注释。

```
<%
REM ######################################################################## REM
REM File Name: user_login.asp
REM Created By:      Greenbud.Chen   2008-03-11 建立源文件
REM Description:     用户登录验证
REM Include Files: i_myedu123_connectionstring.asp,i_myedu123_function.asp
REM Project:     我的教育网
REM Version:     v1.00
REM Copyright (c) 2008 Greenbud WorkGroup All rights reserved.
REM ########################################################################%>
%>
```

⑧ 在随后的行中输入数据库连接字符串包含文件“<!--#include file="../inc/i_myedu123_connectionstring.asp"-->”。

⑨ 输入两个包含文件，代码如下。

```
<!--#include file="../inc/i_myedu123_connectionstring.asp"-->
<!--#include file="../inc/i_myedu123_function.asp"-->
```

⑩ 将文件保存至“codes”文件夹中，文件命名为“user_login.asp”。

⑪ 定义变量，读取表单数据。

```
<%
Dim strCheckCode,strUserName,strPassWord,strBackUrl '定义变量
strCheckCode=Trim(Request.Form("ftxt_CheckCode")) '获取客户端浏览器传递给服务器的表单数据
strUserName=Trim(Request.Form("ftxt_UserName"))
strPassWord=Trim(Request.Form("fpwd_PassWord"))
strBackUrl=Trim(Request.Form("fhid_BackUrl"))
```

⑫ 检查表单数据的合法性。

```
'检查表单数据合法性
Dim strErrMsg '定义错误信息提示字符串变量
strErrMsg="" '初始化错误信息提示变量为空
strErrMsg=strErrMsg&iif(strCheckCode=Session("CheckCode"),"","验证码输入错误!") '检查验证码
strErrMsg=strErrMsg&iif(strUserName="","用户名不能为空!","") '检查用户昵称
strErrMsg=strErrMsg&iif(len(strBackUrl)<5,"非法调用!","") '检查跳转网址
If strErrMsg<>"" Then '表单数据存在不合法，则提示错误并回滚到调用页
  Response.Write "<Script language='JavaScript'>window.alert('"&strErrMsg&"');history.back(-1);</Script>"
  Response.End()
End If
```

⑬ 检验用户合法性。

```
'检验用户合法性
Session("strUserName")="" '清空用户名
Session("CheckCode")="" '删除验证码信息，防止重复提交
Dim cnnMyedu123,cmdQuery,rstUser
Set cnnMyedu123=Server.CreateObject("ADODB.Connection") '创建连接对象
cnnMyedu123.Open strConn '打开连接
Set cmdQuery=Server.CreateObject("ADODB.Command") '创建 Command 对象
Set cmdQuery.ActiveConnection = cnnMyedu123 '指定连接对象
cmdQuery.CommandType=1 '设定查询类型为 SQL 命令类型
cmdQuery.CommandText = "select * from ViewUsers where UserName=? and Password=?"
cmdQuery.Parameters.Refresh
cmdQuery(0)=strUserName
cmdQuery(1)=strPassWord
Set rstUser=cmdQuery.Execute
If rstUser.Eof Then
  Set rstUser=Nothing
  Set cmdQuery=Nothing
  Set cnnMyedu123=Nothing
  Response.Write "<Script language='JavaScript'>window.alert('用户不存在或密码错！');
    history.back(-1);</Script>"
  Response.End()
End If
Session("nUserID")=rstUser("UserID")
```

```
Session("strUserName")=rstUser("UserName")
Session("nPurview")=rstUser("Purview")
Session("strUserCat")=rstUser("UserCat")
Session.Timeout=60 '设置 Session 失效时间为 1 小时
Response.Cookies("User")("Name")=rstUser("UserName") '在客户端记住用户名
Response.Cookies("User").Expires=date()+31 '设置 Cookies User 在客户端保留 31 天
Set rstUser=Nothing
```

⑭ 更新用户表有关信息。

```
'更新用户表有关信息
cmdQuery.CommandText = "update Users set LastLoginIP=?,LastLoginTime=Now(),LoginTimes=
  LoginTimes+1 where UserName=?"
cmdQuery.Parameters.Refresh
cmdQuery(0)=Request.ServerVariables("REMOTE_ADDR")
cmdQuery(1)=strUserName
Set rstUser=cmdQuery.Execute
Set rstUser=Nothing
Set cmdQuery=Nothing
Set cnnMyedu123=Nothing
Response.Redirect strBackUrl '跳转至 strBackUrl 所指向的页面
%>
```

⑮ 保存并上传文件。

⑯ 打开首页进行登录测试（普通会员：用户名为 Demo1，密码为 12356；管理员：用户名为 Demo81，密码为 123456）。

知识拓展

拓展 1　Session 对象

Session 对象用于存储某个用户会话（session）信息。Session 对象中的变量为单一用户所有，不同用户间的 Session 对象相互独立，这些信息对于站点中的所有页面都是可用的。通常利用 Session 变量来保存在页面间传递的用户名、权限、ID 及其他参数等信息。服务器将为每位新用户创建一个新的 Session 对象，并在 Session 到期后撤销该对象。

Session 对象的主要属性如下。

① SessionID 属性

为每个用户返回一个唯一的 ID，该 ID 由服务器自动生成，为长整型数据类型。

调用格式：Session.SessionID

② Timeout 属性

按分钟设置或返回应用程序的 Session 对象超时周期。如果用户在此超时周期内没有刷新或请求页面，该次 Session 会话就会被终止。

调用格式：Session.Timeout

设置格式：Session.Timeout=nMinutes

其中，nMinutes 为设置 Session 超时周期的分钟值，默认为 20 分钟。

③ 自定义属性

Session 对象允许用户自定义属性，保存在自定义属性中的信息在 Session 生命周期内可以被该用户在不同网页间任意读取。

定义格式：Session("attribute")

其中，attribute 为自定义属性名称。

Session("attribute")的使用方法与一般变量类似，如：

```
Session("strUserName")=rstUser("UserName")
<%=Session("strUserName")%>
```

Session 对象的主要方法为 Abandon，终结用户的会话。

调用格式：Session.Abandon

当该方法被调用时，当前的 Session 对象直到当前页面上所有的脚本被处理完后才被删除，也就是说当调用 Abandon 后，同一页面中仍然可访问 Session 变量，但是从另外的网页则不可访问。

通常在用户退出操作时调用 Session.Abandon。

拓展 2 Cookie 对象

Cookie 对象常用于对用户进行识别。Cookie 对象是留在用户计算机中的小文件。每当同一台计算机通过浏览器请求页面时，这台计算机就会发送 Cookie 信息到服务器。通过 Request.Cookies 命令即可取回 Cookie 的值。

Response.Cookies 命令用于创建 Cookie，其命令格式为

Response.Cookies(name)[(key)|.attribute]=value

其中，

- name：必选参数，Cookie 的名称。
- value：必选参数，Cookie 的值。
- attribute：可选参数，设定有关 Cookie 的信息，例如 Expires（只写）可设置 Cookie 的失效日期，如果没有规定日期，Cookie 将在 Session 结束时失效。
- key：可选参数，多值集合。

例如：

Response.Cookies("UserName")=rstUser("UserName")，创建了 Cookie（UserName），并将用户名赋值给 UserName。

Response.Cookies("User")("Name")=rstUser("UserName")，创建了 Cookie 集合（User）和该集合的 key（Name），并将用户名赋值给 User 集合的 Name。

Response.Cookies("User").Expires=date()+31，设定了 User Cookie 的失效日期为 31 天，即在客户端保留 31 天用户名信息。

注意 Response.Cookies 命令必须位于<html>标签之前。

Request.Cookies 命令用于取回 Cookie 的值。

例如：strUserName=Response.Cookies("User")("Name")，将 User Cookie 集合中的 Name 值赋给变量 strUserName。

拓展 3　Response.Redirect

Response.Redirect 方法的功能是使页面跳转到指定的 URL。

命令格式：Response.Redirect URL

其中，URL 为必选参数，即被重定向的 URL。

做一做

① 根据如图 5-5 所示的流程图，写出完整的“用户退出”程序，文件名为“user_logout.asp”，保存位置为“codes”文件夹，并上机调试。

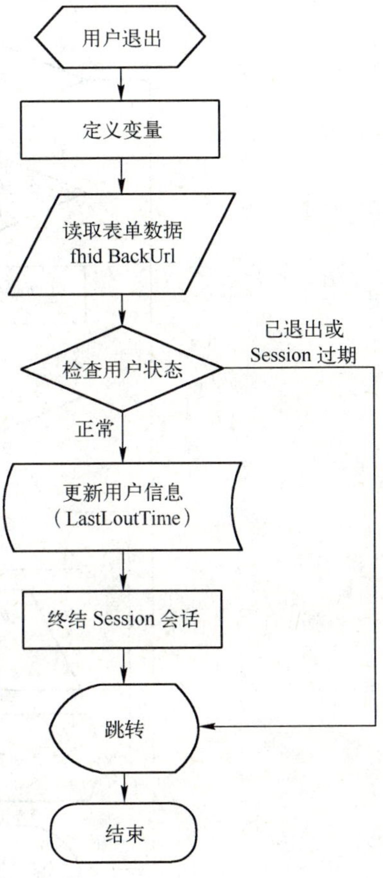

图 5-5　“用户退出”程序流程图

② 利用 Response.Redirect 方法改写资源下载程序（download.asp）中的跳转语句，并上机调试。

任务 3　网站调查

任务描述

网站调查包括网站调查信息显示界面、投票程序和结果信息显示程序三个部分。其中，网站调查信息显示界面如图 5-6 所示；投票和结果信息显示程序包含在“vote.asp”文件中，它们的程序流程如图 5-7 所示。

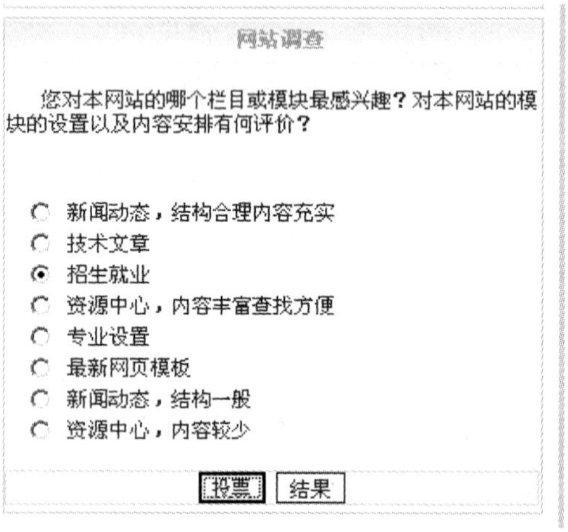

图 5-6　网站调查显示界面

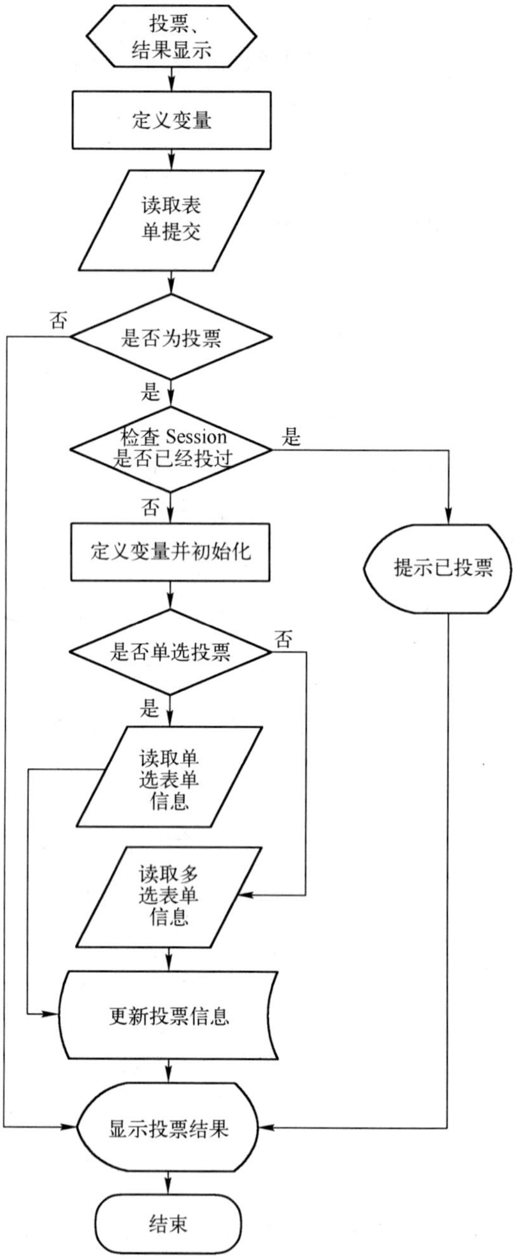

图 5-7　投票和结果信息显示程序流程图

想一想

JavaScript 中数组的定义与赋值是______________________________。

操作步骤

① 打开“codes/index.asp”文件。

② 修改注释，在“REM Description: 网站首页”前输入一行“REM　Modify By: Greenbud.Chen　2008-03-11　网站调查”。

③ 在“<h2>网站调查</h2>”下面输入以下代码。

```
<%
 cmdQuery.CommandText="select * from Vote where Selected"
 Set rstInfo=cmdQuery.Execute '执行查询
 If rstInfo.Eof Then
   Response.Write "暂无调查信息"
  Else
%>
```

④ 在“<form name="vote" method="post" action="vote.asp" target="_blank">”下面输入“<%Response.Write rstInfo("Content")%>”代码。

⑤ 将“<li>…</li>”修改为如下所示代码。

```
<%
IF rstInfo("VoteType") Then '如果是单选，则显示 radio，否则显示 checkbox
 For i=1 to 8
  IF rstInfo("Select"&i)<>"" Then '用表达式实现变量名“"Select"&i”
    Response.Write "<li><input id='radio"&i&"' type='radio' value='"&i&"' name='frdo_score'/>"& rstInfo
    ("Select"&i)&"</li>"
  End If
 Next
Else
 For i=1 to 8
  IF rstInfo("Select"&i)<>"" Then
    Response.Write "<li><input name='fchk_score"&i&"' type='checkbox' value='1' />"&rstInfo("Select"&i)
    &"</li>"
  End If
 Next
End If
%>
```

⑥ 在“</form>”下面输入如下代码。

```
<%
 End If
 Set rstInfo=Nothing
%>
```

⑦ 按 F12 键预览网页（单击“否”按钮，不上传相关文件）。

⑧ 新建“ASP VBScript”页面，并选择“代码视图”格式。

⑨ 在“<head>”前输入如下文件头注释。

```
<%
REM ################################################################################ REM
REM File Name: vote.asp
```

```
REM Created By:       Greenbud.Chen   2008-03-11 建立源文件
REM Description:      网站调查投票与结果显示
REM Include Files: i_myedu123_connectionstring.asp
REM Project:     我的教育网
REM Version:     v1.00
REM Copyright (c) 2008 Greenbud WorkGroup All rights reserved.
REM ################################################################################
%>
```

⑩ 在随后行中输入数据库连接字符串包含文件“<!--#include file="../inc/i_myedu123_connectionstring.asp"-->”。

⑪ 随后输入“<!--#include file="../inc/i_myedu123_connectionstring.asp"-->”包含文件。

⑫ 将“<title>无标题文档</title>”修改为“<title>绿蕾教育-绿蕾工作组【网站调查】</title>”。

⑬ 将文件保存至“codes”文件夹，文件命名为“vote.asp”。

⑭ 定义变量，读取表单值，在“<head>”前输入如下代码。

```
<%
Dim strVote '定义变量
strVote=Trim(Request.Form("fsmt_Vote"))
Dim cnnMyedu123,cmdQuery,rstInfo
Set cnnMyedu123=Server.CreateObject("ADODB.Connection") '创建连接对象
cnnMyedu123.Open strConn '打开连接
Set cmdQuery=Server.CreateObject("ADODB.Command") '创建 Command 对象
Set cmdQuery.ActiveConnection = cnnMyedu123 '指定连接对象
cmdQuery.CommandType=1 '设定查询类型为 SQL 命令类型
```

⑮ 更新投票数据表，在“<head>”前输入如下代码。

```
If strVote="投票" Then '如果是投票则更新投票信息
  If Session("VoteState")="" Then '判定用户是否已经投过票
    Session("VoteState")="ok" '设置用户投票标识
    Dim bVoteType,naAnswer(7) '定义变量
    bVoteType=Request.Form("fhid_VoteType")
    For i=0 to 7
      naAnswer(i)=0 '对数组赋初值
    Next
    If bVoteType="True" Then
      nScore=Request.Form("frdo_score") '获取客户端浏览器传递给服务器的表单数据
     If Isnumeric(nScore) and nScore>=1 and nScore<=8 Then
        naAnswer(nScore-1)=1
      End If
    Else
      For i=1 to 8
        If Request.Form("fchk_score"&i)="1" Then '获取客户端浏览器传递给服务器的表单数据
          naAnswer(i-1)=1
```

```
        End If
      Next
    End If
    cmdQuery.CommandText = "update Vote set Answer1=Answer1+? ,Answer2=Answer2+? ,
      Answer3=Answer3+? ,Answer4=Answer4+? ,Answer5=Answer5+? ,Answer6=Answer6+? ,
      Answer7=Answer7+? ,Answer8=Answer8+? where Selected"
    cmdQuery.Parameters.Refresh
    For i=0 to 7
      cmdQuery(i)=naAnswer(i)
    Next
    cmdQuery.Execute
  Else
    Response.Write "<Script language='JavaScript'>window.alert('由于您已投过票，本次投票不记录
      结果，谢谢参与!');</Script>"
  End If
End If
%>
```

⑯ 显示投票结果。在“<body>”下面输入如下代码。

```
<%
cmdQuery.CommandText="select * from Vote where Selected"
Set rstInfo=cmdQuery.Execute
If rstInfo.Eof Then
  Response.Write "暂无调查结果！"
Else
  Response.Write "<p>"&rstInfo("Content")&"<br/><b>投票结果：</b></p>"
  For i=1 to 8
    Response.Write "<p>"&rstInfo("Select"&i)&"-->"&rstInfo("Answer"&i)&"</p>"
  Next
End If
Set rstInfo=Nothing
Set cmdQuery=Nothing
Set cnnMyedu123=Nothing
%>
```

⑰ 保存并上传文件。

⑱ 打开首页进行投票测试。

做一做

① 参照“index.asp”网站调查的设计，修改“投票结果显示”信息的输出控制，美化投票结果显示页面，并上机调试。

② 根据图 5-8 所示流程图，将用户注册页面（register.htm）修改为“register.asp”ASP 程序，并上机调试。

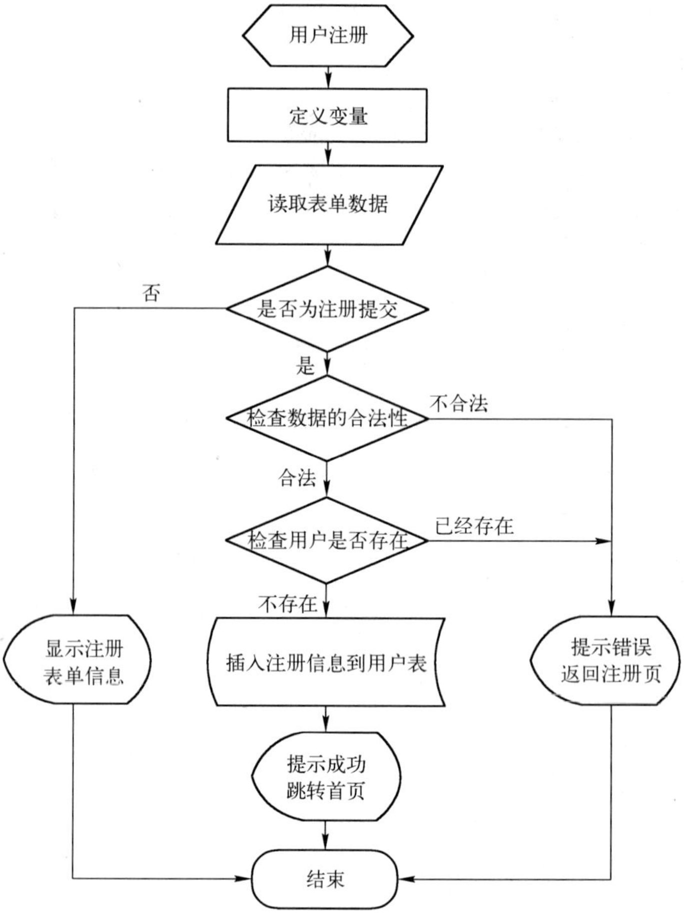

图 5-8　用户注册程序流程图

附：E-mail 格式检查自定义函数

```
REM ######################################################################## REM
REM 函数名称：IsValidEmail
REM 函数功能：检查 Email 格式是否有效，如果有效返回 True，否则 False
REM 函数格式：IsValidEmail(strExpression)
REM 其中：strExpression：必选参数，字符串的表达式
REM ##########################################################################
Function IsValidEmail(strExpression)
  Dim saEmail,strChar,i,j,nDomain
  IsValidEmail=True '置初值为 True
  saEmail=Split(strExpression,"@") '将 Email 字符串用@分割
  If UBound(saEmail)<>1 Then '如果数值元素不是两个，即@分割不成两部分，则错误
    IsValidEmail=False
    Exit Function '函数返回
  End If
  If Len(saEmail(0))<1 or Len(saEmail(1))<1 Then '两部分字符数均不能少于 1
    IsValidEmail=False
    Exit Function '函数返回
  End If
```

```
        For i=0 to 1  '检查 Email 账户名和域名是否为合法字符
          For j = 1 to Len(saEmail(i))
            strChar = Lcase(Mid(saEmail(i),j,1)) '截取 j 位置的一个字符
            If InStr("abcdefghijklmnopqrstuvwxyz_-.",strChar) <= 0 and not IsNumeric(strChar) then
              IsValidEmail=False
              Exit Function '函数返回
            End If
          Next
          If Left(saEmail(i),1) = "." or Right(saEmail(i),1) = "." Then '两端不能出现点号
            IsValidEmail=False
            Exit Function '函数返回
          End If
        Next
        If InStr(saEmail(1),".")<1 Then '域名至少有一个点号
          IsValidEmail=False
          Exit Function '函数返回
        End If
        '计算域名后缀的长度，总长度-最后一个点的位置
        nDomain=Len(saEmail(1))-InStrRev(saEmail(1), ".")
        If nDomain<2 or nDomain>4 Then '应该为 2~4 个字符
          IsValidEmail=False
          Exit Function '函数返回
        End If
        If InStr(strExpression, "..")>0 Then '不能有两个及两个以上连续的点号
          IsValidEmail=False
        End If
      End Function
```

任务 4　网站统计信息

任务描述

网站统计信息显示界面如图 5-9 所示。本任务完成新闻动态（02）、技术文章（03）、招生就业（04）、图片展示（05）、勤工俭学（06）和资源中心（07）6 个栏目的记录数统计，以及在线人数和今日访问人数的数据统计信息的显示。其中，栏目统计信息从数据库的 InfoCnt 视图中读取，人数信息统计将利用 ASP Application 对象来实现。

操作步骤

① 打开“codes/index.asp”文件。

② 修改注释，在“REM Description: 网站首页”前输入一行“REM Modify By: Greenbud.Chen　2008-03-11　网站统计信息显示”。

③ 在“<h2>网站统计</h2>”下面输入如下代码。

图 5-9　网站统计信息显示界面

```
<%
 Dim naInfoCnt(5) '定义数组，6 个元素，分别对应 6 个栏目
 For i=0 to 5 '初始化数组变量
   naInfoCnt(i)=0
 Next
 Set cnnMyedu123=Server.CreateObject("ADODB.Connection") '创建连接对象
 cnnMyedu123.Open strConn '打开连接
 Set cmdQuery=Server.CreateObject("ADODB.Command") '创建 Command 对象
 Set cmdQuery.ActiveConnection = cnnMyedu123 '指定连接对象
 cmdQuery.CommandType=1 '设定查询类型为 SQL 命令类型
 cmdQuery.CommandText = "select * from InfoCnt" '设置查询命令
 Set rstInfo=cmdQuery.Execute '执行查询
 Do While not rstInfo.EOF
   If Isnumeric(rstInfo("VCatID")) Then
     i=CInt(rstInfo("VCatID")) '将 VCatID 转换为整型数据
   Else
     i=0
   End If
   If i>=2 and i<=7 Then '即为有效 CatID 范围内
     naInfoCnt(i-2)=rstInfo("CatCnt") '数组标号从 0 开始，新闻动态对应数组标号为 0
   End If
   rstInfo.MoveNext
   loop
 Set rstInfo=Nothing
 Set cmdQuery=Nothing
 Set cnnMyedu123=Nothing
%>
```

④ 将“<li>…</li>”修改为如下代码。

```
<li>新闻动态：<%=naInfoCnt(0)%></li>
<li>技术文章：<%=naInfoCnt(1)%></li>
<li>招生就业：<%=naInfoCnt(2)%></li>
<li>图片展示：<%=naInfoCnt(3)%></li>
<li>勤工俭学：<%=naInfoCnt(4)%></li>
<li>资源中心：<%=naInfoCnt(5)%></li>
<li>在线人数：<%=Application("nOnLine")%></li>
<li>今日访问：<%=Application("nToday")%></li>
```

⑤ 按 F12 键预览网页，观察相关统计信息是否有变化，特别关注“在线人数”和“今日访问”两项。

⑥ 新建“ASP VBScript”页面，并选择“代码视图”格式，删除所有代码，输入文件头注释。

```
REM ############################################################################## REM
REM File Name: global.asa
REM Created By:        Greenbud.Chen   2008-03-11 建立源文件
REM Description:       Global 文件
```

```
REM Include Files:
REM Project:    我的教育网
REM Version:    v1.00
REM Copyright (c) 2008 Greenbud WorkGroup All rights reserved.
REM ################################################################################
```

⑦ 在随后的行中输入如下代码。

```
<Script Language="VBScript" RunAt="Server">
Sub Application_OnStart
  Application("nOnLine")=0 '初始化在线人数
  Application("nToday")=0 '初始化今日人数
  Application("dToday")=Date() '记录今天的日期
End Sub

Sub Session_OnStart
  Application("nOnLine")=Application("nOnLine")+1 '一个用户访问开始，在线人数+1
  If Application("dToday")=Date() Then '如果当前记录日期是今天，则今日人数+1，否则置 0
    Application.Lock '锁定 Application，防止其他用户修改 Application 对象中的变量
    Application("nToday")=Application("nToday")+1
    Application.Unlock '解锁 Application
  Else
    Application.Lock
    Application("nToday")=0
    Application("dToday")=Date()
    Application.Unlock
  End If
End Sub

Sub Session_OnEnd
  Application.Lock
  Application("nOnLine")=Application("nOnLine")-1 '一个用户访问结束，在线人数-1
  Application.Unlock
End Sub
</Script>
```

⑧ 将文件保存至根文件夹，文件命名为“global.asa”。

⑨ 在浏览器窗口中打开首页，注意查看网站统计信息，特别关注“在线人数”和“今日访问”两项。

知识拓展

拓展 1　VBScript 数组变量

数组变量可实现将单一的变量赋于多个值，数组变量的声明格式与常规变量相同，唯一的区别是数组变量名后跟一个括号()。

例如：Dim saInfoCnt(5)，创建了一个包含 6 个元素的一维数组，数组的下标以 0 开始。

通过使用特定数组元素的下标，可存取任何元素的值。例如，saInfoCnt(2)=0。

VBScript 中的数组最多达 60 个维数。声明多维数组的方法是在括号中用逗号来分隔数字。例如，一个包含 3 行 8 列的二维数组为 Dim naScore(2,7)。

拓展 2　Application

与 Session 对象类似，Application 对象也可用于存储和访问来自任意页面的变量，不同之处在于所有的用户分享一个 Application 对象，而 Session 对象和用户的关系是一一对应的。

Application 对象没有内置属性，允许用户自定义属性，定义格式同 Session 对象，即 Application("attribute")。自定义属性中的信息在 Application 生命周期内可以被所有用户在不同网页间任意读取，Application 对象的生命周期从定义开始，直到 Web 服务停止。

由于 Application 对象属于所有用户，为了防止写入冲突，在对 Application 自定义属性进行赋值、修改等操作前，必须用 Application.Lock 方法锁定 Application 对象，操作完毕后应及时用 Application.Unlock 方法解锁。

利用 Application 对象可以设计出聊天室、网站短信等用户互动类程序。

拓展 3　global.asa

global.asa 是 ASP 的一个全局应用文件，文件扩展名".asa"是 Active Server Application 的首字母缩写，主要用于管理 Session 和 Application 两个对象及相应的事件。global.asa 文件必须存放在网站的根目录中。

global.asa 文件主要基于会话级事件被访问，在以下几种情况下被调用：

- Application_OnStart 事件被触发时；
- Application_OnEnd 事件被触发时；
- Session_OnStart 事件被触发时；
- Session_OnEnd 事件被触发时。

global.asa 文件的一般格式如下。

```
<SCRIPT LANGUAGE="VBScript" RUNAT="Server">
Sub Application_OnStart
'Application_OnStart，当任何用户首次访问该应用程序的首页时运行
End Sub

Sub Session_OnStart
'Session_OnStart，当用户首次运行 ASP 应用程序中的任何一个页面时运行
End Sub

Sub Session_OnEnd
'Session_OnEnd，当一个用户的会话超时或退出应用程序时运行
End Sub

Sub Application_OnEnd
'Application_OnEnd，当该站点的 Web 服务器关闭时运行
End Sub
</SCRIPT>
```

拓展 4　Date 函数

Date 函数返回当前的系统日期，函数格式为 Date()，无参数。

类似的检测函数还有以下两种。

Time()：返回当前的系统时间。

Now()：返回当前的日期和时间。

做一做

① 利用 Application 对象试着设计一个针对某个页面统计用户访问数的程序代码，写出完整的 ASP 代码并上机调试。

提示：在 global.asa 文件中定义 Application 属性，在打开页面时修改 Application 属性值。

② 根据图 5-10 所示流程图，将友情链接页面（friendsite.htm）修改为“friendsite.asp” ASP 程序，并上机调试。

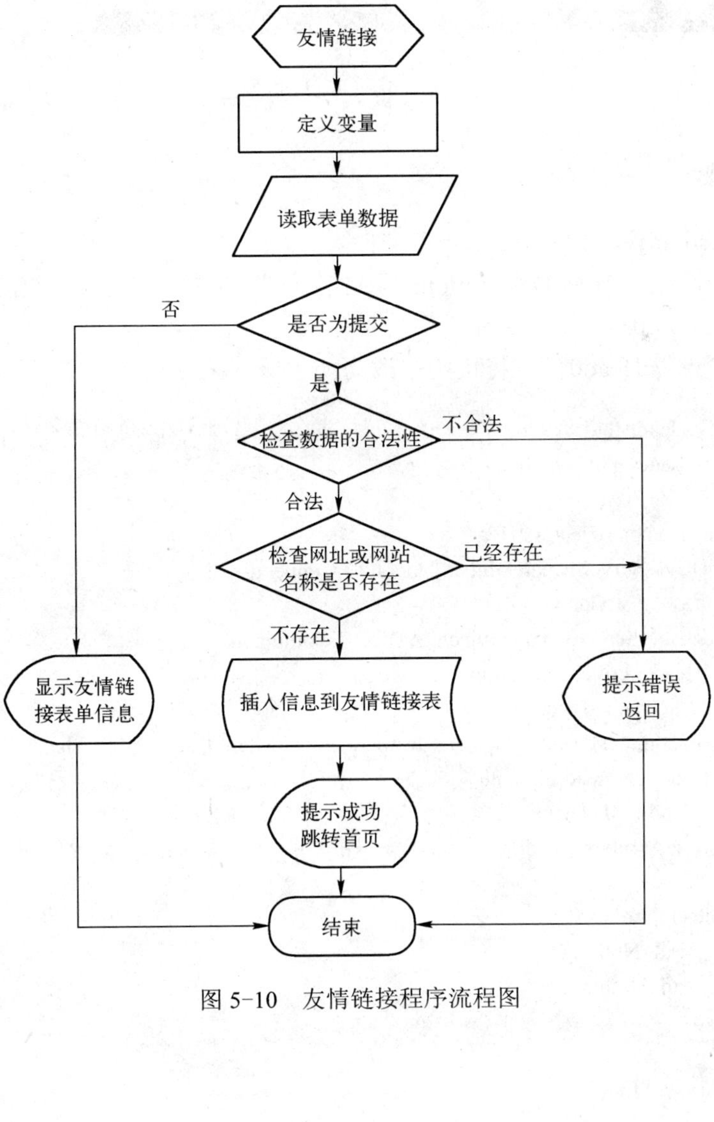

图 5-10　友情链接程序流程图

任务 5　广告信息显示

任务描述

整个网站的广告位有页头 i_myedu123_head.asp（Head01）一个、首页 Index.asp（Index01-Index03）三个、信息列表页（list01）一个、搜索页 search.asp（Search01）一个、图文信息页 art_info.asp（ArtInfo01- ArtInfo03）三个、资源信息页 res_info.asp（ResInfo01- ResInfo06）六个。

广告信息显示程序段完成从 ViewAD 视图中读取指定广告的信息，将广告代码显示到相应的广告位上。本任务完成页头 Head01 广告信息的显示，如图 5-11 所示。

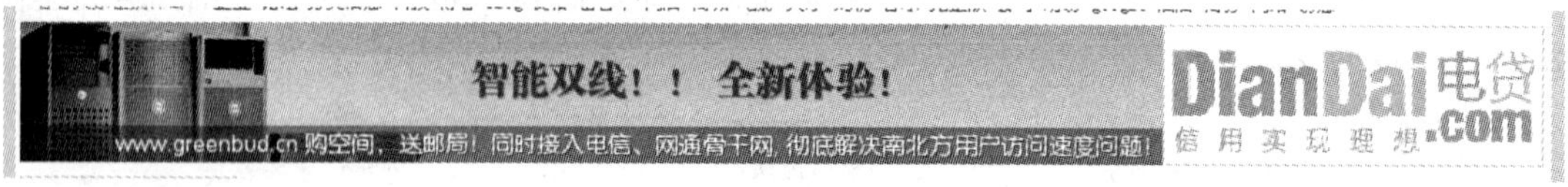

图 5-11　Head01 广告信息

操作步骤

① 打开“inc/i_myedu123_head.asp”文件。

② 修改注释，在“REM Description: 网站首页”前输入一行“REM　Modify By: Greenbud.Chen　2008-03-11　广告显示”。

③ 找到“广告位:Head01”，将代码修改为如下所示。

```
<!--广告位:Head01,宽度 970,高度=90  本页广告条尺寸:728*90/242*90-->
<div class="page_970" id="head_5">
<%
  Dim cnnHead,cmdHead,rstHead
  Set cnnHead=Server.CreateObject("ADODB.Connection")
  cnnHead.Open strConn
  Set cmdHead=Server.CreateObject("ADODB.Command")
  Set cmdHead.ActiveConnection = cnnHead
  cmdHead.CommandType=1
  cmdHead.CommandText = "select * from ViewAD where LocationID='Head01'"
  Set rstHead=cmdHead.Execute
  If not rstHead.EOF Then
    Response.Write rstHead("Content")
  End if
  Set rstHead=Nothing
  Set cmdHead=Nothing
  Set cnnHead=Nothing
%>
```

④ 保存并上传文件。

注意　由于页头 i_myedu123_head.asp 是一个包含文件，为了防止定义的变量与调用包含文件发生冲突，这里将连接对象等变量名定义为 cnnHead、cmdHead 和 rstHead。如果在其他页面，可根据实际情况，与其他代码复用变量，但一般的记录集对象名设置为 rstAD 较佳。

做一做

完成其他广告信息的显示，写出完整的 ASP 代码并上机调试。

本章小结

知识与技能	学习情况		
	掌握（理解）	基本掌握（理解）	未掌握（理解）
VBScript 数组及应用			
VBScript Date 及相关函数			
验证码及验证程序的使用			
Request 对象 ServerVariables 集合			
用户登录与验证			
ASP 页面跳转命令			
ASP 用表达式实现变量名的方法			
ASP 过滤垃圾信息的方法			
表单参数的获取方法			
数据合法性检查及错误信息提示框的实现			
数据添加的 ASP 实现方法			
Session、Cookies 和 Application			
global.asa 文件及应用			

第 6 章　网站后台程序设计

学习目标

- ◆ 了解 FCKEditor 在线编辑器
- ◆ 了解化境 ASP 无组件上传类
- ◆ 理解权限管理及控制的实现
- ◆ 理解用 Session 变量传递参数的方法
- ◆ 理解 ASP 和 JavaScript 之间分别调用的技巧
- ◆ 掌握同一页面实现筛选条件设置和分页列表的方法
- ◆ 掌握信息编辑（添加与修改）程序的设计方法
- ◆ 掌握信息处理程序的设计方法

内容摘要

- ◆ 介绍 FCKEditor 在线编辑器在 ASP 中的应用
- ◆ 介绍化境 ASP 无组件上传类的应用
- ◆ 进一步介绍获取表单数据、校验及错误提示的方法
- ◆ 进一步介绍分页技术
- ◆ 进一步介绍用 Session 变量传递参数的方法
- ◆ 详细介绍信息编辑（添加与修改）程序的设计方法
- ◆ 详细介绍信息处理程序的设计方法
- ◆ 详细介绍输入和替换数据表记录的方法
- ◆ 详细介绍备注字段的更新方法
- ◆ 详细介绍同一页面同一参数不同时期分别从表单和 URL 获取的方法
- ◆ 详细介绍 ASP 和 JavaScript 之间分别调用的技巧
- ◆ 详细介绍同一页面实现筛选条件设置和分页列表的方法
- ◆ 详细介绍权限管理及控制的实现

任务 1　修改后台首页及相关文件

任务描述

后台首页及相关文件包括以下部分。

- default.htm：起始页，一般为一条页面跳转语句，资源包中已经设计完成；
- manager_index.htm：管理首页，为一个上、左、右三个部分的框架结构的网页文件；
- manager_top.htm：管理首页框架的上部网页文件；
- manager_left.htm：管理首页框架的左部网页文件；
- manager_main.htm：管理首页框架的右部网页文件。

本任务完成上述页面文件的修改。

操作步骤

1. 新建 manager_top.asp

① 新建“ASP VBScript”页面，并选择“代码”视图格式。

② 删除“<head>”及以下代码。

③ 输入如下文件头注释。

```
<%
REM ############################################################################ REM
REM File Name: manager_top.asp
REM Created By:        Greenbud.Chen   2008-03-14建立源文件
REM Description:       管理首页框架之上部网页文件
REM Include Files:
REM Project:     我的教育网
REM Version:     v1.00
REM Copyright (c) 2007 Greenbud WorkGroup All rights reserved.
REM ###############################################################################
%>
```

④ 在随后的行中输入数据库连接字符串包含文件“<!--#include file="../inc/i_myedu123_connectionstring.asp"-->”。

⑤ 将文件保存至“manager”文件夹，并命名为“manager_top.asp”。

⑥ 打开资源包“manager”文件夹中的“manager_top.htm”文件，复制“<head>”及以下代码至“manager_top.asp”底部。

⑦ 将“<div id="topmenu">”至“</div>”间的代码修改为如下所示。

```
您好：<%=Session("strUserName")%>  
您的级别:<%=Session("strUserCat")%>  
<img src="../images/folder2.gif" /> 
```

```
    <a href="../" target="_top">网站首页</a>
  <img src="../images/folder2.gif" /> 
    <a href="manager_main.asp" target="mainFrame">管理首页</a>
  <img src="../images/folder2.gif" /> 
    <a href="users_edit.asp?Opt=2&UserID=<%=Session("nUserID")%>" target="mainFrame">修改用
      户信息</a>
  <img src="../images/folder2.gif" /> 
   <a href="logout.asp">退出系统</a>  
```

⑧ 保存并上传文件。

2. 新建 manager_main.asp

① 新建“ASP VBScript”页面，并选择“代码”视图模式。
② 删除“<head>”及以下代码。
③ 输入如下文件头注释。

```
<%
REM ############################################################################ REM
REM File Name: manager_main.asp
REM Created By:        Greenbud.Chen   2008-03-14建立源文件
REM Description:       管理首页框架之右部网页文件
REM Include Files:
REM Project:     我的教育网
REM Version:     v1.00
REM Copyright (c) 2008 Greenbud WorkGroup All rights reserved.
REM ##############################################################################
%>
```

④ 在随后的行中输入数据库连接字符串包含文件“<!--#include file="../inc/i_myedu123_connectionstring.asp"-->”。

⑤ 将文件保存至“manager”文件夹，并命名为“manager_main.asp”。

⑥ 打开资源包“manager”文件夹中的“manager_main.htm”文件，复制“<head>”及以下代码至“manager_top.asp”底部。

⑦ 将服务器时间“2008-3-14 14:06:15”修改为“<%=now%>”。

⑧ 将服务器类型“Microsoft-IIS/6.0[IP:222.222.50.153]”修改为“<%=Request.ServerVariables ("SERVER_SOFTWARE")%> [IP:<% =Request.ServerVariables ("LOCAL_ADDR") %>]”。

⑨ 将脚本解释引擎“VBScript/5.7.5730”修改为“<%=ScriptEngine & "/"& ScriptEngineMajorVersion & "." & ScriptEngineMinorVersion &"."& ScriptEngineBuildVersion %>”。

⑩ 将站点物理路径“D:\internet.web\myedu123\”修改为“<%=request.ServerVariables ("APPL_PHYSICAL_PATH")%>”。

⑪ 保存并上传文件。

3．修改 manager_left.htm

① 打开资源包“manager”文件夹中的“manager_left.htm”文件，并选择“代码”视图模式。

② 在“REM Description:”前输入文件头注释“REM Modify By: Greenbud.Chen 2008-03-14　修改链接”。

③ 单击“编辑”菜单中的“查找和替换”选项，或按 Ctrl+F 组合键，打开“查找和替换”对话框。

④ 在查找框中输入“.htm”，替换框中输入“.asp”。

⑤ 单击“全部替换”按钮。

⑥ 将文件另存到网站的“manager”文件夹中，上传文件。

4．新建 logout.asp

① 新建“ASP VBScript”页面，并选择“代码”视图模式。

② 删除“<head>”及以下代码。

③ 输入如下文件头注释：

```
<%
REM ################################################################################ REM
REM File Name: logout.asp
REM Created By:      Greenbud.Chen   2008-03-14建立源文件
REM Description:     用户退出
REM Include Files: i_myedu123_connectionstring.asp
REM Project:     我的教育网
REM Version:     v1.00
REM Copyright (c) 2008 Greenbud WorkGroup All rights reserved.
REM ##################################################################################%>
%>
```

④ 在随后的行中输入数据库连接字符串包含文件“<!--#include file="../inc/i_myedu123_connectionstring.asp"-->”。

⑤ 输入如下代码。

```
<%
'检查用户是否处于登录状态，即 Session 未过期
If Session("strUserName")<>"" Then '如果处于登录状态则更新信息
   '更新用户表信息
   Dim cnnMyedu123,cmdQuery
   Set cnnMyedu123=Server.CreateObject("ADODB.Connection") '创建连接对象
   cnnMyedu123.Open strConn '打开连接
   Set cmdQuery=Server.CreateObject("ADODB.Command") '创建 Command 对象
   Set cmdQuery.ActiveConnection = cnnMyedu123 '指定连接对象
   cmdQuery.CommandType=1 '设定查询类型为 SQL 命令类型
   cmdQuery.CommandText = "update Users set LastLoutTime=Now() where UserName='"& Session
   ("strUserName")&"'"
```

```
    cmdQuery.Execute
    Set cmdQuery=Nothing
    Set cnnMyedu123=Nothing
    Session("nUserID")=0 '清 0 用户名 ID
    Session("strUserName")="" '清空用户名
    Session("nPurview")=0
    Session("strPurview")=""
End If
Response.Write "<Script language='JavaScript'>parent.location='../';</Script>" '跳转到网站首页
%>
```

⑥ 将文件保存到网站的“manager”文件夹中，上传文件。

知识拓展

ScriptEngine 函数

ScriptEngine：返回一个代表正在使用的脚本语言的字符串。
ScriptEngineMajorVersion：返回所使用的 Scripting 引擎的主要版本号。
ScriptEngineMinorVersion：返回所使用的 Scripting 引擎的次要版本号。
ScriptEngineBuildVersion：返回所使用的 Scripting 引擎的生成版本号。

任务 2　图文信息编辑

任务描述

图文信息编辑页面完成对图文信息的添加和修改功能，程序流程如图 6-1 所示。
本任务完成图文信息编辑程序页面“gls_edit.asp”。

想一想

① 从表单读取信息的语句是____________________________。
② ASP 实现的 JavaScript 信息提示框语句是________________________。
③ 添加新记录的 SQL 语句是______________________________。
④ 更新记录的 SQL 语句是_______________________________。

操作步骤

① 新建“ASP VBScript”页面，并选择“代码”视图模式。
② 删除“<head>”及以下所有代码。
③ 输入如下文件头注释。

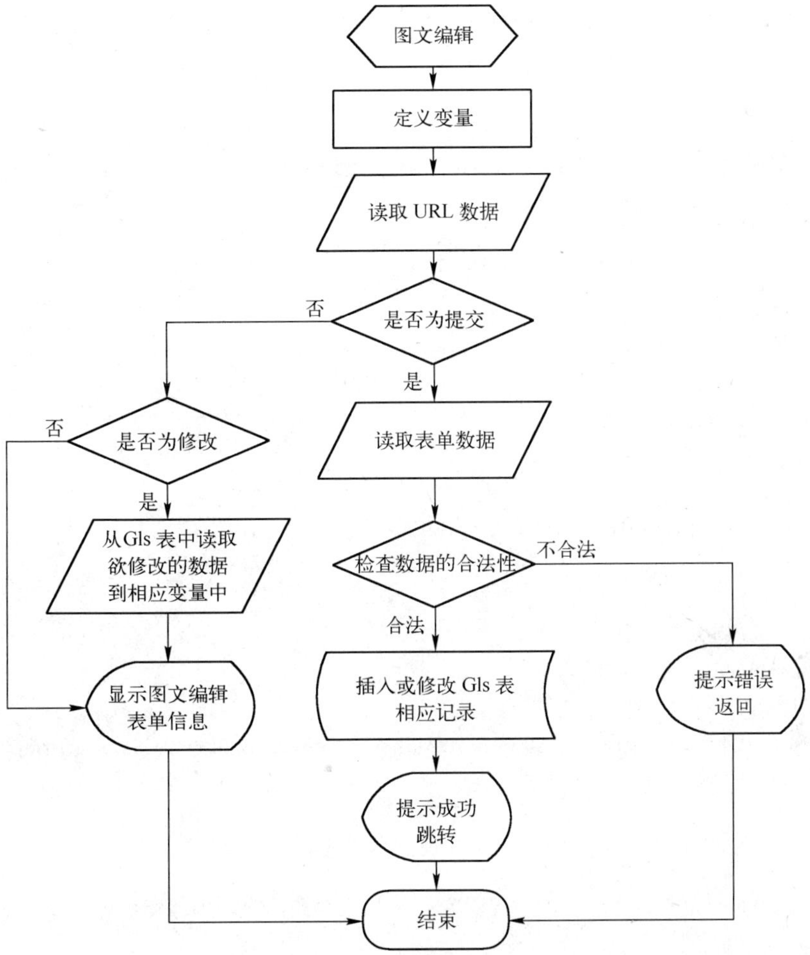

图 6-1　图文信息编辑程序流程图

```
<%
REM ########################################################################## REM
REM File Name: gls_edit.asp
REM Created By:      Greenbud.Chen   2008-03-13建立源文件
REM Description:     图文信息编辑页面
REM Include Files: i_myedu123_connectionstring.asp,i_manager_check.asp,fckeditor/fckeditor.asp
REM Project:    我的教育网
REM Version:    v1.00
REM Copyright (c) 2008 Greenbud WorkGroup All rights reserved.
REM ##########################################################################
%>
```

④ 在随后的行中输入数据库连接字符串包含文件“<!--#include file="../inc/i_myedu123_connectionstring.asp"-->”。

⑤ 随后输入两个包含文件，代码如下。

```
<!--#include file="../inc/i_myedu123_function.asp"-->
<!--#include file="../fckeditor/fckeditor.asp" -->
```

⑥ 将文件保存至“manager”文件夹，命名为“gls_edit.asp”。

⑦ 定义变量，读取 URL 传递的数据。

```
<%
Dim strBasePath '定义 FckEditor 在线编辑器路径变量
strBasePath = "../FckEditor/" '变量赋值
'URL 参数说明：Opt—操作选项，InfoID—图文 ID
'Opt 操作选项，0=添加（默认值），1=修改
Dim nOpt,nInfoID '定义 URL 参数变量
nOpt=Request("Opt")
nInfoID=Request("InfoID")
If not Isnumeric(nOpt) Then
  nOpt=0
End If
If not Isnumeric(nInfoID) Then '如果 nInfoID 不为数值，则按添加操作
  nOpt=0
End If
'定义 ADO 相关变量
Dim cnnMyedu123,cmdQuery,rstInfo
'定义图文信息字段变量
Dim strCatID,strTitle,strPicUrl,straKey,strAuthor,strCopyFrom,nLevel,nStars,strBrief,bOntop,bElite,
strContent,bPassed
```

⑧ 判断是否为“输入或修改 Gls 表相应记录”操作。

```
If Request.Form("fsmt_Submit")="提交" Then '如果存在提交，则保存信息
```

⑨“输入或修改 Gls 表相应记录”程序段，获取表单数据。

```
'获取表单数据
strCatID=Trim(Request.Form("fsel_CatID"))
strTitle=Trim(Request.Form("ftxt_Title"))
strPicUrl=Trim(Request.Form("ftxt_PicUrl"))
straKey=Trim(Request.Form("ftxt_aKey"))
strAuthor=Trim(Request.Form("ftxt_Author"))
strCopyFrom=Trim(Request.Form("ftxt_CopyFrom"))
nLevel=Request.Form("fsel_Level")
nStars=Request.Form("fsel_Stars")
strBrief=Trim(Request.Form("ftxt_Brief"))
bOntop=iif(Trim(Request.Form("fchk_Ontop"))="true",true,false)
bElite=iif(Trim(Request.Form("fchk_Elite"))="true",true,false)
strContent=Request.Form("ftxt_Content")
bPassed=iif(Trim(Request.Form("fchk_Passed"))="true",true,false)
```

⑩ 检验表单数据的合法性，不合法则回滚上一页。

```
'检查数据合法性
Dim strErrMsg
```

```
strErrMsg=strErrMsg&iif(strCatID="","请选择栏目名称!","")
strErrMsg=strErrMsg&iif(strTitle="","请输入标题!","")
strErrMsg=strErrMsg&iif(straKey="","请输入关键字!","")
strErrMsg=strErrMsg&iif(Isnumeric(nLevel),"","阅读级别无效!")
strErrMsg=strErrMsg&iif(Isnumeric(nStars),"","星级无效!")
strErrMsg=strErrMsg&iif(strBrief="","请输入内容简介!","")
strErrMsg=strErrMsg&iif(strContent="","请输入图文信息!","")
If strErrMsg<>"" Then
  Response.Write "<Script language='JavaScript'>window.alert('"&strErrMsg&"');history.back(-1); </Script>"
  Response.End()
End If
```

⑪ 根据 nOpt 操作数，完成输入或更新 Gls 操作。

```
'更新 Gls 表
Set cnnMyedu123=Server.CreateObject("ADODB.Connection") '创建连接对象
cnnMyedu123.Open strConn '打开连接
Set cmdQuery=Server.CreateObject("ADODB.Command") '创建命令对象
Set cmdQuery.ActiveConnection = cnnMyedu123 '指定命令对象的连接
cmdQuery.CommandType=1 '设定查询类型为 SQL 命令类型
If nOpt=0 Then 'nOpt=0 则为添加操作，否则为修改
  cmdQuery.CommandText="insert into Gls (CatID,[Title],aKey,[Author],CopyFrom,[Level],Stars,
    [Brief], [Content],UpdateTime,OnTop,Elite,Passed,Editor, IncludePic, PicUrl, Assessor) values
    (?, ?, ?, ?, ?, ?, ?, ?, ?, ?, ?, ?, ?, ?, ?, ?, ?)" '设置输入数据命令
Else
  cmdQuery.CommandText="update Gls set CatID=?,[Title]=?,aKey=?,[Author]=?, CopyFrom=?,
    [Level]=?, Stars=?,[Brief]=?,[Content]=?,UpdateTime=?,OnTop=?,Elite=?,Passed=?,Editor=?,
    IncludePic=?,PicUrl=?, Assessor=? where ID="&nInfoID '设置修改数据命令
End If
cmdQuery.Parameters.Refresh
cmdQuery(0)=strCatID
cmdQuery(1)=strTitle
cmdQuery(2)=straKey
cmdQuery(3)=strAuthor
cmdQuery(4)=strCopyFrom
cmdQuery(5)=nLevel
cmdQuery(6)=nStars
cmdQuery(7)=strBrief
cmdQuery(8).size=len(strContent)
cmdQuery(8)=strContent
cmdQuery(9)=Now()
cmdQuery(10)=bOntop
cmdQuery(11)=bElite
cmdQuery(12)=bPassed
cmdQuery(13)=Session("strUserName")
cmdQuery(14)=iif(strPicUrl="",false,true) '如果无缩图，则为 False
```

```
    cmdQuery(15)=strPicUrl
    cmdQuery(16)=iif(bPassed,Session("strUserName"),"") '如果审核确认，则该用户即为审核员
    cmdQuery.Execute '执行查询
    Set cmdQuery=nothing
    Set cnnMyedu123=nothing
    Response.Write "<Script language='JavaScript'>window.alert('"&iif(nOpt=0,"新建",nInfoID&"-修改")
    &"完毕!');this.location='gls_edit.asp';</Script>"
    Response.End()
End If
```

⑫ 编辑图文信息程序段设计。

```
'如果编辑信息，则读取表信息至表单中
If nOpt=1 Then
    Set cnnMyedu123=Server.CreateObject("ADODB.Connection") '创建连接对象
    cnnMyedu123.Open strConn '打开连接
    Set cmdQuery=Server.CreateObject("ADODB.Command") '创建命令对象
    Set cmdQuery.ActiveConnection = cnnMyedu123 '指定命令对象的连接
    cmdQuery.CommandType=1 '设定查询类型为 SQL 命令类型
    cmdQuery.CommandText="select * from Gls where ID="&nInfoID
    Set rstInfo = cmdQuery.Execute '执行查询
    If not rstInfo.Eof Then '信息存在，则赋值变量
        strCatID=rstInfo("CatID")
        strTitle=rstInfo("Title")
        strPicUrl=rstInfo("PicUrl")
        straKey=rstInfo("aKey")
        strAuthor=rstInfo("Author")
        strCopyFrom=rstInfo("CopyFrom")
        nLevel=rstInfo("Level")
        nStars=rstInfo("Stars")
        strBrief=rstInfo("Brief")
        bOntop=rstInfo("Ontop")
        bElite=rstInfo("Elite")
        strContent=rstInfo("Content")
        bPassed=rstInfo("Passed")
    Else
        Response.Write "<Script language='JavaScript'>window.alert('指定信息未找到，进入添加状
          态!');</Script>"
        nOpt=0
    End If
End If
%>
```

⑬ 打开资源包“manager”文件夹中的“gls_edit.htm”文件，复制“<head>”及以下代码至“gls_edit.asp”底部。

⑭ 将“<img src="../images/folder1.gif" /> 添加图文信息”代码修改为“<img src="../images/folder1.gif" /> <%=iif(nOpt=0,"添加","修改")%>图文信息”。

⑮ 将“<option value="" selected='selected'>--请选择栏目名称--</option>”修改为“<option

value="" <%=iif(nOpt=0,"selected='selected'","")%>>--请选择栏目名称--</option>”。

⑯ 删除该“Select”的其他“option”代码，输入以下代码。

```
<%
 Set cnnMyedu123=Server.CreateObject("ADODB.Connection") '创建连接对象
 cnnMyedu123.Open strConn '打开连接
 Set cmdQuery=Server.CreateObject("ADODB.Command") '创建 Command 对象
 Set cmdQuery.ActiveConnection = cnnMyedu123 '指定连接对象
 cmdQuery.CommandType=1 '设定查询类型为 SQL 命令类型
 cmdQuery.CommandText="select CatID,CatName from ViewCatalog where CatType=0 Order By CatID"
 Set rstInfo=cmdQuery.Execute '执行查询
 Do While not rstInfo.Eof
  Response.write "<option value='"&iif(len(rstInfo("CatID"))<4,"",rstInfo("CatID"))&"'" &iif(rstInfo
   ("CatID")=strCatID,"selected='selected'","")&">"&rstInfo("CatID")&rstInfo("CatName")&"</option>"
   rstInfo.MoveNext
   loop
 Set rstInfo=Nothing '关闭数据集
%>
```

⑰ 将标题输入框代码“<td width="90%"><input type="text" name="ftxt_Title" id="ftxt_Title" class="input1" value=""/></td>”修改为“<td width="90%"><input type="text" name="ftxt_Title" id="ftxt_Title" class="input1" value="<%=strTitle%>"/></td>”。

⑱ 将上传图片输入框的 Value 值设为“value="<%=strPicUrl%>"”。

⑲ 将关键字输入框的 Value 值设为“value="<%=straKey%>"”。

⑳ 将作者输入框的 Value 值设为“value="<%=strAuthor%>"”。

㉑ 将来源输入框的 Value 值设为“value="<%=strCopyFrom%>"”。

㉒ 将阅读级别 option 修改为如下所示。

```
<option value="0" <%=iif(nLevel=0,"selected='selected'","")%>>开放</option>
<option value="1" <%=iif(nLevel=1,"selected='selected'","")%>>会员以上</option>
<option value="2" <%=iif(nLevel=2,"selected='selected'","")%>>VIP 会员以上</option>
<option value="3" <%=iif(nLevel=3,"selected='selected'","")%>>内部管理员以上</option>
```

㉓ 将星级 option 修改为如下所示。

```
<option value="1" <%=iif(nStars=1,"selected='selected'","")%>>★</option>
<option value="2" <%=iif(nStars=2,"selected='selected'","")%>>★★</option>
<option value="3" <%=iif(nStars=3 or nOpt=0,"selected='selected'","")%>>★★★</option>
<option value="4" <%=iif(nStars=4,"selected='selected'","")%>>★★★★</option>
<option value="5" <%=iif(nStars=5,"selected='selected'","")%>>★★★★★</option>
```

㉔ 将内容简介的“textarea”修改为“<textarea name="ftxt_Brief" id="ftxt_Brief" class="input6"/><%=strBrief%></textarea>”。

㉕ 将置顶的“input”修改为“<input type="checkbox" name="fchk_Ontop" id="fchk_Ontop" value="true" <%=iif(bOntop,"checked","")%> />”。

㉖ 将精品的“input”修改为“<input type="checkbox" name="fchk_Elite" id="fchk_Elite"

value="true" <%=iif(bElite,"checked","")%>/>”。

㉗ 将“FCKEditor 在线编辑框”文字修改为如下所示。

```
<%
 Dim oFCKEditor '定义 FCKEditor 对象
 Set oFCKEditor=New FCKEditor '新建 FCKEditor 对象
 oFCKEditor.BasePath=strBasePath '设置 FCKEditor 对象基础路径，即 FCKEditor 文件夹所在位置
 oFCKEditor.ToolbarSet="Default" '设置编辑器的工具栏
 oFCKEditor.Value=strContent '初始化编辑器内容
 oFCKEditor.Create "ftxt_Content" '定义编辑内容变量，用于其他代码调用
%>
```

㉘ 将审核的“input”修改为“<input type="checkbox" name="fchk_Passed" id="fchk_Passed" value="true" <%=iif(bPassed or nOpt=0,"checked","")%> />”。

㉙ 保存并上传文件；

㉚ 将资源包中的“fckEditor”和“upclass”复制到本地根文件夹中，并上传至服务器。

㉛ 在浏览器中打开网站首页，登录后将浏览器地址栏修改为“……manager/gls_edit.asp”，打开图文信息编辑页面，测试添加、修改等功能。如果提交时选中“提交同时审核”选项，则该信息将可在网站前台页面中显示。

知识拓展

拓展 1 FCKEditor 在线编辑器

FCKEditor 是一款优秀的 HTML 在线编辑器，用来实现网上在线文字录入、格式设置、表格创建等文件编辑功能，并允许开发者根据需要自由配置这些功能。FCKEditor 支持多种编程语言（ASP、PHP、JSP、ASP.Net、Java、Lasso、Perl、Python 等），支持目前绝大多数的浏览器。最重要的是，FCKEditor 是一款开放源代码软件，遵循 LGPL 版权，在个人和教育领域可以免费自由使用。

编辑器调用方法如下。

```
<%
 Dim oFCKEditor '定义 FCKEditor 对象
 Set oFCKEditor=New FCKEditor '新建 FCKEditor 对象
 oFCKEditor.BasePath=strBasePath '设置 FCKEditor 对象基础路径，即 FCKEditor 文件夹所在位置
 oFCKEditor.ToolbarSet="Default" '设置编辑器的工具栏
 oFCKEditor.Value=strContent '初始化编辑器内容
 oFCKEditor.Create "ftxt_Content" '定义编辑内容变量，用于其他代码调用
%>
```

其中，编辑内容变量可以自由定义，变量名用引号标示。

使用 FCKEditor 编辑器前必须首先在网页文件中加入“fckeditor.asp”包含文件，该文件位于“fckeditor”文件夹中。

资源包中“FCKEditor”的版本号为 2.6.3（可从“www.fckeditor.net”网站下载最新版本），并已针对 ASP 设计要求进行了配置，使用时将该文件夹复制到网站根目录即可。

本资源包中 FCKEditor 编辑器在原版的基础上还增加了两个编辑器工具栏配置，一共有 4 种工具栏样式。

- Default：默认样式，完全工具模式。
- Basic： 基本工具模式，含加粗、斜体、编号列表、项目列表、输入/编辑链接、取消链接等选项。
- Upload： 图片文件上传模式，含源代码、撤销、重做、输入/编辑图像等选项。
- UploadBig： 增强型图片文件上传模式，含源代码、预览、剪切、复制、粘贴、粘贴为无格式文本、撤销、重做、输入/编辑链接、取消链接、输入/编辑图像等选项。

FCKEditor 编辑器中对图片、视频等的引用要求使用绝对路径。也就是说，用它上传的文件保存在“根/upload”下，当本网站系统建立在非站点根目录下时，需要调整上传文件夹配置。操作步骤如下：

① 用 Dreamweaver 打开“fckeditor\editor\filemanager\connectors\asp”文件夹中的“config.asp”文件；

② 找到“设置用户上传文件夹”注释；

③ 将注释下面的“"/upload/"”修改成实际路径即可。

拓展 2　备注字段的更新方法

由于备注字段属于可变长度的字段类型，ADO 在对可变长度字段进行输入和更新操作前，需要指定更新内容的大小（即 size 属性），用于分配额外的内存空间，否则可能发生错误。

设置方法：objparameter.size=n

例如：

```
cmdQuery(8).size=len(strContent)
cmdQuery(8)=strContent
```

拓展 3　无组件上传文件

网页上传文件一般采用组件上传和无组件上传两种方法。

组件上传指在服务器端安装一个专门用于文件上传的服务器组件（一般为.dll 文件）软件，程序中使用 Server.CreateObject 建立对象才能使用。组件上传的效率和安全性一般都比较高。

无组件上传指通过服务器内建的 ADO.Stream 对象，结合 Request 对象的 BinaryRead 方法来实现文件上传功能。相对于组件上传方式，无组件上传没有特殊的组件要求，可适用于任何环境的服务器。无组件上传功能继承自 ASP 内部对象，上传功能不是很稳定，对于 ASP 脚本的执行时间有较高要求，且对于上传文件的大小有一定限制。

Request.BinaryRead 方法采用二进制（Binary）流方式读取表单 POST 数据，由于调用 BinaryRead 之后调用 Request.Form（ASCII 字符方式）将引起错误，Request.BinaryRead、Request.Form 及 Request.QueryString 不能同时使用。

由于无组件上传功能的实现比较复杂，本教程采用“化境 ASP 无组件上传类”来实现文件的上传功能。该无组件上传类由“稻香老农（网名）”开发，可永久免费使用。

化境 ASP 无组件上传类的调用方法下。

```
<form name="表单名" method="POST" action="">
  <input type="text" name="文件路径录入框名" size="40" height="38" />
    <iframe border="0" frameBorder="0" noResize scrolling="no" width="500px" height="38px"
    src="upload.asp?FormName=表单名&TextName=文件路径录入框名"></iframe>
</form>
```

其中，表单名和文件路径录入框名可自由设置，iframe 的边框、宽度、高度等参数的设置也可根据实际情况自由调整。

资源包中化境 ASP 无组件上传类（upclass）的版本号为 2.1（可从“www.5xsoft.com”网站下载最新版本），且已对配置做了适当的修改，使用时将该文件夹复制到网站根目录即可。

资源包中化境 ASP 无组件上传类上传的文件保存在“../upload”文件夹下，与 FCKEditor 共享上传文件夹。

做一做

① 参照“图文信息编辑”程序流程图，用 Visio 画出“资源信息编辑”程序流程图。

② 写出完整的“资源信息编辑”程序，文件名为“res_edit.asp”，保存到“manager”文件夹中，并上机调试。静态页面“res_edit.htm”在资源包“manager”文件夹中。

任务 3　信息列表页面

任务描述

信息管理包括信息列表和信息处理两个功能块，其中信息列表页面主要完成筛选条件设置、分页显示符合条件的信息，如图 6-2 所示。

信息管理　所有类别　未审核　置顶设置　精品设置　未删除　提交

类别	标题	作者	时间	操作				
就业动态	就业动态	绿蕾工作组	2008-3-6	修改	通过审核	取消推荐	取消置顶	删除
认证考试	微软国际认证介绍	绿蕾工作组	2004-12-25	修改	通过审核	取消推荐	通过置顶	删除
认证考试	Macromedia中国授权认证培训大纲	绿蕾工作组	2005-1-5	修改	通过审核	取消推荐	通过置顶	删除
招生信息	招生	绿蕾工作组	2008-3-6	修改	通过审核	通过推荐	通过置顶	删除
网站推广	推广解绝敌按	佚名	2008-1-14	修改	通过审核	取消推荐	通过置顶	删除
网站推广	网店推广	佚名	2008-2-22	修改	通过审核	取消推荐	通过置顶	删除
域名空间	个人推广	佚名	2007-12-2	修改	通过审核	取消推荐	通过置顶	删除
域名空间	市场推广	佚名	2007-12-1	修改	通过审核	取消推荐	通过置顶	删除
网站建设	公司推广	佚名	2008-1-14	修改	通过审核	取消推荐	通过置顶	删除
网站建设	网站推广方法	肖承胜	2008-2-25	修改	通过审核	取消推荐	通过置顶	删除
网站建设	网站推广方法 2．参加各种排行榜及评选活 1．交换友情链接	肖承胜	2008-2-25	修改	通过审核	取消推荐	通过置顶	删除
网站推广	多结实朋友	肖承胜	2008-2-25	修改	通过审核	取消推荐	通过置顶	删除
推荐网站	网站自己搞在线活动进行推广	肖承胜	2008-2-25	修改	通过审核	取消推荐	通过置顶	删除
推荐网站	网站内容推广29种方法	佚名	2008-3-3	修改	通过审核	取消推荐	通过置顶	删除
通知公告	心理测试技术专业委员会(2007)学术研讨会征文通知	佚名	2007-3-19	修改	通过审核	通过推荐	取消置顶	删除

首页　上一页　下一页　尾页　1　第1页

图 6-2　信息列表页面

本任务完成信息列表页面“info_list.asp”的设计，列表信息从“ViewAllGlsRes”视图中获取。

想一想

① 分页显示所需要的变量是____________________________。

② 第二页起信息筛选的 SQL 语句是____________________________。

③ 如何得到总页数 nTotalPages 的值____________________________。

操作步骤

① 新建“ASP VBScript”页面，并选择“代码”视图模式。

② 删除“<head>”及以下所有代码。

③ 输入如下文件头注释。

```
<%
REM ############################################################################## REM
REM File Name: info_list.asp
REM Created By:       Greenbud.Chen   2008-03-14建立源文件
REM Description:      信息列表页面
REM Include Files: i_myedu123_connectionstring.asp,i_myedu123_function.asp
REM Project:     我的教育网
REM Version:     v1.00
REM Copyright (c) 2008 Greenbud WorkGroup All rights reserved.
REM ##############################################################################
%>
```

④ 在随后的行中输入数据库连接字符串包含文件,“<!--#include file="../inc/i_myedu123_connectionstring.asp"-->”。

⑤ 随后输入两个包含文件，代码如下。

```
<!--#include file="../inc/i_myedu123_connectionstring.asp"-->
<!--#include file="../inc/i_myedu123_function.asp"-->
```

⑥ 将文件保存至“manager”文件夹，文件命名为“info_list.asp”。

⑦ 定义变量，读取页面传递的数据，并检查数据的合法性。

```
<%
  Dim nPageSize '定义分页变量
  nPageSize=15 '设定每页信息条数
  Dim strCatID,nOnTop,nElite,nPassed,nDeleted,nPageCount
  strCatID=Trim(Request("CatID"))
  nOnTop=CInt(Request("OnTop"))
  nElite=CInt(Request("Elite"))
  nPassed=CInt(Request("Passed"))
  nDeleted=CInt(Request("Deleted"))
  nPageCount=CInt(Request("Page"))
  '检查传递过来的参数合法性，如果不合法则置为默认值
  If not Isnumeric(strCatID) Then
    strCatID="" '默认所有
  End If
```

```
        If nOnTop<1 or nOnTop>3 Then
          nOnTop=1 '默认所有
        End If
        If nElite<1 or nElite>3 Then
          nElite=1 '默认所有
        End If
        If nPassed<1 or nPassed>3 Then
          nPassed=3 '默认为未审核信息
        End If
        If nDeleted<1 or nDeleted>3 Then
          nDeleted=3 '默认为未删除信息
        End If
        If nPageCount<1 Then
          nPageCount=1 '默认第一页
        End If
      %>
```

⑧ 打开资源包“manager”文件夹中的“info_list.htm”文件，复制“<head>”及以下代码至“info_list.asp”底部。

⑨ 将“<select name="CatID">”的“option”修改为如下所示。

```
<option value="" <%=iif(strCatID="","selected='selected'","")%>>所有类别</option>
<%
 Dim cnnMyedu123,cmdQuery,rstInfo
 Set cnnMyedu123=Server.CreateObject("ADODB.Connection") '创建连接对象
 cnnMyedu123.Open strConn '打开连接
 Set cmdQuery=Server.CreateObject("ADODB.Command") '创建 Command 对象
 Set cmdQuery.ActiveConnection = cnnMyedu123 '指定连接对象
 cmdQuery.CommandType=1 '设定查询类型为 SQL 命令类型
 cmdQuery.CommandText="select CatID,CatName from ViewCatalog Order By CatID"
 Set rstInfo=cmdQuery.Execute '执行查询
 Do While not rstInfo.Eof
   Response.write "<option value='"&rstInfo("CatID")&"'"& iif(rstInfo("CatID")=strCatID,
   "selected='selected'", "")&">"&rstInfo("CatID")&rstInfo("CatName")&"</option>"
   rstInfo.MoveNext
   loop
   Set rstInfo=Nothing '关闭数据集
%>
```

⑩ 将“<select name="Passed">”的“option”修改为如下所示。

```
<option value="1" <%=iif(nPassed=1,"selected='selected'","")%>>审核设置</option>
<option value="2" <%=iif(nPassed=2,"selected='selected'","")%>>已审核</option>
<option value="3" <%=iif(nPassed=3,"selected='selected'","")%>>未审核</option>
```

⑪ 将“<select name="OnTop">”的“option”修改为如下所示。

```
<option value="1" <%=iif(nOnTop=1,"selected='selected'","")%>>置顶设置</option>
<option value="2" <%=iif(nOnTop=2,"selected='selected'","")%>>已置顶</option>
```

```
<option value="3" <%=iif(nOnTop=3,"selected='selected'","")%>>未置顶</option>
```

⑫ 将“<select name="Elite">”的“option”修改为如下所示。

```
<option value="1" <%=iif(nElite=1,"selected='selected'","")%>>精品设置</option>
<option value="2" <%=iif(nElite=2,"selected='selected'","")%>>精品</option>
<option value="3" <%=iif(nElite=3,"selected='selected'","")%>>非精品</option>
```

⑬ 将“<select name="Deleted">”的“option”修改为如下所示。

```
<option value="1" <%=iif(nDeleted=1,"selected='selected'","")%>>删除设置</option>
<option value="2" <%=iif(nDeleted=2,"selected='selected'","")%>>已删除</option>
<option value="3" <%=iif(nDeleted=3,"selected='selected'","")%>>未删除</option>
```

⑭ 设置筛选变量字符串，在“<table width="100%" border="1" …”语句前输入如下代码。

```
<%
Dim strSeek '定义搜索条件字符串变量
 strSeek=iif(strCatID="","","Left(CatID,"&Len(strCatID)&")='"&strCatID&"'") '设置 CatID 筛选条件
Select Case nOnTop '设置置顶条件
   Case 2
      strSeek=strSeek&iif(strSeek="",""," and ")&"OnTop"
   Case 3
      strSeek=strSeek&iif(strSeek="",""," and ")&"not OnTop"
End Select
Select Case nElite '设置精品推荐条件
   Case 2
      strSeek=strSeek&iif(strSeek="",""," and ")&"Elite"
   Case 3
      strSeek=strSeek&iif(strSeek="",""," and ")&"not Elite"
End Select
Select Case nPassed '设置审核条件
   Case 2
      strSeek=strSeek&iif(strSeek="",""," and ")&"Passed"
   Case 3
      strSeek=strSeek&iif(strSeek="",""," and ")&"not Passed"
End Select
Select Case nDeleted '设置删除条件
   Case 2
      strSeek=strSeek&iif(strSeek="",""," and ")&"Deleted"
   Case 3
      strSeek=strSeek&iif(strSeek="",""," and ")&"not Deleted"
End Select
If strSeek="" Then '如果条件为空，则设置一个“真”条件
 strSeek=" True "
End If
```

⑮ 输入计算总页数的代码。

```
'获取符合条件的记录总数
cmdQuery.CommandText="select count(*) as totalrec from ViewAllGlsRes"&iif(strSeek="",""," where
"&strSeek)
Set rstInfo=cmdQuery.Execute
Dim nTotalRec '定义记录总数变量
nTotalRec=rstInfo("totalrec") '得到记录总数
Dim nTotalPages '定义总页数变量
 nTotalPages=int(nTotalRec/nPageSize) '计算得到总页数的整数部分，赋值给变量 nTotalPages（总页数）
If nTotalRec mod nPageSize >0 Then '如果总记录数不被每页行数整除，则 nTotalPages+1
   nTotalPages=nTotalPages+1
End If
%>
```

⑯ 在第一个“<tr onmouseover="this.style.background='#ddd'"…”语句前输入信息筛选代码。

```
<%
 '保存当前 URL 到 Session 变量中，便于信息处理程序段调用
Session("strIMBackUrl")="info_list.asp?CatID="&strCatID&"&OnTop="&nOnTop&"&Elite="&nElite
&"&Passed="&nPassed&"&Deleted="&nDeleted&"&Page="&nPageCount
If nPageCount=1 Then '如果是第一页，则 select 不嵌套，否则嵌套
   cmdQuery.CommandText="select top "&nPageSize&" * from ViewAllGlsRes where "&strSeek&"
   order by ID Desc"
Else
   cmdQuery.CommandText="select top "&nPageSize&" * from ViewAllGlsRes where "&strSeek&"
   and ID not in (select top "&(nPageCount-1)*nPageSize&" ID from ViewAllGlsRes where "&strSeek&"
   order by ID Desc) order by ID Desc"
End If
Set rstInfo=cmdQuery.Execute
Do While not rstInfo.Eof
%>
```

⑰ 将第一个“td”即“就业动态”修改为“<td><%=rstInfo("CatName")%></td>”。

⑱ 将第二个“td”修改为“<td><a href="<%=iif(rstInfo("CatType")=0, "../codes/art_info.asp", "../codes/res_info.asp") %>?InfoID=<%=rstInfo("ID")%>" title=" 单 击 预 览 信 息 ..." target="_blank"><%=rstInfo("Title")%></a> </td>”。

⑲ 将第三个“td”修改为“<td><%=rstInfo("Author")%></td>”。

⑳ 将第四个“td”修改为“<td><%=FormatDateTime(rstInfo("UpdateTime"),2)%></td>”。

㉑ 将第五个“td”中内嵌表格的“td”部分修改为如下所示。

```
<td><a href="<%=iif(rstInfo("CatType")=0,"gls_edit.asp","res_edit.asp")%>?Opt=1&InfoID=<%=
rstInfo ("ID")%>" >修改</td>
<td><a href="#" onclick="opt_manage('<%=iif(rstInfo("Passed"),"是否取消审核?","是否通过审核?")
%>',1,<%=rstInfo("CatType")%>,<%=rstInfo("ID")%>)"><%=iif(rstInfo("Passed"),"取消审核","通过
审核")%></a></td>
<td><a href="#" onclick="opt_manage('<%=iif(rstInfo("Elite"),"是否取消推荐?","是否通过推荐?")
%>',2,<%=rstInfo("CatType")%>,<%=rstInfo("ID")%>)"><%=iif(rstInfo("Elite"),"取消推荐","通过推
荐")%></a></td>
```

```
<td><a href="#" onclick="opt_manage('<%=iif(rstInfo("OnTop"),"是否取消置顶?","是否通过置顶?")
%>',3,<%=rstInfo("CatType")%>,<%=rstInfo("ID")%>)"><%=iif(rstInfo("OnTop"),"取消置顶","通过
置顶")%></a></td>
<td><a href="#" onclick="opt_manage('<%=iif(rstInfo("Deleted"),"是否收回?","是否删除?")%>',
4,<%=rstInfo("CatType")%>,<%=rstInfo("ID")%>)"><%=iif(rstInfo("Deleted"),"收回","删除")%>
</a></td>
```

㉒ 将随后的“<tr onmouseover="this.style.background='#ddd'" …”至“</table>”间的代码修改为如下所示。

```
<%
  rstInfo.MoveNext
  loop
  Set rstInfo=Nothing
  Set cmdQuery=Nothing
  Set cnnMyedu123=Nothing
%>
```

㉓ 将分页工具栏代码修改为如下所示。

```
<%
Dim strUrl '定义跳转 URL 头
strUrl="info_list.asp?CatID="&strCatID&"&OnTop="&nOnTop&"&Elite="&nElite&"&Passed="&nP
assed&"&Deleted="&nDeleted
%>
共 <b><%=nTotalRec%></b> 条信息
  <a href="<%=strUrl%>&Page=1">首页</a>
 <a href="<%=strUrl%>&Page=<%=nPageCount-iif(nPageCount>1,1,0)%>">上一页</a>
 <a href="<%=strUrl%>&Page=<%=iif(nPageCount>=nTotalPages,nPageCount,nPageCount+1)
%>">下一页</a>
 <a href="<%=strUrl%>&Page=<%=nTotalPages%>">尾页</a>
 页次：<strong><font color=red><%=nPageCount%></font>/<%=nTotalPages%></strong>页
 <b><%=nPageSize%></b>条信息/页
 转到：
<select onchange=javascript:location.href=this.options[this.selectedIndex].value; size="1" name="page">
<%
 for i=1 to nTotalPages
  response.write "<option value='"&strUrl&"&Page="&i&"'"&iif(i=nPageCount," selected","")&">第
  "&i&"页</option>"
next
 %>
</select>
```

㉔ 保存并上传文件。

㉕ 在浏览器中打开网站首页，登录后将浏览器地址栏中的地址改为“…manager/info_list.asp”，打开信息列表页面，对除“操作”之外的所有功能进行调试。

做一做

① 写出完整的“广告信息列表”程序，文件命名为“ad_list.asp”，保存到“manager”

文件夹中，并上机调试。静态页面“ad_list.htm”在资源包“manager”文件夹中。

② 写出完整的“广告信息编辑”程序，文件名为“ad_edit.asp”，保存到“manager”文件夹中，并上机调试。静态页面“ad_edit.htm”在资源包“manager”文件夹中。

注意 广告信息编辑程序只有修改没有添加操作，广告源码（Content）需要用到FCKEditor 在线编辑器编辑。

任务 4 信息处理程序设计

任务描述

信息处理程序完成按指定的要求更改指定记录的通过审核（Passed）、推荐（Elite）、置顶（OnTop）和删除（Deleted）字段的值，程序流程图如图 6-3 所示。

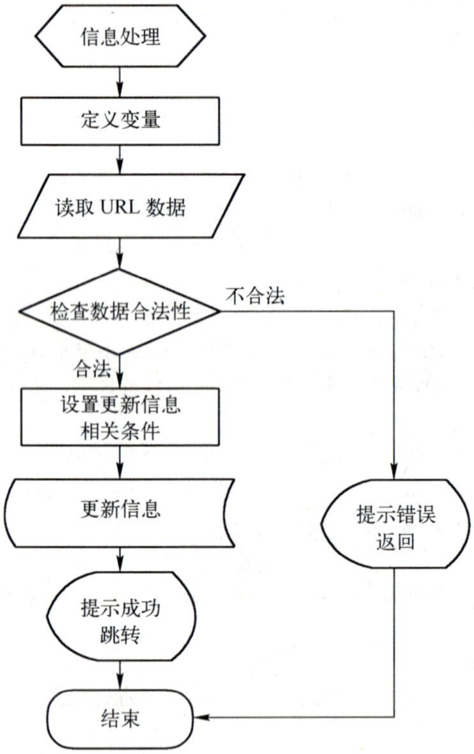

图 6-3 信息处理程序流程图

本任务完成信息处理程序“info_manage.asp”的设计，更新图文信息“Gls 表”或资源信息“Res 表”中的相关字段。

想一想

① 图文信息对应的栏目类型值是__________，资源信息对应的栏目类型值是__________。

② 如何用同一条语句实现，当信息为置顶时取消置顶、当信息为非置顶时则设为置顶？

____。

③ JavaScript 实现指定网址的跳转的语句是________________________。

操作步骤

① 新建“ASP VBScript”页面，并选择“代码”视图模式。

② 保留“<%@LANGUAGE="VBSCRIPT" CODEPAGE="936"%>”，删除其他所有代码。

③ 输入文件头注释。

```
<%
REM ############################################################################ REM
REM File Name: info_manage.asp
REM Created By:         Greenbud.Chen   2008-03-14建立源文件
REM Description:        信息处理程序
REM Include Files: i_myedu123_connectionstring.asp,i_myedu123_function.asp
REM Project:      我的教育网
REM Version:      v1.00
REM Copyright (c) 2008 Greenbud WorkGroup All rights reserved.
REM ##############################################################################
%>
```

④ 在随后的行中输入数据库连接字符串包含文件“<!--#include file=”../inc/i-myedu123_Connectionsting.asp “-->”。

⑤ 输入两个包含文件，代码如下。

```
<!--#include file="../inc/i_myedu123_connectionstring.asp"-->
<!--#include file="../inc/i_myedu123_function.asp"-->
```

⑥ 将文件保存至“manager”文件夹，文件命名为“info_manage.asp”。

⑦ 定义变量，读取页面传递的数据。

```
<%
Dim nOpt,nCatType,nInfoID '定义变量
nOpt=CInt(Request("Opt"))
nCatType=CInt(Request("CatType"))
nInfoID=CInt(Request("InfoID"))
```

⑧ 检查数据的合法性，如果不合法则提示出错信息并返回调用页。

```
'检查数据合法性
Dim strErrMsg '定义错误信息提示字符串变量
strErrMsg="" '初始化错误信息提示变量为空
strErrMsg=strErrMsg&iif(nOpt<1 or nOpt>4,"操作选项错误!","") '检查操作选项
strErrMsg=strErrMsg&iif(nCatType<0 or nCatType>1,"栏目类型错误!","") '检查栏目类型
strErrMsg=strErrMsg&iif(nInfoID<1,"信息 ID 错误!","") '检查图文或资源 ID
If strErrMsg<>"" Then '数据存在不合法，则提示错误并结束程序
   Response.Write "<Script language='JavaScript'>window.alert('"&strErrMsg&"'); history.back(-1); </Script>"
   Response.End()
End If
```

⑨ 设置更新信息相关条件。

```
'设置更新信息相关条件
Dim strTable,strSql
If nCatType=0 Then
  strTable="Gls"
Else
  strTable="Res"
End If
Select Case nOpt
  Case 1 '审核操作
    strSql="Passed= not Passed"
  Case 2 '推荐操作
    strSql="Elite= not Elite"
  Case 3 '置顶操作
    strSql="OnTop= not OnTop"
  Case 4 '删除操作
    strSql="Deleted= not Deleted"
End Select
```

⑩ 更新信息处理。

```
'更新信息处理
Dim cnnMyedu123,cmdQuery
Set cnnMyedu123=Server.CreateObject("ADODB.Connection") '创建连接对象
cnnMyedu123.Open strConn '打开连接
Set cmdQuery=Server.CreateObject("ADODB.Command") '创建 Command 对象
Set cmdQuery.ActiveConnection = cnnMyedu123 '指定连接对象
cmdQuery.CommandType=1 '设定查询类型为 SQL 命令类型
cmdQuery.CommandText = "update "&strTable&" set "&strSql&" where ID="&nInfoID '注意命令间
留空
'response.Write cmdQuery.CommandText '调试时打开该语句，可显示当前执行的 SQL 语句
cmdQuery.Execute
Set cmdQuery=Nothing
Set cnnMyedu123=Nothing
Response.Write "<Script language='JavaScript'>window.alert('操作完毕!');window.location.href='"&
Session("strIMBackUrl")&"';</Script>"
%>
```

⑪ 保存并上传文件。

⑫ 在浏览器中打开网站首页，登录后将浏览器地址栏改为“……manager/ info_list.asp”，打开信息列表页面，进行“操作”相关功能的测试。

做一做

写出完整的“广告信息处理”程序，文件命名为“ad_manage.asp”，保存到“manager”文件夹中，并上机调试。

任务 5　用户信息编辑

任务描述

用户信息编辑页面完成对用户信息的添加和修改功能，该程序分别有三种可能操作，可用 Opt 变量来传递操作功能，其中“0”表示操作人员添加用户信息（默认值），“1”表示操作人员修改用户信息、“2”表示用户修改自己的用户信息，程序流程如图 6-4 所示。

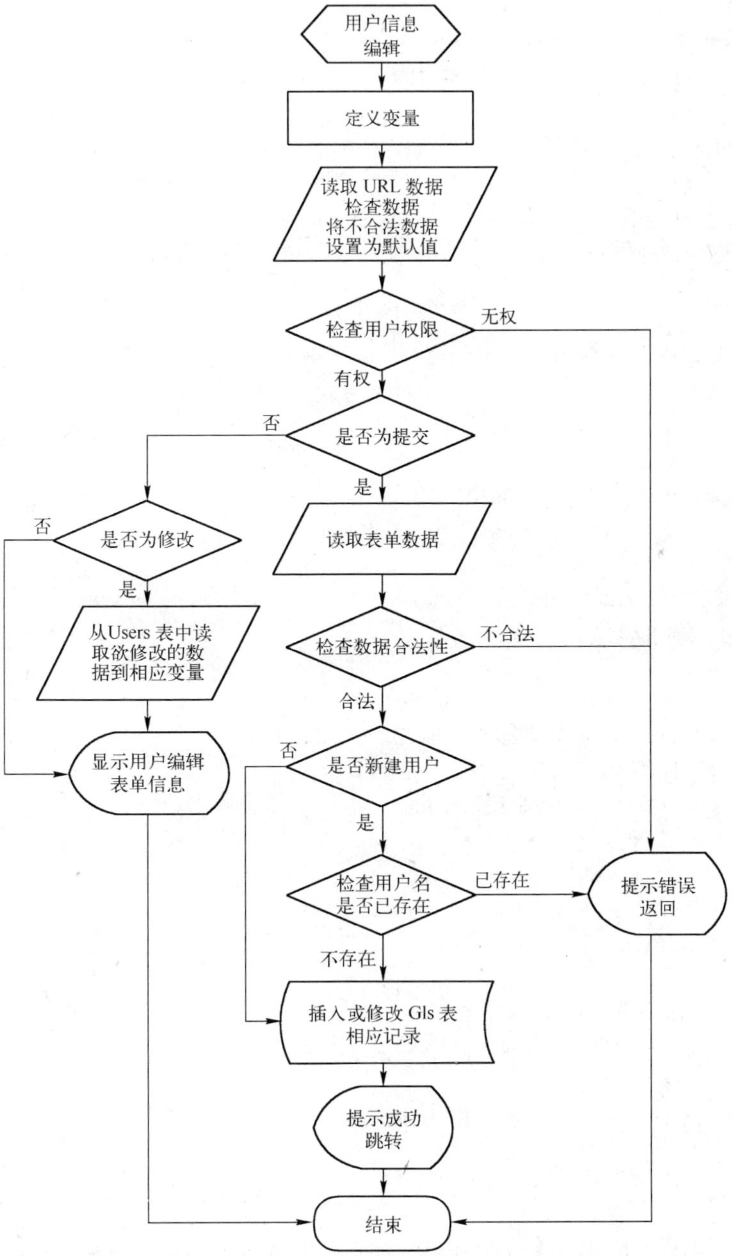

图 6-4　用户信息编辑程序流程图

本任务完成用户信息编辑程序页面“users_edit.asp”。

操作步骤

① 新建“ASP VBScript”页面，并选择“代码”视图模式。

② 删除“<head>”及以下所有代码。

③ 输入文件头注释。

```
<%
REM ############################################################################ REM
REM File Name: users_edit.asp
REM Created By:        Greenbud.Chen   2008-03-13建立源文件
REM Description:       用户信息编辑页面
REM Include Files: i_myedu123_connectionstring.asp,i_manager_check.asp
REM Project:      我的教育网
REM Version:      v1.00
REM Copyright (c) 2008 Greenbud WorkGroup All rights reserved.
REM ############################################################################
%>
```

④ 在随后的行中输入数据库连接字符串包含文件“<!--#include file="../inc/i_myedu123_connectionstring.asp"-->”。

⑤ 输入两个包含文件，代码如下。

```
<!--#include file="../inc/i_myedu123_connectionstring.asp"-->
<!--#include file="../inc/i_myedu123_function.asp"-->
```

⑥ 将文件保存至“manager”文件夹，文件命名为“users_edit.asp”；

⑦ 定义变量，读取 URL 传递的数据：

```
<%
'URL 参数说明：Opt—操作选项，UserID—图文 ID
'Opt 操作选项，0=添加（默认值），1=修改，2=修改自己
Dim nOpt,nUserID '定义 URL 参数变量
nOpt=Request("Opt")
nUserID=Request("UserID")
If nOpt=2 Then
   nUserID=Session("nUserID")
End If
If not Isnumeric(nOpt) Then
   nOpt=0
End If
If not Isnumeric(nUserID) or nUserID<1 Then '如果 nUserID 不为数值或小于 1，则按添加操作
   nOpt=0
End If
```

⑧ 检查用户权限，如果无权，则提示错误并跳转到“manager_main.asp”页面。

```
'检查用户权限
If nOpt<>2 and Session("nPurview")<81 Then '81 以内用户只能修改自己的信息
  Response.Write "<Script language='JavaScript'>window.alert('您的权限不够!'); this.location=
  'manager_main.asp';</Script>"
  Response.End
End If
```

⑨ 定义相关变量，判断是否为“输入或修改 Users 表相应记录”操作。

```
Dim cnnMyedu123,cmdQuery,rstUser '定义 ADO 相关变量
'定义图文信息字段变量
Dim strUserName,strPassword1,strPassword2,strRealName,nSex,strCity,strUserEmail,nPurview
If Request.Form("fsmt_Submit")="提交" Then '如果存在提交，则保存信息
```

⑩ 获取表单数据。

```
  '获取表单数据
strUserName=Trim(Request.Form("ftxt_UserName"))
strPassword1=Trim(Request.Form("ftxt_Password1"))
strPassword2=Trim(Request.Form("ftxt_Password2"))
strRealName=Trim(Request.Form("ftxt_RealName"))
nSex=Cint(Request.Form("frdo_Sex"))
strCity=Trim(Request.Form("ftxt_City"))
strUserEmail=Trim(Request.Form("ftxt_UserEmail"))
nPurview=Cint(Request.Form("fsel_Purview"))
```

⑪ 检查表单数据的合法性，不合法则回滚上一页。

```
 '检查数据合法性
Dim strErrMsg
strErrMsg=strErrMsg&iif(strUserName="","请输入用户名!","")
strErrMsg=strErrMsg&iif(nOpt=0 and len(strPassword1)<6,"密码长度不足 6 位!","") '新建用户时密码
必须输入
strErrMsg=strErrMsg&iif(nOpt=1 and len(strPassword1)<6 and strPassword1<>"","密码不为空且长度
不足 6 位!","") '修改时密码可为空，或>5
strErrMsg=strErrMsg&iif(strPassword1<>strPassword2,"两次密码不一致!","")
strErrMsg=strErrMsg&iif(strRealName="","请输入真实姓名!","")
strErrMsg=strErrMsg&iif(IsValidEmail(strUserEmail),"","Email 无效!")
strErrMsg=strErrMsg&iif(Isnumeric(nSex),"","性别无效!")
strErrMsg=strErrMsg&iif(Isnumeric(nPurview),"","权限无效!")
If strErrMsg<>"" Then
  Response.Write "<Script language='JavaScript'>window.alert('"&strErrMsg&"'); history.back(-1); </Script>"
  Response.End()
End If
```

⑫ 检查新建用户的用户名是否已经存在，如果存在则提示错误并回滚到上级页面。

```
 '更新 User 表
Set cnnMyedu123=Server.CreateObject("ADODB.Connection") '创建连接对象
```

```
cnnMyedu123.Open strConn '打开连接
Set cmdQuery=Server.CreateObject("ADODB.Command") '创建命令对象
Set cmdQuery.ActiveConnection = cnnMyedu123 '指定命令对象的连接
cmdQuery.CommandType=1 '设定查询类型为 SQL 命令类型
'新建时检查用户名是否存在
If nOpt=0 Then
  cmdQuery.CommandText="select UserName from Users where UserName='"&strUserName&"'"
Set rstUser=cmdQuery.Execute '执行查询
If not rstUser.Eof Then '如果已经存在该用户名，则返回
    Set rstUser=nothing
    Set cmdQuery=nothing
    Set cnnMyedu123=nothing
    Response.Write "<Script language='JavaScript'>window.alert('用户名已经存在！ ');history.back
     (-1); </Script>"
     Response.End()
End If
End If
```

⑬ 输入或更新用户信息到 Users 表中，操作完毕弹出提示信息并跳转到“manager_main.asp”页面。

```
'新建或修改用户信息
If nOpt=0 Then 'nOpt=0 则为添加操作，否则为修改
  cmdQuery.CommandText="insert into Users (RealName, UserEmail, Sex, City, Purview, [Password],
  UserName) values (?, ?, ?, ?, ?, ?, ?)"
Else
  If strPassword1="" Then '修改时如果密码不输入，则不修改密码
    cmdQuery.CommandText="update Users set RealName=?, UserEmail=?, Sex=?, City=?, Purview=?
    where UserID="&nUserID
  Else
    cmdQuery.CommandText="update Users set RealName=?, UserEmail=?, Sex=?, City=?, Purview=?,
    [Password]=? where UserID="&nUserID
  End If
End If
cmdQuery.Parameters.Refresh
cmdQuery(0)=strRealName
cmdQuery(1)=strUserEmail
cmdQuery(2)=nSex
cmdQuery(3)=strCity
If nOpt=2 Then
  cmdQuery(4)=Session("nPurview")
Else
  cmdQuery(4)=nPurview
End If
If strPassword1<>"" Then '密码不为空
  cmdQuery(5)=strPassword1
End If
If nOpt=0 Then '新建时
```

```
        cmdQuery(6)=strUserName
    End If
    cmdQuery.Execute '执行查询
    Set cmdQuery=nothing
    Set cnnMyedu123=nothing
    Response.Write "<Script language='JavaScript'>window.alert('"&iif(nOpt=0,"新建",nUserID&
"-修改")&"完毕!');this.location='manager_main.asp';</Script>"
    Response.End()
End If
```

⑭ 设计编辑用户信息程序段，读取用户表信息，如果用户不存在，则提示错误信息并跳转到“manager_main.asp”页面。

```
'如果编辑信息，则读取表信息至表单中
If nOpt>0 Then
    Set cnnMyedu123=Server.CreateObject("ADODB.Connection") '创建连接对象
    cnnMyedu123.Open strConn '打开连接
    Set cmdQuery=Server.CreateObject("ADODB.Command") '创建命令对象
    Set cmdQuery.ActiveConnection = cnnMyedu123 '指定命令对象的连接
    cmdQuery.CommandType=1 '设定查询类型为 SQL 命令类型
    cmdQuery.CommandText="select * from Users where UserID="&nUserID
    Set rstUser = cmdQuery.Execute '执行查询
    If not rstUser.Eof Then '信息存在，则赋值给变量
        strUserName=rstUser("UserName")
        strRealName=rstUser("RealName")
        nSex=iif(rstUser("Sex"),1,0)
        strCity=rstUser("City")
        strUserEmail=rstUser("UserEmail")
        nPurview=rstUser("Purview")
    Else
        Response.Write "<Script language='JavaScript'>window.alert('指定信息未找到!'); this.location=
        'manager_main.asp';</Script>"
        Response.End()
    End If
End If
%>
```

⑮ 打开资源包“manager”文件夹中的“users_edit.htm”文件，复制“<head>”及以下代码至“users_edit.asp”底部。

⑯ 将“<img src="../images/folder1.gif" /> 添加用户信息”代码修改为“<img src="../images/folder1.gif" /> <%=iif(nOpt=0,"添加","修改")%>用户信息”。

⑰ 将用户名输入框代码修改为“<input type="<%=iif(nOpt=0,"text","hidden")%>" name="ftxt_UserName" id="ftxt_UserName" class="input1" value="<%=strUserName%>"/> <%=iif(nOpt=0,"",strUserName)%>”，使得当新建时为可见输入框，操作人员可以输入用户名，当修改时则隐藏输入框，显示被修改用户的用户名。

⑱ 将真实姓名输入框的 Value 值设为“value="<%= strRealName%>"”。

⑲ 将性别 radio 修改为如下所示。

```
男<input name="frdo_Sex" type="radio" value="1" <%=iif(nSex=1,"checked","")%>/>
女<input name="frdo_Sex" type="radio" value="0" <%=iif(nSex=0,"checked","")%> />
```

⑳ 将城市输入框的 Value 值设为“`value="<%= strCity%>"`”。

㉑ 将 E-mail 输入框的 Value 值设为“`value="<%= strUserEmail%>"`”。

㉒ 将用户权限 Option 修改为如下所示。

```
<option value="1" <%=iif(nPurview=1,"selected='selected'","")%>>普通会员</option>
<option value="2" <%=iif(nPurview=2,"selected='selected'","")%>>VIP 会员</option>
<option value="81" <%=iif(nPurview=81,"selected='selected'","")%>>普通管理员</option>
<option value="82" <%=iif(nPurview=82,"selected='selected'","")%>>高级管理员</option>
<option value="83" <%=iif(nPurview=83,"selected='selected'","")%>>系统管理员</option>
```

㉓ 保存并上传文件。

㉔ 在浏览器中打开网站首页，登录后将浏览器地址栏中的地址改为“……manager/users_edit.asp”，打开用户信息编辑页面，测试添加、修改等功能。

做一做

① 用 Visio 画出“网站调查信息编辑”程序流程图。

② 写出完整的“网站调查信息编辑”程序，文件命名为“vote_edit.asp”，保存到“manager”文件夹中，并上机调试。静态页面“vote_edit.htm”在资源包“manager”文件夹中。

任务 6　用户信息列表页面

任务描述

管理用户即用户信息列表，分页显示所有用户的信息，并设置操作（修改和删除），如图 6-5 所示。

用户管理

用户名	真实姓名	电子邮件	性别	城市	权限	最后登录IP	最后登录时间	最后登出时间	次数	操作	
阿哦	程顶阳	487987987@qq.com	女	杭州	普通管理员		2007-12-14	2007-12-16	6	修改	删除
杜鹃花	陆子浩	546578977@qq.com	女	台	普通会员		2007-1-26	2007-1-28	7	修改	删除
杜鹃花	陈阳	659789796@qq.com	女	香港	系统管理员		2008-2-14	2008-2-18	6	修改	删除
绝对化	易书	497968545@qq.com	女	乌鲁木齐	VIP会员		2008-1-26	2008-1-28	5	修改	删除
决定和服	天佑	464687897@qq.com	女	拉萨	未激活会员		2007-12-15	2007-12-16	9	修改	删除
绝对化	方晶	976446546@qq.com	男	石家庄	未激活会员		2006-12-24	2006-12-26	4	修改	删除
地方军	浩镜	979548554@qq.com	女	内蒙古	普通会员		2008-2-14	2008-2-16	6	修改	删除
端口号	丹江	545454545@qq.com	女	贵阳	未激活会员		2008-1-16	2008-1-18	6	修改	删除
杜鹃	白梅	545454545@qq.com	男	成都	系统管理员		2008-1-6	2008-1-10	5	修改	删除
打开	杜鹃	454646546@qq.com	男	沈阳	未激活会员		2007-12-23	2008-12-25	4	修改	删除
雕刻家	晶乐	545445454@qq.com	女	郑州	未激活会员		2008-1-23	2008-1-24	2	修改	删除
加快	刘浩	315456645@qq.com	女	广州	普通管理员		2008-2-12	2008-2-15	7	修改	删除
杜鹃	李然	456787545@qq.com	男	云南	未激活会员		2007-12-23	2007-12-26	4	修改	删除
决定	赵晶	456797897@qq.com	女	南京	系统管理员		2008-3-1	2008-3-3	6	修改	删除

首页 上一页 下一页 尾页 2 第2页

图 6-5　用户信息列表页面

本任务完成用户信息列表页面“users_list.asp”的设计，列表信息直接从“Users”表中获取。

操作步骤

① 新建“ASP VBScript”页面，并选择“代码”视图模式。

② 删除“<head>”及以下所有代码。

③ 输入文件头注释。

```
<%
REM ########################################################################## REM
REM File Name: users_list.asp
REM Created By:       Greenbud.Chen   2008-03-14建立源文件
REM Description:      用户信息列表页面
REM Include Files: i_myedu123_connectionstring.asp,i_myedu123_function.asp
REM Project:    我的教育网
REM Version:    v1.00
REM Copyright (c) 2008 Greenbud WorkGroup All rights reserved.
REM ##########################################################################
%>
```

④ 在随后的行中输入数据库连接字符串包含文件“<!--#include file="../inc/i_myedu123_connectionstring.asp"-->”。

⑤ 输入两个包含文件，代码如下。

```
<!--#include file="../inc/i_myedu123_connectionstring.asp"-->
<!--#include file="../inc/i_myedu123_function.asp"-->
```

⑥ 将文件保存至“manager”文件夹，文件命名为“users_list.asp”；

⑦ 定义变量，读取页面传递的数据，并检查数据的合法性。

```
<%
  Dim nPageSize '定义分页变量
  nPageSize=15 '设定每页信息条数
  Dim nPageCount
  nPageCount=CInt(Request("Page")) '获取客户端浏览器传递给服务器的当前页码
  '检查传递过来的参数合法性，如果不合法则置为默认值
  If nPageCount<1 Then
    nPageCount=1 '默认第一页
  End If
%>
```

⑧ 打开资源包“manager”文件夹中的“users_list.htm”文件，复制“<head>”及以下代码至“users_list.asp”底部。

⑨ 计算总页数。在“<table width="100%" border="1" …”前输入以下代码。

```
<%
  '获取符合条件的记录总数
```

```
    Dim cnnMyedu123,cmdQuery,rstUser
    Set cnnMyedu123=Server.CreateObject("ADODB.Connection") '创建连接对象
    cnnMyedu123.Open strConn '打开连接
    Set cmdQuery=Server.CreateObject("ADODB.Command") '创建 Command 对象
    Set cmdQuery.ActiveConnection = cnnMyedu123 '指定连接对象
    cmdQuery.CommandType=1 '设定查询类型为 SQL 命令类型
    cmdQuery.CommandText="select count(*) as totalrec from Users"
    Set rstUser=cmdQuery.Execute
    Dim nTotalRec '定义记录总数变量
    nTotalRec=rstUser("totalrec") '得到记录总数
    Dim nTotalPages '定义总页数变量
    nTotalPages=int(nTotalRec/nPageSize) '计算得到总页数的整数部分，赋值给变量 nTotalPages（总页数）
    If nTotalRec mod nPageSize >0 Then '如果总记录数不被每页行数整除，则 nTotalPages+1
      nTotalPages=nTotalPages+1
    End If
%>
```

⑩ 在第一个“<tr onmouseover="this.style.background='#ddd'"…”前输入信息筛选代码。

```
<%
 '保存当前 URL 到 Session 变量中，便于信息处理程序段调用
Session("strIMBackUrl")="users_list.asp?Page="&nPageCount
If nPageCount=1 Then '如果是第一页，则 select 不嵌套，否则嵌套
    cmdQuery.CommandText="select top "&nPageSize&" * from Users order by UserID Desc"
 Else
    cmdQuery.CommandText="select top "&nPageSize&" * from Users where UserID not in (select top
    "&(nPageCount-1)*nPageSize&" UserID from Users order by UserID Desc) order by UserID Desc"
 End If
Set rstUser=cmdQuery.Execute
 Do While not rstUser.Eof
%>
```

⑪ 将随后的“<td>”至“</table>”间的代码修改为如下所示。

```
  <td><%=rstUser("UserName")%></td>
  <td><%=rstUser("RealName")%></td>
  <td><%=rstUser("UserEmail")%></td>
  <td><%=iif(rstUser("Sex"),"男","女")%></td>
  <td><%=rstUser("City")%></td>
  <td><%=GetPurview(rstUser("Purview"))%></td>
  <td><%=rstUser("LastLoginIP")%></td>
  <td><%=rstUser("LastLoginTime")%></td>
  <td><%=rstUser("LastLoutTime")%></td>
  <td><%=rstUser("LoginTimes")%></td>
  <td>
    <table width="100%" border="0">
      <tr>
```

```
            <td><a href="users_edit.asp?Opt=1&UserID=<%=rstUser("UserID")%>">修改</td>
            <td><a href="#" onclick="opt_manage('是否删除?', <%=rstUser("UserID")%>)">删除
            </a></td>
          </tr>
        </table>
      </td>
    </tr>
    <%
      rstUser.MoveNext
     loop
     Set rstUser=Nothing
     Set cmdQuery=Nothing
     Set cnnMyedu123=Nothing
    %>
```

⑫ 将分页工具栏代码修改为如下所示。

```
<%
 Dim strUrl '定义跳转 URL 头
 strUrl="users_list.asp?"
%>
共 <b><%=nTotalRec%></b> 条信息
  <a href="<%=strUrl%>Page=1">首页</a>
 <a href="<%=strUrl%>Page=<%=nPageCount-iif(nPageCount>1,1,0)%>">上一页</a>
 <a href="<%=strUrl%>Page=<%=iif(nPageCount>=nTotalPages,nPageCount,nPageCount+1)
%>">下一页</a>
 <a href="<%=strUrl%>Page=<%=nTotalPages%>">尾页</a>
 页次：<strong><font color=red><%=nPageCount%></font>/<%=nTotalPages%></strong>页
 <b><%=nPageSize%></b>条信息/页
 转到：
<select onchange=javascript:location.href=this.options[this.selectedIndex].value; size="1" name="page">
<%
 for i=1 to nTotalPages
    response.write "<option value='"&strUrl&"Page="&i&"'"&iif(i=nPageCount," selected","")&">
    第"&i&"页</option>"
next
 %>
</select>
```

⑬ 保存并上传文件。

⑭ 在浏览器中打开网站首页，登录后将浏览器地址栏中的地址改为"……manager/users_list.asp"，打开用户信息列表页面，对除"删除"之外的所有功能进行调试。

做一做

① 写出完整的"网站调查信息列表"程序，文件命名为"vote_list.asp"，保存到"manager"文件夹中，并上机调试。静态页面"vote_list.htm"在资源包"manager"文件夹中。

② 写出完整的"友情链接信息列表"程序，文件命名为"link_list.asp"，保存到"manager"

文件夹中，并上机调试。静态页面“link_list.htm”在资源包“manager”文件夹中。

③ 参照“信息处理程序”编写“用户信息处理程序”，文件命名为“users_manage.asp”，保存到“manager”文件夹中，并上机调试。

提示： 从程序中调用 URL（users_manage.asp?UserID=n）可以看出，该程序比较简单，上级页面传递的参数只有一个 UserID，功能也很简单，只进行删除指定“UserID”的用户信息。

任务 7　权限管理的实现

任务描述

为了网站信息的安全，后台程序通常采用权限控制技术，阻止无权用户的访问。本系统的用户分为游客、未激活会员、普通会员、VIP 会员、普通管理员、高级管理员、系统管理员，说明如下。

- 游客、未激活用户（Session("nPurview")=0）：禁止进入后台程序。
- 未激活会员、普通会员和 VIP 会员（Session("nPurview")<81）：只能修改自己的用户信息。
- 普通管理员（Session("nPurview")=81）：可以查看列表信息、添加和修改信息，不能做审核、删除操作，用户信息只能修改和添加低于自己级别的用户。
- 高级管理员（Session("nPurview")=82）：除了不能修改和添加高于自己级别的用户信息之外，没有其他限制。
- 系统管理员（Session("nPurview")=83）：没有任何限制。

本任务完成对各程序的权限控制。

操作步骤

1．基本权限控制

由于管理员均可进入后台程序，而非管理员只能修改自己的用户信息，也就是说，除用户信息编辑程序之外，其他程序只要判断 Session("nPurview")<81 即为无权操作，跳转到“manager_main.asp”页面。用一个自定义函数可实现后台程序的基本权限控制功能，程序实现如下。

① 打开“inc”中的“i_myedu123_function.asp”文件，并选择“代码”视图模式。

② 添加文件头注释“REM Modify By:　Greenbud.Chen　2008-04-15　检查是否为后台管理员自定义函数”。

③ 在文件尾部输入如下代码。

```
REM ############################################################################ REM
REM 函数名称：IsManager
REM 函数功能：检查是否为后台管理员，如果是返回 True，否跳转 manager_main.asp
REM 函数格式：IsManager()
```

```
REM ###########################################################################
Function IsManager()
'禁止权限小于 81 的用户进入
If Session("nPurview")<81 Then
   Response.Write "<Script language='JavaScript'>window.alert('对不起，您无权操作!');
   this.location='manager_main.asp';</Script>"
   Response.End()
   IsManager=False
Else
   IsManager=True
End If
End Function
```

④ 保存并上传文件。

⑤ 分别打开用户列表、图文信息编辑、信息列表等程序。

⑥ 添加各自的文件头注释，在“REM Description:”前面输入“REM Modify By: Greenbud.Chen　2008-04-15　新增基本权限控制”。

⑦ 在各自的变量定义前输入代码“IsManager() '基本权限检查”。

⑧ 分别保存并上传到服务器，进行测试。

2．高级权限控制

高级权限控制主要有两个部分：信息编辑程序部分的审核控制和信息处理程序的各项设置控制。其中：

- 信息编辑程序的审核权，对于无权审核的管理员修改已经审核的信息后，该信息只能置为未审核后才能保存，即只要在更新数据库的时候判断 Session("nPurview")<82 即为无权操作，页面回滚到上一页即可。
- 信息处理程序只有高级管理员及以上级别才能操作，只要判断 Session("nPurview")<82 即为无权操作，页面回滚到上一页即可。

与基本权限控制程序同理，用自定义函数来实现后台程序的高级权限控制功能，程序实现如下。

① 打开“inc”中的“i_myedu123_function.asp”文件，并选择“代码”视图模式。

② 添加文件头注释“REM Modify By:　Greenbud.Chen　2008-04-15　检查是否为高级管理员及以上自定义函数”。

③ 在文件尾部输入以下代码。

```
REM ########################################################################### REM
REM 函数名称：IsHigh
REM 函数功能：检查是否为高级管理员及以上，如果是返回 True，否回滚
REM 函数格式：IsHigh()
REM ###########################################################################
Function IsHigh()
'禁止权限小于 82 的用户进入
If Session("nPurview")<82 Then
   Response.Write "<Script language='JavaScript'>window.alert('对不起，您无权操作!'); history.back
```

```
        (-1);</Script>"
        Response.End()
        IsHigh=False
    Else
        IsHigh=True
    End If
    End Function
```

④ 保存并上传文件。

⑤ 分别打开图文信息编辑、信息处理程序等程序。

⑥ 添加各自的文件头注释，在“REM Description:”前面输入“REM Modify By: Greenbud.Chen 2008-04-15 新增高级权限控制”。

⑦ 在信息编辑程序的信息更新前输入以下代码。

```
If bPassed Then '如果审核为真，则检查权限
  IsHigh()
End If
```

⑧ 在信息处理程序的变量定义前输入代码：“IsManager() '高级权限检查”。

⑨ 分别保存并上传到服务器，进行测试。

3．用户编辑程序的权限控制

在“任务 4 用户信息编辑”中已经加入了一部分权限控制代码，完成了对非管理员的功能限制，但未对管理员进行控制。

对于管理员的权限分配是：普通管理员、高级管理员只能修改自己和新建比自己权限低的用户信息；系统管理员不做任何限制。所以，只要对非系统管理员的管理进行控制即可。

在更新信息和修改读取信息时，将操作人员的权限与被操作用户信息的权限进行比较，判定操作人员是否有权操作，即可实现权限的控制，程序实现如下。

① 打开“users_edit.asp”文件，并选择“代码”视图模式。

② 添加文件头注释，在“REM Description:”前面输入“REM Modify By: Greenbud. Chen 2008-04-15 新增高级权限控制”。

③ 在代码注释“'新建或修改用户信息”前输入以下代码。

```
'新建及修改他人信息时的权限检查
If nOpt<2 and Session("nPurview")<83 Then '当非系统管理员修改或添加他人信息时
  If nPurview>=Session("nPurview") Then '设定权限大于或等于操作人员权限时
    Response.Write "<Script language='JavaScript'>window.alert('对不起，您无权操作!'); history.back(-1);
    </Script>"
    Response.End()
  End If
End If
```

④ 在代码注释“'如果编辑信息，则读取表信息至表单中”的程序段最后，输入以下代码。

```
'修改读取他人信息时的权限检查
If nOpt<2 and Session("nPurview")<83 Then '当非系统管理员修改或添加他人信息时
  If nPurview>=Session("nPurview") Then '设定权限大于或等于操作人员权限时
    Response.Write "<Script language='JavaScript'>window.alert('对不起，您无权操作!');history.back
    (-1);</Script>"
    Response.End()
  End If
End If
```

⑤ 保存并上传到服务器。

4．禁止进入后台的权限控制

游客、非激活用户禁止进入后台程序，只要在“manager_top.asp”文件的“<head>”前加入以下代码即可。

```
<%
If Session("nPurview")<1 Then
  Response.Write "<Script language='JavaScript'>parent.location='../';</Script>"
  Response.End()
End If
%>
```

5．前台权限控制

前台的权限控制主要应用在用户访问图文信息页面（art_info.asp）和资源下载程序（download.asp）中，权限控制规则如下。

➢ LevelID=0：对所有用户开放，即不做任何限制。

➢ LevelID=1：会员 Session("nPurview")=1 以上，权限检查 Session("nPurview")< LevelID。

➢ LevelID=2：VIP 会员 Session("nPurview")=2 以上，权限检查 Session("nPurview")< LevelID。

➢ LevelID=81：内部管理员 Session("nPurview")>80 以上，权限检查 Session("nPurview")< LevelID。

（1）图文信息页面（art_info.asp）权限控制程序实现如下。

① 打开“art_info.asp”文件，并选择“代码”视图模式。

② 添加文件头注释，在“REM Description:”前面输入“REM Modify By: Greenbud.Chen 2008-04-15　新增权限控制”。

③ 找到“Dim cnnMyedu123,cmdQuery,rstGls”代码，在其后追加“,nLevelID”。

④ 找到“cmdQuery.CommandText = "select CatID,Title from Gls where ID="&nArtID”代码，将其修改为“cmdQuery.CommandText = "select CatID,Title ,LevelID from Gls where ID="&nArtID”。

⑤ 找到“strTitle=rstGls("Title") '得到标题”代码，在其后输入“nLevelID=rstGls ("LevelID")”。

⑥ 找到“cmdQuery.CommandText = "update Gls set Hits=Hits+1 where ID="&nArtID '文章点击数+1”代码，在该代码前输入以下内容。

```
If nLevelID>0 and Session("nPurview")<LevelID Then '阅读权限控制
    Response.Write "<Script language='JavaScript'>window.alert('对不起，您无权操作!'); history.back(-1);
    </Script>"
Response.End()
End If
```

⑦ 保存并上传文件。

（2）资源下载程序（download.asp）权限控制程序的实现。

① 打开“download.asp”文件，并选择“代码”视图模式。

② 添加文件头注释，在“REM Description:”前面输入“REM Modify By: Greenbud.Chen 2008-04-15　新增权限控制”。

③ 找到“Dim cnnMyedu123,cmdQuery,rstInfo,strDownUrl”代码，在其后输入“,nLevelID”。

④ 找到“cmdQuery.CommandText = "select Url"&nUrl&" as DownUrl from ViewRes where ID="&nResID”代码，将其修改为“cmdQuery.CommandText = "select Url"&nUrl&" as DownUrl,LevelID from ViewRes where ID="&nResID”。

⑤ 找到“strDownUrl=rstInfo("DownUrl")”代码，在其后输入“nLevelID=rstInfo("LevelID")”。

⑥ 在注释“'更新下载次数信息”前输入以下内容。

```
If nLevelID>0 and Session("nPurview")<LevelID Then '阅读权限控制
    Response.Write "<Script language='JavaScript'>window.alert('对不起，您无权操作!');history.back(-1);
    </Script>"
    Response.End()
End If
```

⑦ 保存并上传文件。

做一做

1）写出完整的“评论信息列表”程序（comment_list.asp）和“评论信息处理”程序（comment_manage.asp），保存到“manager”文件夹中，并上机调试。静态页面“comment_list.htm”在资源包“manager”文件夹中。

2）写出完整的“网站调查信息处理”程序，文件名为“vote_manage.asp”，保存到“manager”文件夹中，并上机调试。

本章小结

知识与技能	学习情况		
	掌握（理解）	基本掌握（理解）	未掌握（理解）
FCKEditor 在线编辑器在 ASP 中的应用			
化境 ASP 无组件上传类的应用			
获取表单数据、校验及错误提示的方法			
用 Session 变量传递参数的方法			
信息编辑（添加与修改）程序的设计方法			

续表

知识与技能	学 习 情 况		
	掌握（理解）	基本掌握（理解）	未掌握（理解）
信息处理程序的设计方法			
备注字段的更新方法			
同一页面同一参数不同时期分别从表单和 URL 获取的方法			
ASP 和 JavaScript 之间分别调用的技巧			
同一页面实现筛选条件设置和分页列表的方法			
权限管理及控制的实现			

综合实训篇

项目 1　基本信息型企业网站

学习目标

- 学会用 Dreamweaver 合作开发 ASP 网站项目
- 学会利用绿蕾工作组 ASP 动态网站核心代码开发网站
- 掌握动态网站的基本结构
- 掌握基本信息型企业网站的基本结构
- 掌握 ASP 程序调试的基本技能
- 熟悉绿蕾教育网前、后台工作流程
- 熟练掌握网站文件夹的组织、文件夹和文件名命名规范
- 熟练掌握 Dreamweaver 站点管理技能
- 熟练掌握网页文件头注释规范

内容摘要

- 介绍网站开发流程
- 介绍项目背景、项目素材和项目整体要求
- 引导归纳绿蕾教育网前台程序的核心代码
- 介绍项目开发分组条件及方法
- 详细罗列基本信息型企业网站动态化所涉及的任务
- 详细介绍基本信息型企业网站动态化开发步骤

任务 1　项目准备

网站项目开发流程

绿蕾蕾工作组网站开发流程，如图 P1-1 所示。

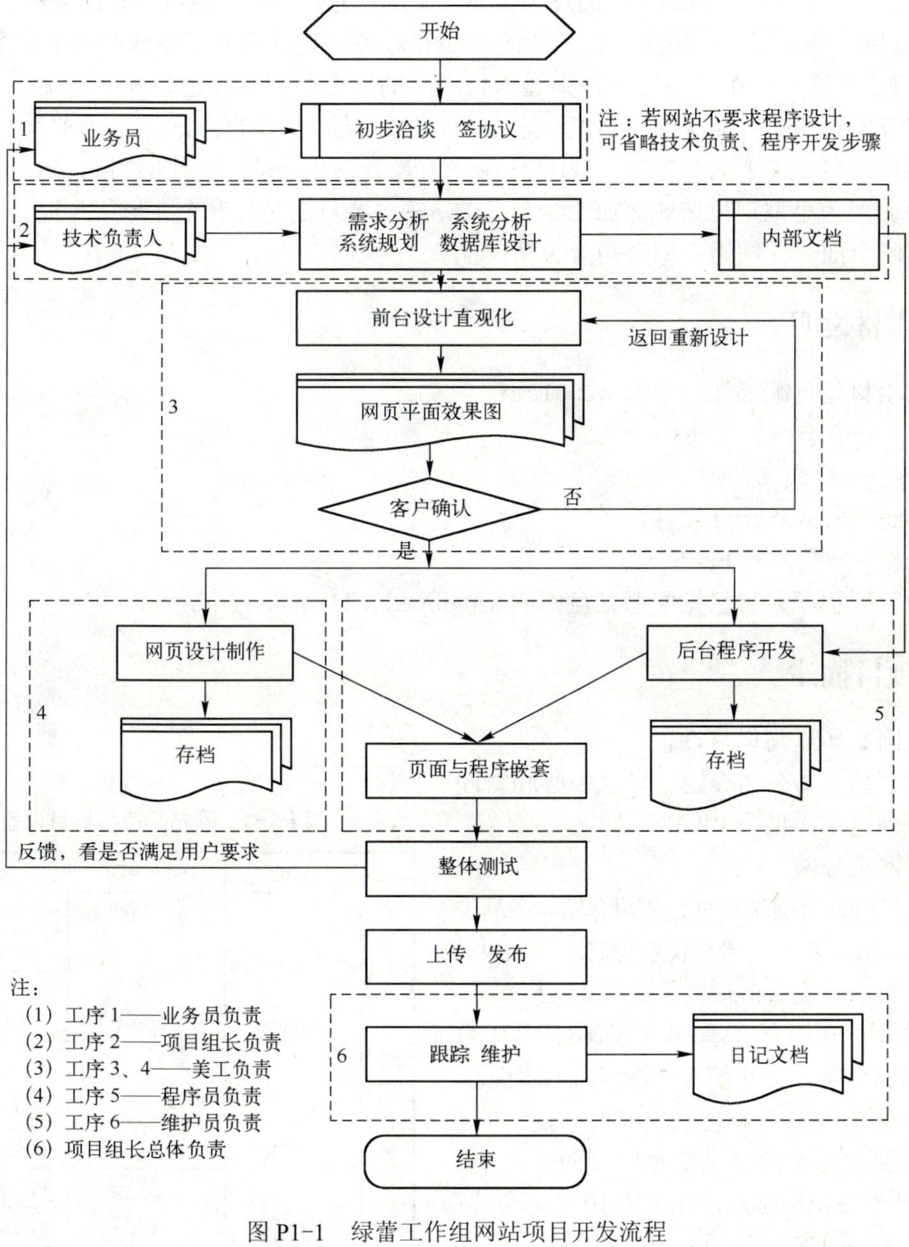

图 P1-1　绿蕾工作组网站项目开发流程

项目背景

基本信息型企业网站也称为宣传型企业网站，该类网站主要面向客户、业界人士或者普通浏览者，以介绍企业的基本资料、帮助树立企业形象为主。这类网站通常也被形象地比喻为企业的“网上宣传册——Web Catalog”，目前绝大多数企业网站都属于这一类型。网站设计的主要目标如下。

① 宣传企业：网站内适当提供企业和行业内的新闻、产品信息、知识信息、常见问题和简易的留言板等。在这类网站上，图片仅作为文字的补充，当然，也可以有视频和 Flash 等。

② 宣传产品和服务：用来宣传企业的产品和服务，提升企业产品或服务的知名度。

③ 树立品牌：一个只通过分销渠道销售产品的制造公司可以建设一个网站，用来提供产品的官方信息和提升品牌的知名度。它是公司线下品牌建设的补充。

本项目选自绿蕾工作组 2009 年为浙江奉化市豪升钢化玻璃厂制作的网站（www.fhhsglass.com），该公司为小型钢化玻璃深加工企业，建站的主要目的是提升企业形象和提高网络沟通能力，同时全面、详细地介绍公司及公司产品。

素材说明

网站素材包见配书光盘中的 web01.rar。其中：

html——静态网页文件；

styles——样式文件；

scripts——JavaScript 文件；

images——图片及 Flash 等文件。

后台管理程序素材包见配书光盘中的 asp_myedu123_manager.rar。

项目描述

（1）网站频道与栏目设置

该网站共分为公司介绍、产品中心和新闻动态 3 个频道，详见表 P1-1。

表 P1-1　网站频道与栏目设置

	频道	频道类别	二级栏目
豪升钢化玻璃网	公司介绍	图片	关于我们
			企业文化
			发展历程
			企业荣誉
			设备展示
			联系我们
			人才招聘
	产品中心	图片	超白玻璃系列
			物理钢化玻璃
			化学钢化玻璃
	新闻动态	文字	行业新闻
			公司新闻

（2）网页导航

网页导航分为网站首页、公司介绍、产品中心、新闻动态、人才招聘、联系我们，共 6 块。

（3）网站首页（index）（见图 P1-2）

- 显示公司简介信息，并在 More 图片中可链接到显示公司简介详细信息的页面。
- 显示最新新闻标题和发布时间，并可链接到显示新闻详细信息的页面。
- 显示最新设备及产品（各 10 条），并以滚动的方式展示设备及产品图片，可链接到显示设备或产品的详细信息页面。
- 页脚显示友情链接、人才招聘和后台管

理，可链接到相应的页面。

（4）公司介绍、产品中心（二级列表页，图片信息列表，ilist）（见图 P1-3）

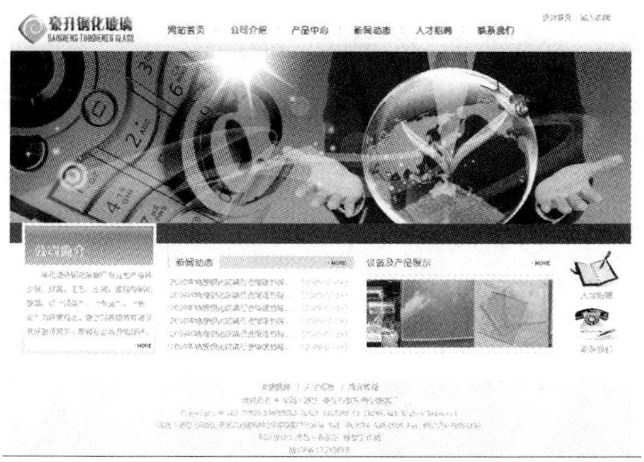

图 P1-2　网站首页

图 P1-3　二级列表页（图片信息列表）

- 左侧显示该频道下的所有栏目，并可链接到相应栏目的列表信息。
- 显示当前位置，从首页开始到当前栏目为止，分别可链接到首页或对应的栏目列表页。
- 按最新、最前的规则逐条显示当前栏目分类下的信息缩图和标题，并可链接到显示详细信息的页面。每页 8 条信息，分两行显示，每行 4 条。
- 显示分页栏，分别为第一页、上一页、下一页和最后一页，并可链接到相应的列表页面。

（5）新闻动态（二级列表页，文字信息列表，list）（见图 P1-4）

- 按最新、最前的规则逐条显示当前栏目分类下的信息标题和时间（格式为：年-月-日），并可链接到显示详细信息的页面，每页 10 条信息。
- 其他要求同“图片信息列表页”。

图 P1-4　二级列表页（文字信息列表）

图 P1-5　三级页面（图文信息显示）

（6）图文信息显示（三级页面，info）（见图 P1-5）

- 显示信息标题、来源、作者、发表时间、浏览次数、详细信息、上一篇和下一篇，其中，上一篇和下一篇显示信息标题，并可链接到对应的详细信息显示页面。

➢ 其他要求同“信息列表页”。

（7）数据库

数据库结构与 MyEdu123 相同，见资源包 asp_myedu123_manager.rar。

（8）后台程序

后台程序使用 MyEdu123，见资源包 asp_myedu123_manager.rar。

（9）开发环境

开发工具：Adobe Dreamweaver CS3；数据库：Access 2003；服务器：IIS（含 ASP 组件）。

课堂练习

在 list、ilist、info 三个页面中：

① 找出每个页面的动态信息块。

② 写出各动态信息块用到的字段。

③ 写出各动态信息块用别的循环语句（For…Next、Do Whlie）。

④ 写出各动态信息块用到的函数。

将信息填入下表中。

页　面	动态信息块名称	涉 及 字 段	循 环 语 句	涉 及 函 数
index	新闻动态	ID、Title、UpdateTime	For…Next	Left、FormatDateTime
index	设备及产品	ID、Title、PicUrl	Do Whlie	Left

任务 2　项目分析

数据库表

① 该网站数据库沿用 MyEdu123.mdb。

② 清除 MyEdu123.mdb 中的 Users、Catalog、CatalogType、Gls、Res、Comment、Vote、AD 表信息。

③ 添加频道类型和栏目信息至表 CatalogType 和 Catalog，频道类型和栏目信息详见表 P1-2，CatalogType 和 Catalog 见表 P1-3 和表 P1-4。

表 P1-2　网站频道类型与栏目设置

	频　道	频道类别	二级栏目	栏目编号(CatID)
豪升钢化玻璃网	公司介绍	图片	关于我们	0101
			企业文化	0102
			发展历程	0103
			企业荣誉	0104
			设备展示	0105
			联系我们	0106
			人才招聘	0107
	产品中心	图片	超白玻璃系列	0201
			物理钢化玻璃	0202
			化学钢化玻璃	0203
	新闻动态	文字	行业新闻	0301
			公司新闻	0302

表 P1-3　CatalogType

CatID	CatType

表 P1-4　Catalog

CatID	CatName	CatID	CatName

④ 添加系统管理员“webmaster”用户至表 Users，见表 P1-5。

表 P1-5　Users

UserName	Password	RealName	Purview

写出数据库连接字符串：____

包含文件

① 写出数据库连接字符串文件“i_myedu123_connectionstring.asp”的源代码：

② 确立页头文件“i_fhhs_head.asp”范围并在下面的空白处画出草图：

③ 确立页尾文件“i_fhhs_bottom.asp”范围并在下面的空白处画出草图：

④ 自定义函数库文件“i_fhhs_ function.asp”和验证码相关文件，直接使用 MyEdu123 中的相关文件。

动态化功能块

1. 首页（index）

① 新闻动态使用到的循环语句是：________
② 新闻动态使用到的函数有：________
③ 新闻动态信息筛选条件为：________
④ 新闻动态信息完整的 Select 命令是：________
⑤ 设备展示使用到的循环语句是：________
⑥ 设备展示筛选条件为：________
⑦ 设备展示信息完整的 Select 命令是：________
⑧ 产品展示使用到的循环语句是：________

⑨ 产品展示筛选条件为：________________________________

⑩ 产品展示信息完整的 Select 命令是：________________________________

⑪ 在下面的空白处画出 For…Next 流程图：

⑫ 在下面的空白处画出 Do While 流程图：

⑬ 用表格描述法写出访问数据库的操作流程：

步　骤	语　句
开始（定义变量）	
创建连接对象	

续表

步　　骤	语　　句
打开连接对象	
创建命令对象	
指定连接	
设定命令类型	
执行查询	
下移记录指针	
关闭记录集	
关闭命令对象	
关闭连接对象	

2．内容页（info）

① 内容页读取 URL 的参数有：________________

② 在下面的空白处写出 MyEdu123 内容页中获取 URL 参数并检验参数合法与否的 ASP 源代码：

③ 栏目列表信息筛选条件为：________________

④ 在下面的空白处写出 MyEdu123 中的栏目列表 ASP 源代码：

⑤ 当前位置信息筛选条件为：________________

⑥ 在下面的空白处写出 MyEdu123 中的当前位置 ASP 源代码：

⑦ 在下面的空白处写出 MyEdu123 内容页中获取上一篇文章信息的 ASP 源代码：

⑧ 在下面的空白处写出 MyEdu123 内容页中获取下一篇文章信息的 ASP 源代码：

3．列表页（list/ilist）

① MyEdu123 中分页变量名是：________________

② 分别写出 list 和 ilist 页面中的分页变量值：________________

③ ASP 读取 URL 参数的命令是：________________

④ MyEdu123 列表页读取 URL 的参数有：________________

⑤ 在下面的空白处写出 MyEdu123 列表页中获取 URL 参数并检验参数合法与否的 ASP 源代码：

⑥ 在下面的空白处写出 MyEdu123 列表页中获取 CatName 和 CatType，确定查询视图名和信息显示网页 ASP 文件名的 ASP 源代码：

⑦ 在下面的空白处写出 MyEdu123 列表页中获取符合条件的记录总数的 ASP 源代码：

⑧ 第一页列表信息 SQL 语句：______

⑨ 其他页列表信息 SQL 语句：______

______

⑩ 在下面的空白处写出 MyEdu123 中的列表信息筛选及显示的 ASP 源代码：

⑪ MyEdu123 分页代码中第一页的链接代码，href="______"

⑫ MyEdu123 分页代码中上一页的链接代码，href="______"

⑬ MyEdu123 分页代码中下一页的链接代码，href="______"

⑭ MyEdu123 分页代码中最后一页的链接代码，href="______"

后台程序改造

1．登录页面改造

MyEdu123 的后台管理登录与前台用户登录融为一体，而本项目前台没有用户登录功能，所以需要增加一个后台用户登录页面。

2．修改包含文件名

后台程序中所涉及的包含文件有：数据库连接字符串文件和自定义函数库文件两个文件。写出需要修改包含文件的后台文件：______

______

______

______

任务 3　项目实施

项目分组

项目实施前老师要对学生按项目进行分组，要求每组不超过 3 人（当每组为 3 人时，组长一般不参与代码编写工作），其中组长要求具有一定的组织能力，技术基础较好，尤其是乐于助人。

本组组号：________________

组长学号和姓名：____

组员学号和姓名：____

项目计划

项目计划包括实施步骤、时间和任务，详见表 P1-6。

表 P1-6　项目任务分配表

课 堂 内 容	课　时	人　员	任　务	任 务 描 述

项目进度

任　务	计　划			实　际			总　结
	开始时间	结束时间	工期（小时）	开始时间	结束时间	工期（小时）	
建立数据库，录入相关信息							
建立站点	全体						
修改网站起始页							
建立数据库连接字符串文件							
建立页头文件							
建立页尾文件							
建立 index.asp 文件							
index 最新新闻	同上						
index 设备及产品	同上						
index 测试联调							
建立 info.asp 文件							
info 参数处理	同上						
info 栏目列表	同上						
info 当前位置	同上						
info 信息内容显示	同上						
info 上一篇	同上						
info 下一篇	同上						
info 测试联调							
建立 list.asp 文件							
list 参数处理	同上						
list 栏目列表	同上						
list 当前位置	同上						
list 信息列表/分页	同上						

续表

任务	计划			实际			总结
	开始时间	结束时间	工期（小时）	开始时间	结束时间	工期（小时）	
list 测试联调							
建立 ilist.asp 文件							
ilist 参数处理	同上						
ilist 栏目列表	同上						
ilist 当前位置	同上						
ilist 信息列表/分页	同上						
ilist 测试联调							
修改后台包含文件名							
后台登录程序							
整站测试联调							

阶段实施

1. 建立数据库，录入相关信息

① 录入频道和栏目信息，涉及“Catalog”和“CatalogType”两个数据表。
② 录入系统管理员信息，涉及“Users”数据表。
③ 导入配书光盘 web01.rar 文件中的“Gls.xls”数据到“Gls”表中。

2. 建立站点

提示：小组合作项目，在站点中应该选中“启用存回和取出”功能。

推荐步骤（上机环境：绿蕾工作组–学校机房环境配置推荐方案）

① 启动 Adobe Dreamweaver CS3 程序。
② 单击“站点”菜单中的“新建站点”命令，具体操作步骤如下。

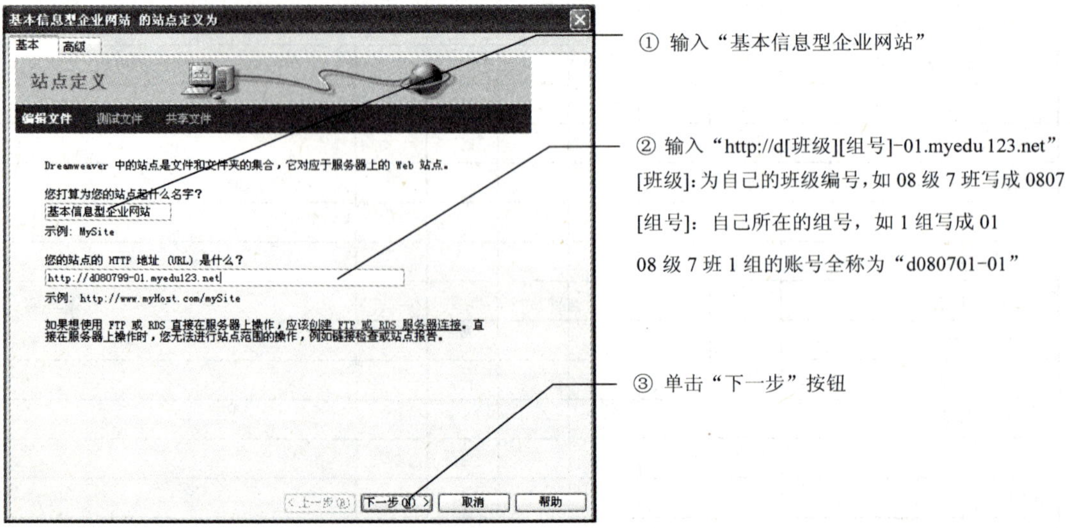

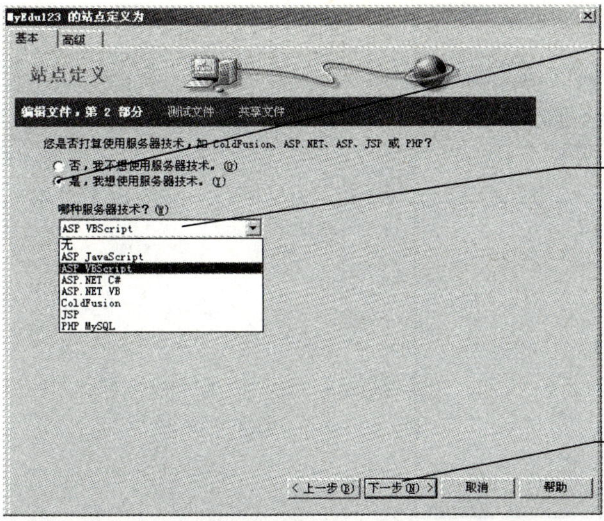

① 单击“是，我想使用服务器技术。(Y)”

② 选中“ASP VBScript”选项

③ 单击“下一步”按钮

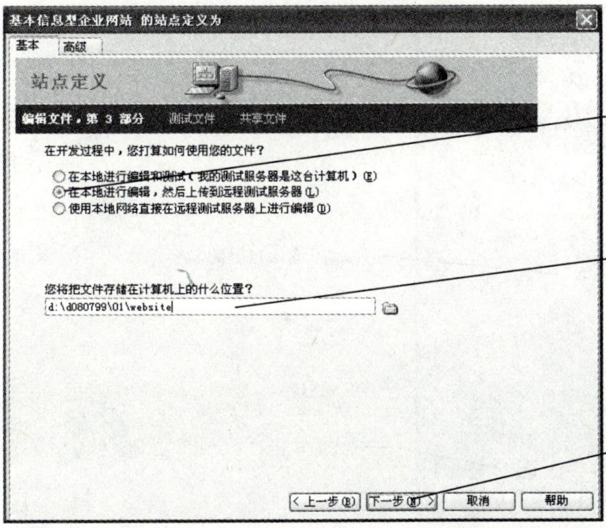

① 选中“在本地进行编辑，然后上传到远程测试服务器”选项

② 输入“d:\d[班级][组号]\01\website”

③ 单击“下一步”按钮

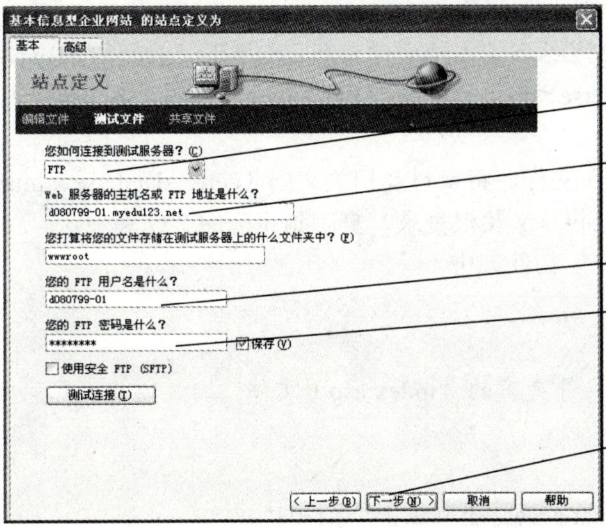

① 选中“FTP”选项

② 输入“d[班级][组号]-01.myedu123.net”

① 输入自己的 FTP 账号

② 输入自己的 FTP 密码，并选中“保存”选项

③ 单击“下一步”按钮

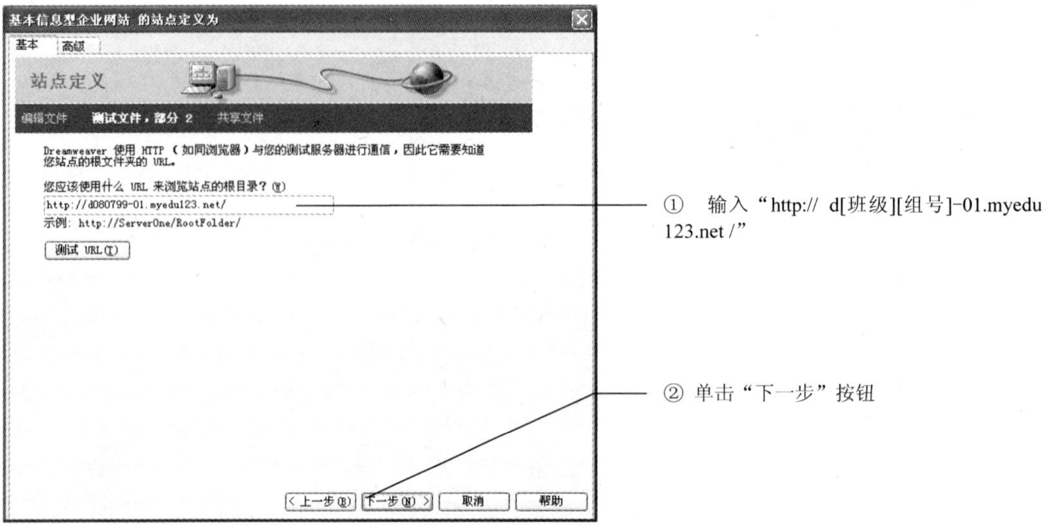

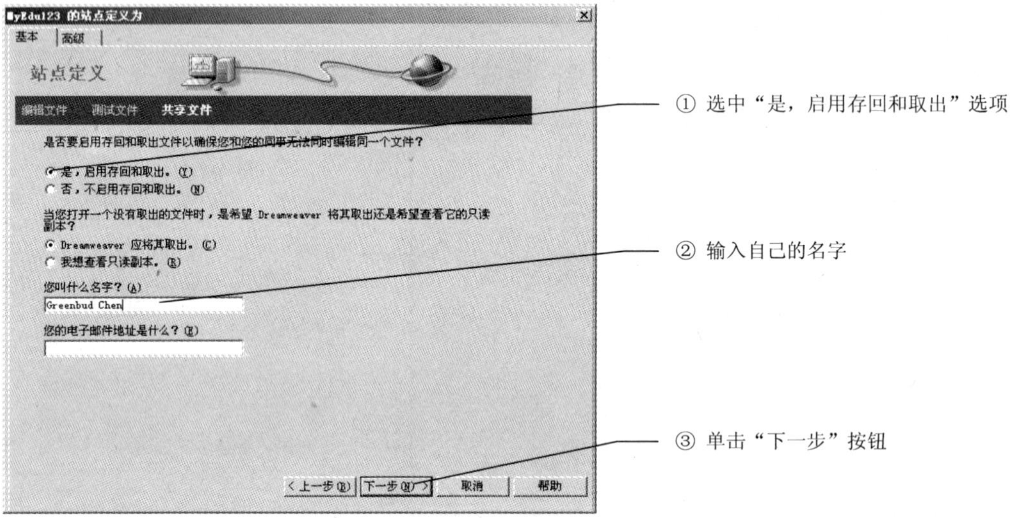

③ 操作完成后，单击“完成”按钮。

④ 在新建的“基本信息型企业网站”站点的本地文件夹（即 d:\d[班级][组号]\01\website）中新建如下文件夹：cert、codes、database、images、inc、manager、scripts、sounds、styles、upload、upclass。

⑤ 打开配书光盘中的“web01.rar”文件，将素材及相关文档（cert、database、images、inc、scripts、sounds、styles、upload、upclass 及根目录）复制到相应的文件夹中。

⑥ 将数据库文件复制到“database”文件夹中。

3．修改网站起始页

提示：将自动跳转指向“codes”文件夹下的“index.asp”文件。

4．建立数据库连接字符串文件

提示：数据库路径为“d:\internet.dat\access\d[班级][组号]-01”。

推荐步骤

① 用 Dreamweaver 新建文件“ASP VBscript”空白页。注意在单击“创建”按钮前确保“首选参数”中“新建文档”的“默认编码”为“简体中文（GB2312)”，操作方法如下。

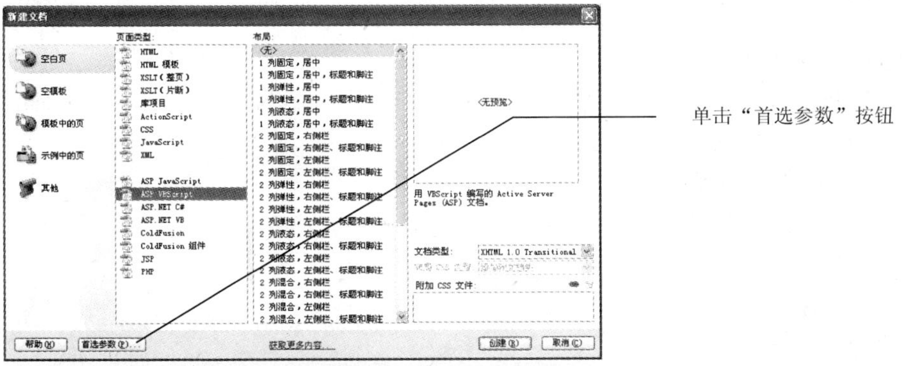

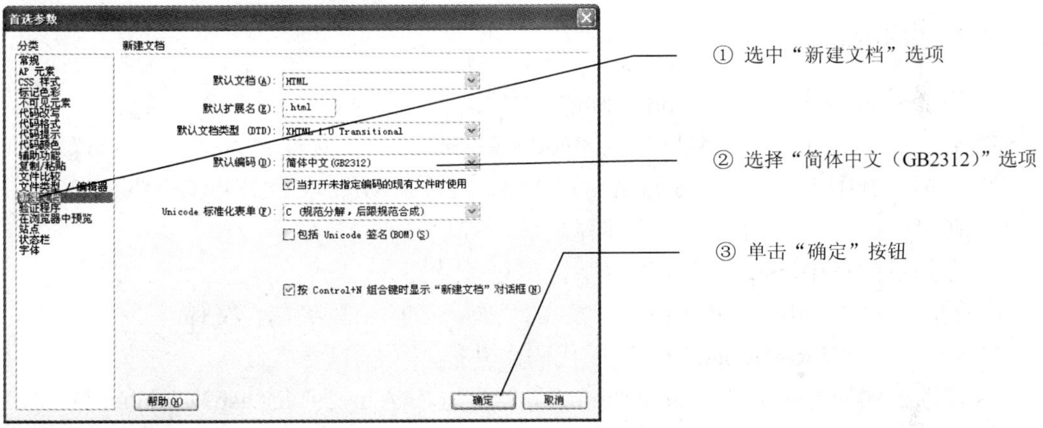

② 删除所有信息。

③ 输入文件头注释。

④ 输入相关代码。

⑤ 保存到网站的“inc”文件夹中，文件名为“i_fhhs_connectionstring.asp”。

⑥ 上传该文件到服务器。

5. 建立页头文件

提示：注意频道及栏目的链接，其中，“公司简介”、“产品中心”链接到 ilist.asp;“新闻动态”链接到 list.asp。

推荐步骤

① 用 Dreamweaver 打开“index.htm”文件。

② 将“index.htm”另存到网站的“inc”文件夹中，文件名为“i_fhhs_head.asp”。

③ 删除“<DIV id="header_top">”块以外部分代码。

④ 在文件上部输入文件头注释。

⑤ 修改导航栏链接。

⑥ 保存并上传文件。

6. 建立页尾文件

提示：注意修改“人才招聘”的链接。

推荐步骤

① 用 Dreamweaver 打开“index.htm”文件。

② 将“index.htm”另存到网站的“inc”文件夹中，文件名为“i_fhhs_bottom.asp”。

③ 删除“<DIV id="footer">”块以外部分代码。

④ 在文件上部输入文件头注释。

⑤ 修改“人才招聘”链接。

⑥ 保存并上传文件。

7. 建立 index.asp 文件

推荐步骤

① 用 Dreamweaver 打开“index.htm”文件。

② 将“index.htm”另存到网站的“codes”文件夹中，文件名为“index.asp”。

③ 在第一行中，输入“<%@LANGUAGE="VBSCRIPT" CODEPAGE="936"%>”。

④ 在“<head>”前输入文件头注释。

⑤ 在随后的行中输入数据库连接字符串包含文件。

⑥ 删除“<DIV id="header_top">”块的代码，并插入页头包含文件。

⑦ 删除“<DIV id="footer">”块的代码，并插入页脚包含文件。

⑧ 修改公司简介中的“<a href="info.htm">”为“<A href=" list.asp? ChannelID=0101">”。

⑨ 保存并关闭文件。

8. index 最新新闻

提示：修改“More”链接到“list.asp? ChannelID=03”；参考学习篇第 2 章任务 3“专业设置信息的读取与显示”，其中筛选的信息数和循环次数均为 6。

推荐步骤

① 用 Dreamweaver 打开“index.asp”文件。

② 修改“<A href="list.htm">”为“<A href=" list.asp? ChannelID=03">”。

③ 删除下列代码：

```
<LI><SPAN id="news_ltitle"><SPAN class="dot">• </SPAN><A title="2006年物理钢化玻璃行业增速仍将保持"
<LI><SPAN id="news_ltitle"><SPAN class="dot">• </SPAN><A title="2006年物理钢化玻璃行业增速仍将保持"
<LI><SPAN id="news_ltitle"><SPAN class="dot">• </SPAN><A title="2006年物理钢化玻璃行业增速仍将保持"
<LI><SPAN id="news_ltitle"><SPAN class="dot">• </SPAN><A title="2006年物理钢化玻璃行业增速仍将保持"
<LI><SPAN id="news_ltitle"><SPAN class="dot">• </SPAN><A title="2006年物理钢化玻璃行业增速仍将保持"
<LI><SPAN id="news_ltitle"><SPAN class="dot">• </SPAN><A title="2006年物理钢化玻璃行业增速仍将保持"        …
[2009-07-14]</SPAN></LI>
[2009-07-14]</SPAN></LI>
[2009-07-14]</SPAN></LI>
[2009-07-14]</SPAN></LI>
[2009-07-14]</SPAN></LI>
[2009-07-14]</SPAN></LI>
```

④ 在该处输入连接数据库代码。

⑤ 在随后的行中输入筛选并显示最新新闻的 ASP 代码。

⑥ 保存并上传文件。

9. index 设备及产品

提示：修改“More”链接到“ilist.asp? ChannelID=02”；参考学习篇第 2 章任务 5 中的做一做“完成最新图片展示……”，其中设备和产品筛选的信息数均为 10。

推荐步骤

① 用 Dreamweaver 打开“index.asp”文件。

② 修改“<A href="products.htm">”为“<A href=" list.asp? ChannelID=02">”。

③ 删除下列代码：

```
<TD><A title="5" href="info.htm"><IMG alt="产品" src="../images/5.gif" width="120" height="110"> </A></TD>
<TD><A title="6" href="info.htm"><IMG alt="产品" src="../images/6.gif" width="120" height="110"> </A></TD>
<TD><A title="2" href="info.htm"><IMG alt="产品" src="../images/2.gif" width="120" height="110"> </A></TD>
<TD><A title="3" href="info.htm"><IMG alt="产品" src="../images/3.gif" width="120" height="110"> </A></TD>
<TD><A title="4" href="info.htm"><IMG alt="产品" src="../images/4.gif" width="120" height="110"> </A></TD>
```

④ 在该处输入筛选并显示最新设备的 ASP 代码。

⑤ 在随后的行中输入筛选并显示最新产品的 ASP 代码。

⑥ 保存并上传文件。

10. index 测试联调

提示：查看页面的完整性；“新闻动态”、“设备及产品展示”信息是否正常显示，各信息是否正确链接到对应的页面；三个“More”是否正确链接到相应的页面。

11. 建立 info.asp 文件

提示：参考“7. 建立 index.asp 文件”；修改“Title”为“<TITLE><%=strTitle%> -- 豪升钢化玻璃厂</TITLE>”。

12. info 参数处理

提示：参考学习篇第 3 章中的任务 1“新建 art_info.asp 文件”；变量名“rstGls”换成“rstInfo”。

13. info 栏目列表

提示：参考学习篇第 3 章中的任务 3“栏目列表信息的读取与显示”。

推荐步骤

① 用 Dreamweaver 打开“info.asp”文件。

② 在“<DIV id="container"> ”上方插入如下代码：

```
<%
cmdQuery.CommandText = "select * from ViewCatalog where left(CatID,2)='"&left(strCatID,2)&"' order by CatID"
Set rstInfo=cmdQuery.Execute
%>
```

③ 修改“产品中心”为“<%=rstInfo("CatName")%>”。

④ 删除下列代码：

```
<LI class="toplevel_li"><A href="ilist.htm">&gt; 超白玻璃系列</A></li>
<LI class="toplevel_li"><A href="ilist.htm">&gt; 物理钢化玻璃</A></li>
<LI class="toplevel_li"><A href="ilist.htm">&gt; 化学钢化玻璃</A></li>
```

⑤ 在该处输入下列代码：

```
<%
rstInfo.MoveNext
Do While not rstInfo.Eof
    if left(strCatID,2)="03" then
        response.write "<LI class='toplevel_li'><A href='list.asp?ChannelID="&rstInfo("CatID")&"'>&gt; "&rstInfo("CatName")&"</A></li>"
    else
        response.write "<LI class='toplevel_li'><A href='ilist.asp?ChannelID="&rstInfo("CatID")&"'>&gt; "&rstInfo("CatName")&"</A></li>"
    end if
    rstInfo.MoveNext
loop
Set rstInfo=Nothing
%>
```

⑥ 保存并上传文件。

14. info 当前位置

提示：参考学习篇第 3 章中的任务 2“位置导航信息读取与显示”；变量名“rstGls”换成“rstInfo”。

15. info 信息内容显示

提示：参考学习篇第 3 章中的任务 5“图文信息的读取与显示”；变量名“rstGls”换成“rstInfo”。字段显示位置如下：

```
<div class="p_n_title">[Title]</div>
<div class="p_n_num"> * 来源:[CopyFrom]    * 作者:[Author]    * 发表时间:[Updatetime]    * 浏览:[Hits]</div>
<div class="p_n_line"></div>
<div class="p_n_content">
    [Content]
</div>
```

16. info 上一篇、info 下一篇

提示：参考学习篇第 3 章中的任务 6“相关信息的读取与显示”；变量名“rstGls”换成“rstInfo”。

上一篇的 SQL 语句为：

```
cmdQuery.CommandText="select top 1 ID,Title from ViewGls where
CatID='"&strCatID&"' and ID<"&nInfoID
```

下一篇的 SQL 语句为：

```
cmdQuery.CommandText="select top 1 ID,Title from ViewGls where
CatID='"&strCatID&"' and ID>"&nInfoID
```

17. info 测试联调

提示：在首页单击新闻或者产品链接，看是否能打开该内容页；查看页面的完整性；“栏目列表”、“当前位置”信息是否正常显示，各信息是否正确链接到对应的页面；“上一篇”、“下一篇”是否正确显示。

18．建立 list.asp 文件

提示：参考“7．建立 index.asp 文件”；在数据库连接字符串包含文件下一行输入“i_myedu123_function.asp”自定义函数包含文件；修改“Title”为“<TITLE><%=strCatName%> -- 豪升钢化玻璃厂</TITLE>”。

19．list 参数处理

提示：参考学习篇第 4 章中的任务 1 “新建类别列表信息文件”，其中每页信息条数 nPageSize 设置为 10。在得到记录总数后面增加如下代码：

```
If nTotalRec=1 Then '如果只有一条记录则直接跳转到三级页面显示详细信息
    cmdQuery.CommandText="select ID from "&strInfoView&" where left(CatID,?)=?"
    cmdQuery.Parameters.Refresh
    cmdQuery(0)=len(strCatID)
    cmdQuery(1)=strCatID
    Set rstInfo=cmdQuery.Execute
    Response.Redirect  strInfoFile&"?InfoID="&rstInfo("ID")
End If
```

20．list 栏目列表

提示：同“13．info 栏目列表”。

21．list 当前位置

提示：同“14．info 当前位置”。

22．list 信息列表/分页

推荐步骤

① 用 Dreamweaver 打开“list.asp”文件。

② 删除以下代码：

```
<li><a href="info.htm" target="_blank">list标题...</a><span class="rg">[年-月-日]</span></li>
<li><a href="info.htm" target="_blank">list标题...</a><span class="rg">[年-月-日]</span></li>
<li><a href="info.htm" target="_blank">list标题...</a><span class="rg">[年-月-日]</span></li>
<li><a href="info.htm" target="_blank">list标题...</a><span class="rg">[年-月-日]</span></li>
<li><a href="info.htm" target="_blank">list标题...</a><span class="rg">[年-月-日]</span></li>
<li><a href="info.htm" target="_blank">list标题...</a><span class="rg">[年-月-日]</span></li>
```

③ 在该处输入列表信息获取及显示代码。

④ 修改分页链接。

⑤ 保存并上传文件。

23．list 测试联调

提示：单击首页导航菜单中的“新闻中心”链接，看是否能打开该列表页；查看页面的完整性；“栏目列表”、“当前位置”信息是否正常显示，新闻列表信息是否正确链接到对应的页面；分页链接是否能正常使用。

24．ilist 参数处理

提示：同“19．list 参数处理”，其中每页信息条数 nPageSize 设置为 8。

25．ilist 栏目列表

提示：同“13．info 栏目列表”。

26．ilist 当前位置

提示：同“14．info 当前位置”。

27．ilist 信息列表/分页

提示：同“22．list 信息列表/分页”。

28．ilist 测试联调

提示：单击首页导航菜单中的“公司介绍”和“产品中心”链接，看是否能打开该列表页；查看页面的完整性；“栏目列表”、“当前位置”信息是否正常显示，图片列表信息是否正确链接到对应的页面；分页链接是否能正常使用。

29．后台登录程序

提示：后台登录程序文件名使用“default.htm”，参照 MyEdu123 页头包含文件中有关用户登录 HTML 代码即可，用户登录处理程序“user_login.asp”可直接使用 MyEdu123 中的“user_login.asp”程序。

推荐步骤

① 用 Dreamweaver 打开“default.htm”文件。

② 删除以下代码：

```
“<meta http-equiv="Refresh" content="2;URL=manager_index.htm" />”
```

③ 删除“<body>”和“</body>”之间的代码。

④ 打开“i_myedu123_head.asp”文件。

⑤ 复制“<form name="user_login" method="post" action="user_login.asp">”和“</form>”之间的代码到“default.htm”文件的“<body>”标签下方。

⑥ 修改“value="index.asp"”为“<value="manager_index.htm"”。

⑦ 删除“<%=Request.Cookies("User")("Name")%>”代码。

⑧ 删除“注册”按钮代码。

⑨ 保存并上传文件。

⑩ 复制 MyEdu123 的“user_login.asp”文件到“manager”文件夹中。

⑪ 打开“user_login.asp”文件。

⑫ 修正两个包含文件的文件名。

⑬ 保存并上传文件。

30．整站测试联调

提示：浏览整站，仔细观察各页面；在后台管理系统中对每个频道及栏目新建或编辑至少一条信息，检查前台是否有相应的变化。

项目 2　机关事业单位网站

学习目标

- 学会用 Dreamweaver 合作开发 ASP 网站项目
- 学会 FLV 格式视频文件的调用
- 学会留言板的前、后台设计
- 学会修改绿蕾教育网后台 ASP 代码
- 掌握利用绿蕾工作组 ASP 动态网站核心代码开发网站的方法
- 掌握政府机关事业单位网站的基本结构
- 掌握 ASP 程序调试的基本技能
- 熟练掌握动态网站的基本结构
- 熟悉绿蕾教育网前、后台工作流程
- 熟练掌握网站文件夹的组织、文件夹和文件名命名规范
- 熟练掌握 Dreamweaver 站点管理技能
- 熟练掌握网页文件头注释规范

内容摘要

- 介绍项目背景、项目素材和项目整体要求
- 介绍 FLV 格式视频文件的调用方法
- 介绍简易留言板前、后台程序代码
- 引导归纳绿蕾教育网前台程序的核心代码
- 介绍绿蕾教育网部分数据表结构调整与核心代码扩展的方法
- 介绍项目开发分组条件及方法
- 详细罗列机关事业单位网站动态化所涉及的任务
- 详细介绍机关事业单位网站动态化开发步骤

任务 1 项目准备

项目背景

机关事业单位网站的目标是为了更好地为社会公众服务，网站的主要作用如下。

- 向公众介绍机关事业单位的机构职能等基本信息，公开相关政策法规和办事程序，提高办事效率和透明度，保障信息发布的权威性。
- 通过网站接受公众的反馈信息，开辟与社会各界交流的渠道，开辟便捷的为民服务窗口，有效地为经济发展服务。
- 把自身的信息资源发布在网站上，为当地企业参与竞争提供先进、及时的渠道，提高部门与部门之间、本单位与其他地区的政府机构、社会团体的密切联系，加强信息交流。

本项目选自绿蕾工作组 2009 年为石家庄市社会科学院制作的网站（old.sjzsk.com），该单位的主要职责如下。

- 制订全市在职干部理论教学计划，编写教学大纲及辅导教材。
- 负责全市在职干部和市及县（市）、区两级理论学习中心组的学习辅导；分期分批对全市理论骨干和在职干部进行理论培训。
- 对干部理论学习中的疑难问题进行解答、辅导并进行考核、成绩登记和管理。
- 承担上级或有关部门交付的其他干部培训任务。
- 有计划地开展邓小平理论的研究及马克思主义理论、社会主义市场经济理论的研究。
- 围绕市委、市政府的中心工作，进行城市经济、农村发展、政治文化、社会法律等问题的研究，做好理论信息服务，为领导机关决策提供依据。

素材说明

网站素材包见配书光盘中的 web02.rar。其中：

html——静态网页文件；

styles——样式文件；

scripts——JavaScript 文件；

images——图片及 Flash 等文件；

vcastr——FLV 视频播放组件。

后台管理程序素材包见配书光盘中的 asp_myedu123_manager.rar。

项目描述

（1）网站频道与栏目设置

该网站共分为院况介绍、新闻中心、科研园地、教学培训、内部刊物、理论之窗、课题研究和燕赵讲坛 8 个频道，详见表 P2-1。

表 P2-1　网站频道与栏目设置

	频　道	频道类别	二级栏目
石家庄社科网	院况介绍	图片、文字	院况简介
			机构设置
	新闻中心	图片、文字	社科动态
			公告通知
	科研园地	图片、文字	课题研究
			科研成果
	教学培训	图片、文字	精选专题
			师资简介
			教学花絮
			理论教育
	内部刊物	图片、文字	石家庄市社会科学院
			中心组学习参考
			形势理论政策报告选
	理论之窗	图片、视频、文字	节目预告
			在线视频
			理论讲稿
	课题研究	图片、文字	新立项课题
			已发表课题
			理论讲稿
	燕赵讲坛	图片、文字	节目预告
			精彩回放

（2）网页导航

网页导航分为网站首页、院况介绍、新闻中心、科研园地、教学培训、内部刊物、理论之窗、课题研究、燕赵讲坛、请您留言和网站地图共 11 块。

（3）网站首页（index）（见图 P2-1）

- ➢ 显示新闻中心下的最新社科动态图片信息（共 5 条），并可链接到显示该图片信息的详细信息页面。
- ➢ 显示新闻中心下的最新社科动态标题和发布时间（共 8 条），并可链接到显示该信息的详细信息页面。
- ➢ 滚动显示新闻中心下的最新公告通知标题（最多 10 条），并可链接到显示该信息的详细信息页面。
- ➢ 显示院况简介信息，并在“详细+”中可链接到显示院况简介的详细信息页面。
- ➢ 分别显示科研园地、教学培训、内部刊物、理论之窗、课题研究和燕赵讲坛的最新信息，并可链接到显示该信息的详细信息页面。其中，内部刊物要求有图片链接到相关的列表页。
- ➢ 显示最新视频信息，单击视频即可播放。
- ➢ 显示固定的热点友情链接，并可链接到相应的网站。
- ➢ 按先后顺序显示友情链接（最多 27 条），并可链接到相应的网站。

图 P2-1　网站首页图

➢ 页脚显示首页、新闻中心、网站地图、友情链接和管理后台，可链接到相应的页面。

（4）信息列表（二级列表页，list）（见图 P2-2）

➢ 左侧显示该频道下的所有栏目，并可链接到相应栏目的列表信息。

➢ 显示当前位置，从首页开始到当前栏目为止，分别可链接到首页或对应的栏目列表页。

➢ 按最新最前的规则逐条显示当前栏目分类下的信息标题和时间（格式为年-月-日），并可链接到显示详细信息的页面，每页 10 条信息。

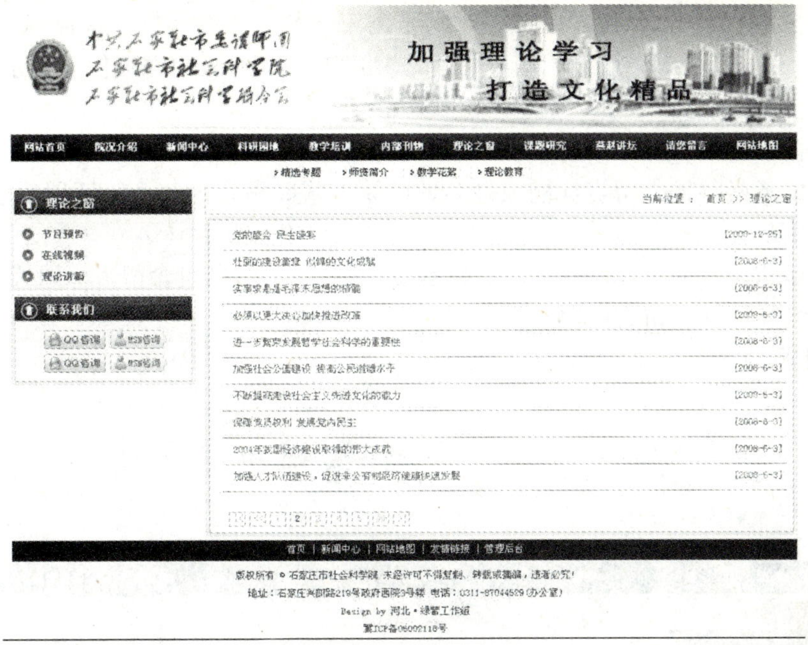

图 P2-2　二级列表页

➢ 显示分页栏，分别为第一页、上一页、各页列表、下一页和最后一页，并可链接到相应的列表页面。

（5）图、视、文信息显示（三级内容页面，info）（见图 P2-3）

图 P2-3　三级内容页面

显示信息标题、来源、作者、发表时间、浏览次数、详细信息（含视频）、上一篇和下一篇，其中，上一篇和下一篇显示信息标题，并可链接到对应的详细信息显示页面。

其他要求同“信息列表页”。

（6）留言板页面（gbook）（见图 P2-4）

- 留言信息必须输入留言标题或姓名、联系方式、留言内容及验证码后才能提交。
- 留言信息必须通过后台审核后才可以被显示在相关页面上。
- 分页显示完整的留言信息，每页显示 5 条，每条信息包含留言标题或姓名、留言时间、留言者 IP、留言内容、回复时间、回复内容。

其他要求同“信息列表页”。

图 P2-4 留言板页面

（7）网站地图页面（sitemap）（见图 P2-5）

根据网站的频道和栏目设置生成导航网页，便于浏览者快捷地进入相关栏目浏览信息，也方便搜索引擎的收录。

图 P2-5　网站地图页面

（8）友情链接页面（alinks）（见图 P2-6）

- 按先入先显示的顺序分页显示友情链接网站的标题和简介。
- 每页显示 10 条友情链接信息。
- 单击网站标题在新建页面打开对应的网站。

➢ 友情链接信息只能由管理员在后台程序中输入。

（9）数据库

数据库结构与 MyEdu123 基本相同，需增加留言板所涉及的表及视图。MyEdu123 数据库文件见资源包 asp_myedu123_manager.rar。

图 P2-6 友情链接页面

（10）后台程序

后台程序使用 MyEdu123 后台程序，需增加留言板所涉及的板块。MyEdu123 后台程序见资源包 asp_myedu123_manager.rar。

（11）开发环境

开发工具：Adobe Dreamweaver CS3；数据库：Access 2003；服务器：IIS（含 ASP 组件）。

课堂练习

在 index（11）、list（3）、info（5）、gbook（3）、sitemap（2）、alinks（2）六个页面中：

① 找出每个页面的动态信息块。

② 写出各动态信息块用到的字段。

③ 写出各动态信息块用到的循环语句（For…Next、Do Whlie）。

④ 写出各动态信息块用到的函数。

将信息填入下表中。

页　面	动态信息块名称	涉 及 字 段	循环语句	涉 及 函 数

任务 2　项目分析

数据库表

① 该网站数据库沿用 MyEdu123.mdb。

② 清除 MyEdu123.mdb 中的 Users、Catalog、CatalogType、Gls、Res、Comment、Vote、AD 表信息。

③ 添加频道类型和栏目信息至表 CatalogType 和 Catalog，频道类型和栏目信息详见表 P2-2，CatalogType 和 Catalog 见表 P2-3 和表 P2-4。

表 P2-2　网站频道类型与栏目设置

	频　道	频道类别	二级栏目	栏目编号（CatID）
石家庄社科网	院况介绍	图片、文字	院况简介	0101
			机构设置	0102
	新闻中心	图片、文字	社科动态	0201
			公告通知	0202
	科研园地	图片、文字	课题研究	0301
			科研成果	0302
	教学培训	图片、文字	精选专题	0401
			师资简介	0402
			教学花絮	0403
			理论教育	0404
	内部刊物	图片、文字	石家庄市社会科学院	0501
			中心组学习参考	0502
			形势理论政策报告选	0503
	理论之窗	图片、视频、文字	节目预告	0601
			在线视频	0602
			理论讲稿	0603
	课题研究	图片、文字	新立项课题	0701
			已发表课题	0702
			理论讲稿	0703
	燕赵讲坛	图片、视频、文字	节目预告	0801
			精彩回放	0802

表 P2-3　CatalogType

CatID	CatType	CatID	CatType	CatID	CatType

表 P2-4　Catalog

CatID	CatName	CatID	CatName

④ 添加系统管理员“webmaster”用户至表 Users，见表 P2-5。

表 P2-5　Users

UserName	Password	RealName	Purview

⑤ 修改 Gls 表，在“PicUrl”字段后新增“VedioUrl”字段，文本型，字段大小 255。

⑥ 新增“GuestBook”表，见表 P2-6。

表 P2-6　GuestBook

字　段　名	类　　型	长　　度	说　　明
ID	int	IDENTITY 1, 1	留言板 ID
Title	varchar	40	标题
Contact	varchar	100	联系方式
Content	varchar	255	留言内容
WriteTime	datetime	Default now()	留言时间
GuestIP	varchar	40	留言者 IP
Passed	bit		审核通过
Deleted	bit		删除标识
ReContent	varchar	255	回复内容
ReTime	datetime	Default now()	回复时间

⑦ 新增“ViewAllGuestBook”视图：SELECT GuestBook.* FROM GuestBook。

⑧ 新增“ViewGuestBook”视图：SELECT GuestBook.* FROM GuestBook WHERE not deleted and passed。

写出数据库连接字符串：____

包含文件

① 参照“i_myedu123_connectionstring.asp”写出数据库连接字符串文件“i_sjzsk_connectionstring.asp”的源代码：

② 确立页头文件“i_sjzsk_head.asp”范围并在下面的空白处画出草图：

③ 确立页尾文件“i_sjzsk_bottom.asp”范围并在下面的空白处画出草图：

④ 自定义函数库文件“i_sjzsk_ function.asp”和验证码相关文件，直接使用 MyEdu123 中的相关文件。

动态化功能块

1．首页（index）

① 最新社科动态图片信息用到的循环语句是：________________

② 最新社科动态图片信息用到的函数有：________________

③ 最新社科动态图片信息筛选条件为：________________

④ 最新社科动态图片信息完整的 Select 命令是：________________

⑤ 最新社科动态文字信息用到的循环语句是：________________

⑥ 最新社科动态文字信息筛选条件为：________________

⑦ 最新社科动态文字信息完整的 Select 命令是：________________

⑧ 最新公告通知用到的循环语句是：________________

⑨ 最新公告通知筛选条件为：________________

⑩ 最新公告通知完整的 Select 命令是：________________

⑪ 最新在线视频用到的循环语句是：________________

⑫ 最新在线视频筛选条件为：________________

⑬ 最新在线视频完整的 Select 命令是：________________

⑭ 最新理论之窗用到的循环语句是：________________

⑮ 最新理论之窗筛选条件为：________________

⑯ 最新理论之窗完整的 Select 命令是：________________

⑰ 最新燕赵讲坛用到的循环语句是：________________

⑱ 最新燕赵讲坛筛选条件为：________________

⑲ 最新燕赵讲坛完整的 Select 命令是：________________

⑳ 最新内部刊物用到的循环语句是：________________

㉑ 最新内部刊物筛选条件为：________________

㉒ 最新内部刊物完整的 Select 命令是：________________

㉓ 最新课题研究用到的循环语句是：________________

㉔ 最新课题研究筛选条件为：________________

㉕ 最新课题研究完整的 Select 命令是：________________

㉖ 最新科研园地用到的循环语句是：________________

㉗ 最新科研园地筛选条件为：________________

㉘ 最新科研园地完整的 Select 命令是：________________

㉙ 最新教学培训用到的循环语句是：________________

㉚ 最新教学培训筛选条件为：________________

㉛ 最新教学培训完整的 Select 命令是：________________

㉜ 友情链接用到的循环语句是：________________

㉝ 友情链接筛选条件为：________________

㉞ 友情链接完整的 Select 命令是：________________

2．内容页（info）

① 内容页读取 URL 的参数有：________________

② 在下面的空白处写出 MyEdu123 内容页中获取 URL 参数并检验参数合法与否的 ASP 源代码：

③ 栏目列表信息筛选条件为：________________

④ 在下面的空白处写出 MyEdu123 中栏目列表的 ASP 源代码：

⑤ 当前位置信息筛选条件：________________

⑥ 在下面的空白处写出 MyEdu123 中当前位置的 ASP 源代码：

⑦ 在下面的空白处写出 MyEdu123 内容页中获取上一篇文章信息的 ASP 源代码：

⑧ 在下面的空白处写出 MyEdu123 内容页中获取下一篇文章信息的 ASP 源代码：

3．列表页（list）

① MyEdu123 中的分页变量名是：________________________________

② 写出 list 页面中的分页变量值：________________________________

③ ASP 读取 URL 参数的命令是：________________________________

④ MyEdu123 列表页读取 URL 的参数有：____________________________

⑤ 在下面的空白处写出 MyEdu123 列表页中获取 URL 参数并检验参数合法与否的 ASP 源代码：

⑥ 在下面的空白处写出 MyEdu123 列表页中获取 CatName 和 CatType，确定查询视图名和信息显示网页 ASP 文件名的 ASP 源代码：

⑦ 在下面的空白处写出 MyEdu123 列表页中获取符合条件记录总数的 ASP 源代码：

⑧ 第一页列表信息 SQL 语句：________________________________

⑨ 其他页列表信息 SQL 语句：________________________________

____

⑩ 在下面的空白处写出 MyEdu123 中的列表信息筛选及显示的 ASP 源代码：

⑪ MyEdu123 分页代码中第一页的链接代码，href="____________________"

⑫ MyEdu123 分页代码中上一页的链接代码，href="____________________"

⑬ MyEdu123 分页代码中下一页的链接代码，href="____________________"

⑭ MyEdu123 分页代码中最后一页的链接代码，href="__________________"

后台程序改造

1. 登录页面改造

MyEdu123 的后台管理登录与前台用户登录融为一体，而本项目前台没有用户登录功能，所以需要增加一个后台用户登录页面。

2. 修改包含文件名

后台程序中所涉及的包含文件有：数据库连接字符串文件和自定义函数库文件两个文件。

写出需要修改包含文件的后台文件：________________________________

____

____

____

3. 修改 gls_edit.asp

新增对 VedioUrl 字段的处理。

4. 新增留言板管理程序

留言板管理功能包括：留言信息列表（guestbook_list.asp）、审核和删除（guestbook_manage.asp）、回复（guestbook_return.asp）等功能。

任务 3 项目实施

项目分组

项目实施前老师要对学生按项目进行分组，要求每组不超过 3 人，其中组长要求具有一定的组织能力，技术基础较好，尤其是乐于助人。

本组组号：________________

组长学号和姓名：________________________________

组员学号和姓名：________________________________

项目进度

任务	人员	计划			实际			总结
		开始时间	结束时间	工期(分钟)	开始时间	结束时间	工期(分钟)	
建立数据库，录入相关信息								
建立站点	全体							
修改网站起始页								
建立数据库连接字符串文件								
建立页头文件								
建立页尾文件								
建立 index.asp 文件								
index 社科动态	同上							
index 在线视频	同上							
index 公告通知	同上							
index 课题研究	同上							
index 理论之窗	同上							
index 燕赵讲坛	同上							
index 科研园地	同上							
index 教学培训	同上							
index 内部刊物	同上							
index 友情链接	同上							
index 测试联调								
建立 info.asp 文件								
info 参数处理	同上							
info 栏目列表	同上							
info 当前位置	同上							
info 信息内容显示	同上							
info 上一篇	同上							
info 下一篇	同上							
info 测试联调								

续表

任　务	人员	计　划			实　际			总　结
		开始时间	结束时间	工期(分钟)	开始时间	结束时间	工期(分钟)	
建立 list.asp 文件								
list 参数处理	同上							
list 栏目列表	同上							
list 当前位置	同上							
list 信息列表/分页	同上							
list 测试联调								
建立 gbook.asp 文件								
gbook 参数处理	同上							
gbook 所有留言（信息列表/分页）	同上							
gbook 发表留言	同上							
gbook 测试联调								
alinks 友情链接页面及测试联调								
sitemap 网站地图页面及测试联调								
修改后台包含文件名								
后台登录程序								
修改 gls_edit.asp								
修改 manager_left.htm								
新建 guestbook_list.asp								
新建 guestbook_manage.asp								
新建 guestbook_return.asp								
整站测试联调								

阶段实施

1. 建立数据库，录入相关信息

① 录入频道和栏目信息，涉及“Catalog”和“CatalogType”两个数据表。

② 录入系统管理员信息，涉及“Users”数据表。

③ 修改 Gls 表结构，在 PicUrl 下方增加 VedioUrl，字段类型及大小同 PicUrl。

④ 导入配书光盘 web02.rar 文件中的“Gls.xls”数据到“Gls”表中。

1. 建立站点

提示：小组合作项目，在站点中应该选中“启用存回和取出”功能。

推荐步骤（上机环境：绿蕾工作组-学校机房环境配置推荐方案）:

① 启动 Adobe Dreamweaver CS3 程序。

② 单击“站点”菜单中的“新建站点”命令，相关参数如下。

➢ 网站名称：机关事业单位网站。

- HTTP 地址：http://d[班级][组号]-02.myedu123.net。
- 使用服务器技术：ASP VBScript。
- 选中“在本地进行编辑，然后上传到远程测试服务器”选项。
- 文件存储在计算机上的位置：D:\d[班级][组号]\02\website。
- 用 FTP 链接到测试服务器。
- FTP 地址：d[班级][组号]-02.myedu123.net。
- 启用存回和取出功能。

③ 在新建的“机关事业单位网站”站点的本地文件夹（即 D:\d[班级][组号]\02\website）中新建如下文件夹：cert、codes、database、images、inc、manager、scripts、sounds、styles、upload、upclass、vcastr。

④ 打开配书光盘中的 web02.rar 文件，将素材及相关文档（cert、database、images、inc、scripts、sounds、styles、upload、upclass、vcastr 及根目录）复制到相应的文件夹中。

⑤ 将数据库文件复制到“database”文件夹中。

3．修改网站起始页

提示：将自动跳转指向“codes”文件夹下的“index.asp”文件。

4．建立数据库连接字符串文件

提示：数据库路径为“d:\internet.dat\access\d[班级][组号]-02”。

推荐步骤

① 用 Dreamweaver 新建文件“ASP VBscript”空白页。注意在单击“创建”按钮前确保“首选参数”中“新建文档”的“默认编码”为“简体中文（GB2312）”。

② 删除所有信息。

③ 输入文件头注释。

④ 输入相关代码。

⑤ 保存到网站的“inc”文件夹中，文件名为“i_sjzsk_connectionstring.asp”。

⑥ 上传该文件到服务器。

5．建立页头文件

提示：注意频道及栏目的链接，其中，“请您留言”链接到 gbook.asp；“网站地图”链接到 sitemap.asp；其他均链接到 list.asp。

推荐步骤

① 用 Dreamweaver 打开“index.htm”文件。

② 将“index.htm”另存到网站的“inc”文件夹中，文件名为“i_sjzsk_head.asp”。

③ 保留“Banner”和“Menu”即从“Banner Start”到“Menu End”之间的代码，删除其他代码。

④ 在文件上部输入文件头注释。

⑤ 修改导航栏链接。
⑥ 保存并上传文件。

6．建立页尾文件

提示：注意修改相关链接，其中“友情链接”链接到 alinks.asp。

推荐步骤

① 用 Dreamweaver 打开“index.htm”文件。
② 将“index.htm”另存到网站的“inc”文件夹中，文件名为“i_sjzsk_bottom.asp”。
③ 保留从“Bottom Start”到“Bottom End”之间的代码，删除其他代码。
④ 在文件上部输入文件头注释。
⑤ 修改“首页”、“新闻中心”、“网站地图”、“友情链接”和“管理后台”的链接。
⑥ 保存并上传文件。

7．建立 index.asp 文件

推荐步骤

① 用 Dreamweaver 打开“index.htm”文件。
② 将“index.htm”另存到网站的“codes”文件夹中，文件名为“index.asp”。
③ 在第一行中，输入“<%@LANGUAGE="VBSCRIPT" CODEPAGE="936"%>”。
④ 在“<head>”前输入文件头注释。
⑤ 在随后的行中输入数据库连接字符串包含文件。
⑥ 删除从“Banner Start”到“Menu End”之间的代码，并插入页头包含文件。
⑦ 删除从“Bottom Start”到“Bottom End”之间的代码，并插入页脚包含文件。
⑧ 修改院况简介中的“<a href="info.htm">”为“<A href=" list.asp?ChannelID=0101">”。
⑨ 保存并关闭文件。

8．index 社科动态

提示：修改“更多”链接到“list.asp?ChannelID=02”；参考学习篇第 2 章任务 4“新闻信息的读取与显示”和任务 5“焦点图片新闻的读取与显示”，其中最新社科动态图片信息筛选的信息数和循环次数均为 5，最新社科动态文字信息筛选的信息数和循环次数均为 8。

推荐步骤

① 用 Dreamweaver 打开“index.asp”文件。

② 修改“<A href="list.htm">”为“<A href="list.asp?ChannelID=02">”。

③ 在“<!-- flash 滚动焦点图 begin -->”下方输入连接数据库代码，参考学习篇第 2 章任务 5“焦点图片新闻的读取与显示”，对变量 strPic、strLink 和 strText 进行赋值。

④ 将“<script type="text/javascript">”与“</script>”之间的代码修改为以下情形：

```
<script type="text/javascript">
 <%
   '输出JavaScript赋值语句
   Response.Write strPic
   Response.Write strLink
   Response.Write strText
 %>
  Pic2Swf(spics,slinks,stexts);
</script>
```

⑤ 删除“<ul class="nlist1">”与“</ul>”之间的代码并在该处输入筛选并显示最新社科动态文字信息的 ASP 代码。

⑥ 保存并上传文件。

9. index 在线视频

提示：修改“在线视频”链接到“list.asp? ChannelID=0602”；在线视频信息数均为 1。

推荐步骤

① 用 Dreamweaver 打开“index.asp”文件。

② 在“<ul class="s_list">”下方输入以下代码：

```
<%
Dim strFlvTitle,strFlvUrl
strFlvTitle="国庆60周年阅兵式"
strFlvUrl="../images/gq60.flv"
cmdQuery.CommandText = "select top 1 * from ViewGls where lCase(right(VedioUrl,4))='.flv' order by ID desc"
Set rstInfo=cmdQuery.Execute '执行查询
If not rstInfo.Eof Then
    strFlvTitle=rstInfo("Title")
    strFlvUrl=rstInfo("VedioUrl")
End if
%>
```

③ 将“<source>../images/gq60.flv</source>”修改为“<source><%=strFlvUrl%></source>”。

④ 将“<title>国庆 60 周年阅兵式</title>”修改为“<title><%=strFlvTitle%></title>”。

⑤ 保存并上传文件。

10. index 公告通知

提示：修改“公告通知”链接到“list.asp?ChannelID=0202”；参考学习篇第 2 章任务 3“专业设置信息的读取与显示”，其中筛选的信息数和循环次数均为 10。

推荐步骤

① 用 Dreamweaver 打开“index.asp”文件。

② 修改“<a href="list.htm">公告通知</a>”为“<a href=" list.asp?ChannelID=0202">公告通知</a>”。

③ 删除下列代码：

```
<li><a href="info.htm" title="2010年4月燕赵讲坛讲座题目">2010年4月燕赵讲坛讲座题目</a></li>
<li><a href="info.htm" title="3月13日燕赵讲坛讲座预告">3月13日燕赵讲坛讲座预告</a></li>
<li><a href="info.htm" title="2010年4月燕赵讲坛讲座题目">2010年4月燕赵讲坛讲座题目</a></li>
<li><a href="info.htm" title="3月13日燕赵讲坛讲座预告">3月13日燕赵讲坛讲座预告</a></li>
<li><a href="info.htm" title="2010年4月燕赵讲坛讲座题目">2010年4月燕赵讲坛讲座题目</a></li>
```

```
<li><a href="info.htm" title="3月13日燕赵讲坛讲座预告">3月13日燕赵讲坛讲座预告</a></li>
<li><a href="info.htm" title="2010年4月燕赵讲坛讲座题目">2010年4月燕赵讲坛讲座题目</a></li>
<li><a href="info.htm" title="3月13日燕赵讲坛讲座预告">3月13日燕赵讲坛讲座预告</a></li>
<li><a href="info.htm" title="2010年4月燕赵讲坛讲座题目">2010年4月燕赵讲坛讲座题目</a></li>
<li><a href="info.htm" title="3月13日燕赵讲坛讲座预告">3月13日燕赵讲坛讲座预告</a></li>
```

④ 在该处输入筛选并显示最新公告通知的 ASP 代码。

⑤ 保存并上传文件。

11．index 其他

① 院况简介：修改“<a href="list.htm"> 详细 +</a>”为“<a href="list.asp?ChannelID=0101"> 详细 +</a>”。

② 课题研究：修改“<a href="list.htm"> 更多 +</a>”为“<a href="list.asp?ChannelID=07"> 更多 +</a>”；其他参考“10．index 公告通知”，其中筛选的信息数和循环次数均为 7。

③ 理论之窗：修改“<a href="list.htm"> >> 更多</a>”为“<a href="list.asp?ChannelID=06"> >> 更多</a>”；其他参考“10．index 公告通知”，其中筛选的信息数和循环次数均为 8。

④ 燕赵讲坛：修改“<a href="list.htm"> >> 更多</a>”为“<a href="list.asp?ChannelID=08"> >> 更多</a>”；其他参考“10．index 公告通知”，其中筛选的信息数和循环次数均为 8。

⑤ 科研园地：修改“<a href="list.htm"> >> 更多</a>”为“<a href="list.asp?ChannelID=03"> >> 更多</a>”；其他参考“10．index 公告通知”，其中筛选的信息数和循环次数均为 8。

⑥ 教学培训：修改“<a href="list.htm"> >> 更多</a>”为“<a href="list.asp?ChannelID=04"> >> 更多</a>”；其他参考“10．index 公告通知”，其中筛选的信息数和循环次数均为 8。

⑦ 内部刊物：修改“<a href="list.htm"><img src="../images/p0101.jpg" alt="内部刊物" /></a>”为“<a href="list.asp?ChannelID=05"> <img src="../images/p0101.jpg" alt="内部刊物" /></a>”；其他参考“10．index 公告通知”，其中筛选的信息数和循环次数均为 9。

⑧ 友情链接：修改“<a href="alinks.htm"> 友情链接 </a>”为“<a href="alinks.asp"> 友情链接 </a>”；其他参考“10．index 公告通知”，其中筛选的信息数和循环次数均为 27，视图为“ViewFriendSite”。

12．index 测试联调

提示：查看页面的完整性；检查各动态信息块中的信息是否正常显示，各信息是否正确链接到对应的页面；检查相关的栏目链接，如“更多”，是否正确链接到相应的列表页面。

13．建立 info.asp 文件

提示：参考“7．建立 index.asp 文件”；修改“Title”为“<TITLE><%=strTitle%> --- 石家庄社科网</TITLE>”。

14．info 参数处理

提示：参考学习篇第 3 章中的任务 1“新建 art_info.asp 文件”；变量名“rstGls”换成“rstInfo”。

15．info 栏目列表

提示：参考学习篇第 3 章中的任务 3“栏目列表信息的读取与显示”。

16．info 当前位置

提示：参考学习篇第 3 章中的任务 2“位置导航信息读取与显示”；变量名“rstGls”换成“rstInfo”。

17．info 信息内容显示

提示：参考学习篇第 3 章中的任务 5“图文信息的读取与显示”；变量名“rstGls”换成“rstInfo”。

推荐步骤

① 用 Dreamweaver 打开“info.asp”文件。

② 在“<div class="p_content">”下方输入如下代码：

```
<%
cmdQuery.CommandText = "select * from ViewGls where ID="&nInfoID
Set rstInfo=cmdQuery.Execute '执行查询
If rstInfo.Eof Then
  Response.Write "该文章不存在!"
  Response.End
End if
%>
```

③ Title 字段显示位置为“<div class="p_n_title">[Title]</div>”。

④ CopyFrom、Author、Updatetime 和 Hits 字段的显示位置为“<div class="p_n_info"> * 来源:[CopyFrom] * 作者: [Author] * 发表时间: [Updatetime] * 浏览: [Hits]</div>”。

⑤ 在“<div class="p_n_vcastr">”下方输入代码“<%If lCase(right(rstInfo("VedioUrl"), 4))=".flv" Then%>”。

⑥ 将“<source>…</source>”修改为“<source><%=rstInfo("VedioUrl")%></source>”。

⑦ 将“<title>…</title>”修改为“<title><%=rstInfo("Title")%></title>”。

⑧ 在“</object>”下方输入代码“<%End If%>”。

⑨ 将“<div class="p_n_content">…</div>”修改为“<div class="p_n_content"><%=rstInfo ("Content")%></div>”。

⑩ 保存并上传文件。

18．info 上一篇、info 下一篇

提示：参考学习篇第 3 章中的任务 6“相关信息的读取与显示”；变量名“rstGls”换成“rstInfo”；

上一篇的 SQL 语句为：

```
cmdQuery.CommandText="select top 1 ID,Title from ViewGls where
CatID='"&strCatID&"' and ID<"&nInfoID
```

下一篇的 SQL 语句为：

```
cmdQuery.CommandText="select top 1 ID,Title from ViewGls where
CatID='"&strCatID&"' and ID>"&nInfoID
```

19. info 测试联调

提示：从首页单击新闻或者产品链接，看是否能打开该内容页；查看页面的完整性；“栏目列表”、“当前位置”信息是否正常显示，各信息是否正确链接到对应的页面；“上一篇”、“下一篇”是否正确显示。

20. 建立 list.asp 文件

提示：参考“7. 建立 index.asp 文件”；在数据库连接字符串包含文件下一行中输入“i_myedu123_function.asp”自定义函数包含文件；修改“Title”为“<TITLE><%=strCatName%>---石家庄社科网</TITLE>”。

21. list 参数处理

提示：参考学习篇第 4 章中的任务 1“新建类别列表信息文件”，其中每页信息条数 nPageSize 设置为 10。在得到记录总数后面增加如下代码：

```
If nTotalRec=1 Then '如果只有一条记录则直接跳转到三级页面显示详细信息
    cmdQuery.CommandText="select ID from "&strInfoView&" where left(CatID,?)=?"
    cmdQuery.Parameters.Refresh
    cmdQuery(0)=len(strCatID)
    cmdQuery(1)=strCatID
    Set rstInfo=cmdQuery.Execute
    Response.Redirect  strInfoFile&"?InfoID="&rstInfo("ID")
End If
```

22. list 栏目列表

提示：同“15. info 栏目列表”。

23. list 当前位置

提示：同“16. info 当前位置”。

24. list 信息列表/分页

推荐步骤

① 用 Dreamweaver 打开“list.asp”文件。

② 删除“<ul class="p_n_list">”与“</ul>”之间的代码，并在该处输入列表信息获取及显示代码。

③ 修改分页链接，其中“第 1 页”等具体页码链接用“For…Next”语句来实现，具体代码如下：

```
<%
For nI=1 to nTotalPages
    Response.Write "<li>"
    Response.Write "<a title='第"&nI&"页' class='"
    Response.Write iif(nI=nPageCount,"pagebarCurrent","pagebar")
```

```
        Response.Write "' href='list.asp?ChannelID="&strCatID&"&Page="&nI&"'>"&nI
        Response.Write "</a></li>"
    Next
    %>
```

④ 保存并上传文件。

25. list 测试联调

提示：单击首页导航菜单中的“新闻中心”链接，看是否能打开该列表页；查看页面的完整性；“栏目列表”、“当前位置”信息是否正常显示，新闻列表信息是否正确链接到对应的页面；分页链接是否能正常使用。

26. 建立 gbook.asp 文件

提示：参考“7. 建立 index.asp 文件”；修改“Title”为“<TITLE><%=strTitle%> --- 石家庄社科网</TITLE>”。

27. gbook 信息列表相关参数的处理

提示：同“21. list 参数处理”，其中每页信息条数 nPageSize 设置为 5，视图为“ViewGuest Book”。

28. gbook 所有留言（信息列表/分页）

提示：删除“<ul class="p_n_list">”与“</ul>”之间的代码，并在该处输入列表信息获取及显示代码，留言信息显示推荐代码如下：

```
Do While not rstInfo.Eof
    response.write "<li class='p_g_title'>"&rstInfo("Title")&"  "&rstInfo("WriteTime")&"  "&rstInfo("GuestIP")&"</li>"
    response.write "<li class='p_g_content'>"&rstInfo("Content")&"</li>"
    If rstInfo("ReContent")<>"" Then
        response.write "<li class='p_g_r_title'>回复时间："&rstInfo("ReTime")&"</li>"
        response.write "<li class='p_g_r_content'>"&rstInfo("ReContent")&"</li>"
    End If
  rstInfo.MoveNext
  loop
```

分页代码同“24. list 信息列表/分页”。

29. gbook 发表留言

提示：参考学习篇第 5 章中的任务 1“评论信息的添加”。

推荐步骤

① 用 Dreamweaver 打开“gbook.asp”文件。

② 在包含文件下方输入代码“If Request.Form("fsmtSubmit")="提交发表" Then '如果存在提交，则保存信息”。

③ 随后输入获取表单数据的相关代码：

```
strTitle=Trim(Request.Form("ftxtTitle"))
strContact=Trim(Request.Form("ftxtContact"))
strContent=Trim(Request.Form("ftxtContent"))
strCheckCode=Trim(Request.Form("ftxtCheckCode"))
```

④ 输入检查数据合法性相关代码：

```
Dim strErrMsg
strErrMsg=iif(strCheckCode=Session("CheckCode"),"","验证码输入错误!") '检查验证码
strErrMsg=strErrMsg&iif(strTitle="","请输入留言标题!","")
strErrMsg=strErrMsg&iif(strContact="","请输入联系方式!","")
strErrMsg=strErrMsg&iif(strContent="","请输入留言内容!","")
strErrMsg=strErrMsg&iif(len(strContent)>100,"留言内容不能超过100汉字!","")
If strErrMsg<>"" Then
  Response.Write "<Script language='JavaScript'>window.alert('"&strErrMsg&"'); history.back(-1); </Script>"
  Response.End()
End If
```

⑤ 输入连接数据库代码。

⑥ 输入插入留言信息的代码，其中 SQL 语句为“insert into GuestBook (Title, Contact, Content, WriteTime, GuestIP) values (?, ?, ?, ?, ?)”。

⑦ 输入留言成功提示信息代码：“Response.Write "<Script language='JavaScript'> window.alert('谢谢您的留言!');this.location='gbook.asp';</Script>"”。

⑧ 输入停止 ASP 脚本命令：“Response.End()”。

⑨ 最后输入“End If”。

⑩ 保存并上传文件。

30．gbook 测试联调

提示：查看页面的完整性；留言信息是否正常显示；分页链接是否能正常使用；能否正确发表留言信息。

31．alinks 友情链接页面

提示：参考 list 页面相关代码，其中每页信息条数 nPageSize 设置为 10，视图为“ViewFriendSite”。

32．sitemap 网站地图页面

提示：参考 list 页面相关代码，取消分页相关代码，视图为“ViewCatalog”。

33．后台登录程序

提示：后台登录程序文件名使用“default.htm”，参照 MyEdu123 页头包含文件中有关用户登录 HTML 代码即可，用户登录处理程序“user_login.asp”可直接使用 MyEdu123 中的“user_login.asp”程序。

推荐步骤

① 用 Dreamweaver 打开“default.htm”文件。

② 删除以下代码：“<meta http-equiv="Refresh" content="2;URL=manager_index.htm" />”。

③ 删除“<body>”和“</body>”之间的代码。

④ 打开“i_myedu123_head.asp”文件。

⑤ 复制“<form name="user_login" method="post" action="user_login.asp">”和“</form>”之间的代码到“default.htm”文件的“<body>”标签下方。

⑥ 修改“value="index.asp"”为“<value="manager_index.htm"”。

⑦ 删除“<%=Request.Cookies("User")("Name")%>”代码。

⑧ 删除“注册”按钮代码。

⑨ 保存并上传文件。

⑩ 复制 MyEdu123 的“user_login.asp”文件到“manager”文件夹。

⑪ 打开“user_login.asp”文件。

⑫ 修正两个包含文件的文件名。

⑬ 保存并上传文件。

34．修改 gls_edit.asp 页面

推荐步骤

① 用 Dreamweaver 打开“gls_edit.asp”文件。

② 修改两个包含文件的文件名。

③ 在定义图文信息字段变量中增加“strVedioUrl”变量。

④ 在“strPicUrl=Trim(Request.Form("ftxt_PicUrl"))”下方增加“strVedioUrl=Trim(Request.Form("ftxt_VedioUrl"))”。

⑤ 在 Insert 语句的“PicUrl,”后面增加“VedioUrl,”，并在“values”后面的括号内增加一个“?,”。

⑥ 在 Update 语句的“PicUrl=?,”后面增加“VedioUrl=?,”。

⑦ 在“cmdQuery(15)=strPicUrl”下方增加“cmdQuery(16)=strVedioUrl”，并修正随后各行的“cmdQuery”标号数字。

⑧ 在“strPicUrl=rstInfo("PicUrl")”下方增加“strVedioUrl=rstInfo("VedioUrl")”。

⑨ 复制以下代码行并粘贴到这些行的下方：

```
<tr>
  <td width="10%" align="right">上传图片:</td>
  <td width="90%"><input type="text" name="ftxt_PicUrl" size="40" class="input1" value="<%=strPicUrl%>"/></td>
</tr>
<tr>
  <td width="10%" align="right"> </td>
  <td width="90%">
    <iframe border="0" frameBorder="0" noResize scrolling="no" width="500px" height="26px"
            src="../upclass/upload.asp?FormName=frmGlsEdit&TextName=ftxt_PicUrl" >
    </iframe>
  </td>
</tr>
```

⑩ 将粘贴后代码中的“上传图片”修改为“上传视频”，“ftxt_PicUrl”修改为“ftxt_VedioUrl”，“<%=strPicUrl%>”修改为“<%=strVedioUrl%>”，“TextName=ftxt_PicUrl”修改为“TextName=ftxt_VedioUrl”。

⑪ 保存并上传文件。

35．修改 manager_left.htm 页面

推荐步骤

① 用 Dreamweaver 打开“manager_left.htm”文件。

② 复制以下代码行并粘贴到这些行的上方：

```
<div id="left_1">
  <img src="../images/folder1.gif" />  评论管理
</div>
<div id="left_2">
  <img src="../images/folder2.gif" />  
  <a href="comment_list.asp" target="mainFrame">管理评论</a>
</div>
```

③ 将粘贴后代码中的“评论管理”修改为“留言信息管理”，“comment_list.asp”修改为“guestbook_list.asp”，“管理评论”修改为“管理留言信息”。

④ 在“strPicUrl=Trim(Request.Form("ftxt_PicUrl"))”下方增加“strVedioUrl=Trim(Request.Form("ftxt_VedioUrl"))”。

36．新建 guestbook_list.asp 页面

推荐步骤

① 用 Dreamweaver 打开“info_list.asp”文件，并将该文件另存为“guestbook_list.asp”，关闭“info_list.asp”文件。

② 修改文件头注释信息。

③ 删除“CatID”、“OnTop”、“Elite”相关的代码。

④ 将“信息管理”修改为“留言管理”，“ViewAllGlsRes”修改为“ViewAllGuestBook”。

⑤ 将以下代码：

```
<tr>
  <td width="70px">类别</td>
  <td width="280px">标题</td>
  <td width="100px">作者</td>
  <td width="80px">时间</td>
  <td>操作</td>
</tr>
```

修改为：

```
<tr>
  <td width="70px">留言时间</td>
  <td width="100px">标题</td>
  <td width="100px">联系方式</td>
  <td width="280px">内容</td>
  <td width="80px">IP</td>
  <td>操作</td>
</tr>
```

⑥ 将“"guestbook_list.asp?Passed="&nPassed&"&Deleted="&nDeleted&"&Page="&nPageCount”赋值给 Session 变量“strIMBackUrl”。

⑦ 将“Do While”循环体内的代码修改为以下情形：

```
<tr onmouseover="this.style.background='#ddd'" onmouseout="this.style.
background='#fff'">
 <td><%=FormatDateTime(rstInfo("WriteTime"),2)%></td>
 <td><%=rstInfo("Title")%></td>
 <td><%=rstInfo("Contact")%></td>
 <td>
```

```
        <%=rstInfo("Content")%>
        <hr />
        <%=rstInfo("ReContent")%>
      </td>
      <td><%=rstInfo("GuestIP")%></td>
      <td>
        <table width="100%" border="0">
          <tr>
            <td><a href="guestbook_return.asp?ID=<%=rstInfo("ID")%>" >回复
</td>
            <td><a href="#" onclick="opt_manage('<%=iif(rstInfo("Passed"),"
是否取消审核?","是否通过审核?")%>',1,<%=rstInfo("ID")%>)"> <%=iif(rstInfo
("Passed"),"取消审核","通过审核")%></a></td>
            <td><a href="#" onclick="opt_manage('<%=iif(rstInfo("Deleted"),"
是否收回?","是否删除?")%>',2,<%=rstInfo("ID")%>)"> <%=iif(rstInfo
("Deleted"),"收回","删除")%></a></td>
          </tr>
        </table>
      </td>
    </tr>
```

⑧ 将“" guestbook_list.asp?Passed="&nPassed&"&Deleted="&nDeleted”赋值给变量“strUrl”。

⑨ 将“opt_manage(strMsg,nOpt,nCatType,nInfoID)”修改为“opt_manage(strMsg,n Opt, nID)”。

⑩ 将“window.location.href="info_manage.asp?Opt="+nOpt+"&CatType="+nCatType+"&Info ID="+nInfoID”修改为“window.location.href="guestbook_manage.asp?Opt="+nOpt+"&ID ="+nID”。

⑪ 保存并上传文件。

37. 新建 guestbook_manage.asp 页面

提示：可参考“36. 新建 guestbook_list.asp 页面”中介绍的方法，通过另存“info_manage.asp”到“guestbook_manage.asp”，然后修改相关代码:

- ➢ 删除“CatID”、“OnTop”、“Elite”相关的代码；
- ➢ 修改“nOpt”对应关系，1 对应审核，2 对应删除；
- ➢ 数据表为“Guestbook”。

38. 新建 guestbook_return.asp 页面

提示：可参考“29. gbook 发表留言”。

- ➢ 需增加权限控制：If Session("nPurview")<81 Then …
- ➢ SQL 语句为：update GuestBook set reContent=?, reTime=? where ID=?

39. 整站测试联调

提示：浏览整站，仔细观察各页面；在后台管理系统中对每个频道及栏目新建或编辑至少一条信息，检查前台是否有相应的变化。

项目3 企业网站

学习目标

- ◆ 掌握用 Dreamweaver 独立开发 ASP 网站项目
- ◆ 掌握留言板的前、后台设计
- ◆ 掌握修改绿蕾教育网后台 ASP 代码
- ◆ 掌握利用绿蕾工作组 ASP 动态网站核心代码开发网站的方法
- ◆ 掌握 ASP 程序调试的基本技能
- ◆ 熟练掌握动态网站的基本结构
- ◆ 熟悉绿蕾教育网前、后台工作流程
- ◆ 熟练掌握网站文件夹的组织、文件夹和文件名命名规范
- ◆ 熟练掌握 Dreamweaver 站点管理技能
- ◆ 熟练掌握网页文件头注释规范

内容摘要

- ◆ 介绍项目背景、项目素材和项目整体要求

任务 1　项目准备

项目背景

本项目选自绿蕾工作组 2009 年为石家庄开发区东山油气设备有限公司制作的网站（www.dsyqsb.com），该单位为高科技民营股份制企业，公司总部设在石家庄市高新技术金石园区创新大厦 615 号。公司主体为总经理负责自主经营高新技术企业，公司以创新、提高技术环境与先进性人力资源为依托，致力于石油化工业油气设备的研制、开发、生产和销售。

素材说明

网站素材包见配书光盘中的 web03.rar。其中：

html——静态网页文件；

styles——样式文件；

scripts——JavaScript 文件；

images——图片及 Flash 等文件；

vcastr——FLV 视频播放组件。

后台管理程序素材包见配书光盘中的 asp_myedu123_manager.rar。

项目描述

（1）网站频道与栏目设置

该网站共分为公司简介、新闻中心和产品中心三个频道，详见表 P3-1。

表 P3-1　网站频道与栏目设置

	频　道	频道类别	二级栏目
东山油气设备网	公司简介	图片、文字	关于我们
			人才招聘
			联系我们
			服务网络
	新闻中心	图片、文字	行业新闻
			公司新闻
	产品中心	图片、文字	天然气设备
			液化气设备
			其他设备
			管理系统
			组气方案

（2）网页导航

网页导航分为网站首页、公司简介、新闻中心、产品中心、网站地图、人才招聘、客户留言共 7 块。

（3）网站首页（index）（见图 P3-1）

- 显示最新新闻信息（共 5 条），并可链接到显示该新闻信息的详细信息页面。
- 滚动显示最新产品图片及标题信息（最多 10 条），并可链接到显示该信息的详细信息页面。
- 显示公司简介信息，并在“MORE”中可链接到显示公司简介的详细信息页面。
- 显示服务网络中国地图，并在中国地图和“MORE”中可链接到显示公司简介的详细信息页面。
- 显示在线客户 QQ 和 MSN 图标，并可链接到相应的 QQ 和 MSN 上。
- 页脚显示首页、公司简介、产品中心、友情链接和后台管理，可链接到相应的页面。

（4）公司简介、新闻中心（二级列表页，文字信息列表，list）（见图 P3-2）

图 P3-1　网站首页图

图 P3-2　二级列表页（文字信息列表）

- 左侧显示该频道下的所有栏目，并可链接到相应栏目的列表信息。
- 显示当前位置，从首页开始到当前栏目为止，分别可链接到首页或对应的栏目列表页。
- 按最新最前的规则逐条显示当前栏目分类下的信息标题和时间（格式为：年-月-日），并可链接到显示详细信息的页面，每页 10 条信息。
- 显示分页栏，分别为第一页、上一页、各页列表、下一页和最后一页，并可链接到相应的列表页面。

（5）产品中心（二级列表页，图片信息列表，ilist）（见图 P3-3）

- 左侧显示该频道下的所有栏目，并可链接到相应栏目的列表信息。
- 显示当前位置，从首页开始到当前栏目为止，分别可链接到首页或对应的栏目列表页。
- 按最新最前的规则逐条显示当前栏目分类下的信息缩图和标题，并可链接到显示详细信息的页面。每页 9 条信息，分 3 行显示，每行 3 条。
- 显示分页栏，分别为第一页、上一页、下一页和最后一页，并可链接到相应的列表页面。

（6）图、视、文信息显示（三级内容页面，info）

显示信息标题、来源、作者、发表时间、浏览次数、详细信息（含视频）、上一篇和下一篇，其中，上一篇和下一篇显示信息标题，并可链接到对应的详细信息显示页面。

图 P3-3 二级列表页

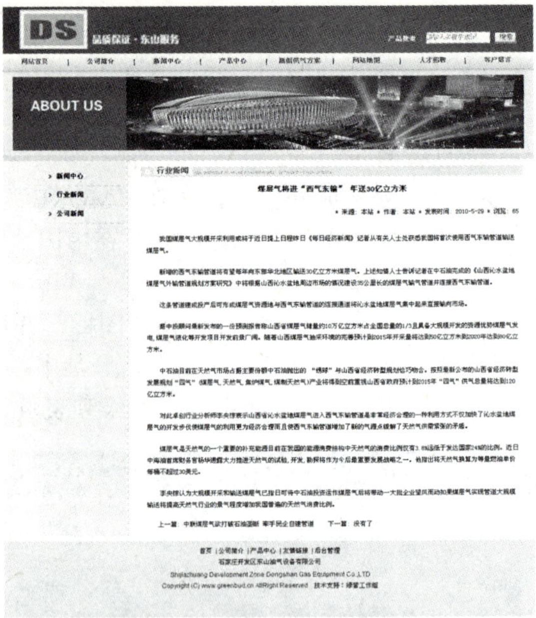

图 P3-4 三级页面

其他要求同“信息列表页”。

（7）留言板页面（gbook）（见图 P3-5）

➢ 留言信息必须输入留言标题或姓名、联系方式、留言内容及验证码后才能提交。
➢ 留言信息必须通过后台审核后才可以被显示在相关页面上。
➢ 分页显示完整的留言信息，每页显示 5 条，每条信息包含留言标题或姓名、留言时间、留言者 IP、留言内容、回复时间、回复内容。

其他要求同“信息列表页”。

图 P3-5 留言板页面

（8）网站地图（sitemap）

根据网站的频道和栏目设置生成导航网页，便于浏览者快捷地进入相关栏目浏览信息，也方便搜索引擎的收录。

可参考项目 2。

（9）友情链接（alinks）

- 按先入先显示的顺序分页显示友情链接网站的标题和简介。
- 每页显示 10 条友情链接信息。
- 单击网站标题在新建页面打开对应的网站。
- 友情链接信息只能由管理员在后台程序中输入。

可参考项目 2。

（10）数据库

数据库结构与 MyEdu123 基本相同，需增加留言板所涉及的表和视图。MyEdu123 数据库文件见资源包 asp_myedu123_manager.rar。

（11）后台程序

后台程序使用 MyEdu123 后台程序，需增加留言板所涉及的板块。MyEdu123 后台程序见资源包 asp_myedu123_manager.rar。

（12）开发环境

开发工具：Adobe Dreamweaver CS3；数据库：Access 2003；服务器：IIS（含 ASP 组件）。

任务 2　项目分析

数据库表

① 该网站数据库沿用 MyEdu123.mdb。

② 清除 MyEdu123.mdb 中的 Users、Catalog、CatalogType、Gls、Res、Comment、Vote、AD 表信息。

③ 添加频道类型和栏目信息至表 CatalogType 和 Catalog，频道类型和栏目信息详见表 P3-2，CatalogType 和 Catalog 见表 P3-3 和表 P3-4。

表 P3-2　网站频道类型与栏目设置

	频　道	频道类别	二级栏目	栏目编号（CatID）
山东油气设备网	公司简介	图片、文字	关于我们	0101
			人才招聘	0102
			联系我们	0103
			服务网络	0104
	新闻中心	图片、文字	行业新闻	0201
			公司新闻	0202
	产品中心	图片、文字	天然气设备	0301
			液化气设备	0302
			其他设备	0304

续表

山东油气设备网	频　道	频道类别	二级栏目	栏目编号（CatID）
	产品中心	图片、文字	管理系统	0305
			组气方案	0306

表 P3-3　CatalogType

CatID	CatType	CatID	CatType	CatID	CatType

表 P3-4　Catalog

CatID	CatName	CatID	CatName	CatID	CatName

④ 添加系统管理员“webmaster”用户至表 Users，见表 P3-5。

表 P3-5　Users

UserName	Password	RealName	Purview

⑤ 修改 Gls 表，在“PicUrl”字段后面新增“VedioUrl”字段，文本型，字段大小 255。

⑥ 新增“GuestBook”表，见表 P3-6。

表 P3-6　GuestBook

字段名	类　型	长　度	说　明
ID	int	IDENTITY 1, 1	留言板 ID
Title	varchar	40	标题
Contact	varchar	100	联系方式
Content	varchar	255	留言内容
WriteTime	datetime	Default now()	留言时间
GuestIP	varchar	40	留言者 IP
Passed	bit		审核通过
Deleted	bit		删除标识
ReContent	varchar	255	回复内容
ReTime	datetime	Default now()	回复时间

⑦ 新增“ViewAllGuestBook”视图：SELECT GuestBook.* FROM GuestBook。

⑧ 新增“ViewGuestBook”视图：SELECT GuestBook.* FROM GuestBook WHERE not deleted and passed。

包含文件

参考项目2。

动态化功能块

参考项目2。

后台程序改造

参考项目2。

任务3 项目实施

本项目要求学生独立完成，由学生自己制订项目计划，交由指导老师审阅通过后按计划实施。

项 目 进 度

任 务	计 划			实 际			总 结
	开始时间	结束时间	工期（分钟）	开始时间	结束时间	工期（分钟）	

附　　录

附录 A　绿蕾教育网数据库方案

一、频道及栏目设置：

01 概况：01 关于我们、02 联系我们、03 教师风采、04 投稿说明、05 通知公告
02 新闻动态：01 图片新闻、02 文字新闻、03 教学科研、04 专业文化、05 德育工作
03 技术文章：01 网页制作、02 网络编程、03 图形动画、04 程序设计、05 数据库技术、06 办公应用、07 操作系统、08 硬件技术、09 网络技术
04 招生就业：01 专业设置、02 招生信息、03 认证考试、04 就业动态、05 毕业生追踪
05 图片展示：01 精彩影像、02 活动专题、03 师生风采、04 推荐网站
06 勤工俭学：01 网站建设、02 域名空间、03 网站推广、04 定制软件、05 设计创意、06 多媒体设计、07 客服外包、08IT 外包
07 资源中心：01 工具软件、02 自研软件、03 教学课件、04 专题讲座、05 源码下载、06 网页模板、07 流行音乐、08 精彩动画

二、频道（栏目）类型

图文类：新闻动态、技术文章、招生就业、图文展示
在线视听类：（ASF 音乐/ASF 影视/RAM 音乐/RAM 影视/FLASH 动画）视听欣赏
下载类：资源中心
本网站频道（栏目）类型设为 0 和 1 两类，其中 0 对应图文类/在线视听类，1 对应下载类

三、表及相关视图

表 A-1　Users 表

字 段 名	类　型	长　度	说　明
UserID	int	IDENTITY 1, 1	用户 ID
UserName	varchar	50	用户名称
Password	varchar	50	用户口令
RealName	varchar	50	真实姓名
Sex	bit		性别（True 男，False 女）
City	varchar	50	居住城市
UserEmail	varchar	250	电子邮件
Purview	int	Default 0	用户权限编号，关联 UserCat 表
RegTime	datatime	Default now()	注册时间
RegIP	varchar	15	注册时的 IP 地址
LastLoginIP	varchar	15	最后登录 IP 地址
LastLoginTime	datetime	Default now()	最后登录时间
LastLoutTime	datetime	Default now()	最后登出时间
LoginTimes	int	Default 0	登录次数

表 A-2　UserCat 表

字 段 名	类　型	长　度	说　明
Purview	int		权限编号，关联 Users 表 0.未激活会员，等同于游客 1.普通会员，前台浏览 2.VIP 会员，前台浏览 81.普通管理，后台信息采编 82.高级管理员，信息采编与审核 83.系统管理员，所有功能
UserCat	varchar	50	用户类型名称，即权限名称

ViewUsers 视图：

```
SELECT Users.*, UserCat.UserCat
FROM Users INNER JOIN UserCat ON Users.Purview=UserCat.[Purview];
```

表 A-3　Catalog 栏目分类表

字 段 名	类　型	长　度	说　明
CatID	varchar	50 NOT NULL	类别 ID（多级栏目类别管理，每级两位代码）
CatName	varchar	50 NOT NULL	类别名称
CatIcon	Image		栏目图标（gif/jpg）
Readme	varchar	250	说明

表 A-4　CatalogType 一级栏目类型表（该表要求用 SELECT Catalog.CatID, 0 AS CatType INTO CatalogType FROM [Catalog] WHERE len(CatID)=2 ORDER BY CatID 来建立）

字 段 名	类　型	长　度	说　明
CatID	varchar	2 NOT NULL	一级类别 ID
CatType	Int	Default 0	类型（0-图文/在线视听，1-下载）

ViewCatalog 栏目视图

```
SELECT Catalog.*, CatalogType.CatType
FROM [Catalog] INNER JOIN CatalogType ON left(Catalog.CatID,2) = CatalogType.CatID order by
Catalog.CatID;
```

表 A-5　Gls 图文表

字 段 名	类　型	长　度	说　明
ID	int	IDENTITY 1, 1	图文 ID
CatID	varchar	50	类别 ID
Title	varchar	250	图文标题
aKey	varchar	250	关键字
Author	varchar	50,Default “佚名”	作者
CopyFrom	varchar	250	来源
IncludePic	bit		是否包含缩图
PicUrl	varchar	250	图片 Url

续表

字 段 名	类　型	长　度	说　明
LevelID	int	Default 0	阅读级别 ID，关联 LevelCat 表
Stars	int	Default 3	星级
Brief	varchar	100	简介
Content	text		文章内容
UpdateTime	datetime	Default now()	发表时间
OnTop	bit		置顶标识
Elite	bit		精品推荐
Passed	bit		审核通过
Hits	int	Default 0	点击数
Deleted	bit		删除标识
Editor	varchar	50	编者
Assessor	varchar	50	审核员

表 A-6　LevelCat 表

字 段 名	类　型	长　度	说　明
LevelID	int	Default 0	阅读/下载级别 ID
Level	varchar	20	对应用户权限 Purview 值，0-开放，1-会员以上，2-vip 会员以上，81-内部管理员以上

ViewGls 图文前台用户视图：

```
SELECT Gls.*, ViewCatalog.CatName, ViewCatalog.CatType, LevelCat.[Level]
FROM Gls, ViewCatalog, LevelCat
WHERE Gls.CatID=ViewCatalog.CatID and Gls.LevelID=LevelCat.LevelID and Gls.passed and not
Gls.deleted
ORDER BY Gls.id DESC;
```

ViewAllGls 图文后台管理视图：

```
SELECT Gls.*, ViewCatalog.CatName, ViewCatalog.CatType, LevelCat.[Level]
FROM Gls, ViewCatalog, LevelCat
WHERE Gls.CatID=ViewCatalog.CatID and Gls.LevelID=LevelCat.LevelID
ORDER BY Gls.id DESC;
```

表 A-7　Res 表

字 段 名	类　型	长　度	说　明
ID	int	IDENTITY 1, 1	资源 ID
CatID	varchar	50	类别 ID
Title	varchar	250	资源标题（名称）
aKey	varchar	250	关键字
Author	varchar	50	作者
AuthorEmail	varchar	250	作者电邮
Homepage	varchar	250	主页

续表

字 段 名	类 型	长 度	说 明
DemoUrl	varchar	250	演示地址
PicUrl	varchar	250	缩图地址
UpdateTime	datetime	Default now()	更新时间
OS	varchar	100	操作系统环境
LanguageID	int	Default 1	语言 ID，关联 LanguageCat 表
CopyrightID	int	Default 1	授权方式 ID，关联 CopyrightCat 表
ResSize	varchar	50	资源大小及单位
LevelID	int	Default 0	下载级别 ID，关联 LevelCat 表
Stars	int	Default 3	星级
Brief	varchar	100	简介
Content	text		详细说明
UrlTitle1	Varchar	50	下载地址标题 1
Url1	varchar	250	下载地址 1
UrlTitle2	Varchar	50	下载地址标题 2
Url2	varchar	250	下载地址 2
UrlTitle3	Varchar	50	下载地址标题 3
Url3	varchar	250	下载地址 3
UrlTitle4	Varchar	50	下载地址标题 4
Url4	varchar	250	下载地址 4
OnTop	bit		置顶标识
Elite	bit		精品推荐
Passed	bit		审核通过
Hits	int	Default 0	点击数
DownCount	int	Default 0	下载次数
Deleted	bit		删除标识
Editor	varchar	50	编者
Assessor	varchar	50	审核员

表 A-8 LanguageCat 表

字 段 名	类 型	长 度	说 明
LanguageID	int		语言 ID
Language	varchar	8	1-简体，2-繁体，3-英文，4-其他

表 A-9 CopyrightCat 表

字 段 名	类 型	长 度	说 明
CopyrightID	int		授权方式 ID
Copyright	varchar	8	（1-免费，2-共享，3-其他）

ViewRes 资源前台用户视图：

```
SELECT Res.*, ViewCatalog.CatName, ViewCatalog.CatType,
```

```
 LanguageCat.[Language], CopyrightCat.Copyright, LevelCat.[Level]
FROM    Res, ViewCatalog, LanguageCat, CopyrightCat, LevelCat
WHERE Res.CatID=ViewCatalog.CatID And Res.LanguageID=LanguageCat.LanguageID And
Res.CopyrightID=CopyrightCat.CopyrightID And Res.LevelID=LevelCat.LevelID And Res.passed And
Not Res.deleted
ORDER BY Res.id DESC;
```

ViewAllRes 资源后台管理视图：

```
SELECT Res.*, ViewCatalog.CatName, ViewCatalog.CatType,
 LanguageCat.[Language], CopyrightCat.Copyright, LevelCat.[Level]
FROM Res, ViewCatalog, LanguageCat, CopyrightCat, LevelCat
WHERE Res.CatID=ViewCatalog.CatID And Res.LanguageID=LanguageCat.LanguageID And
Res.CopyrightID=CopyrightCat.CopyrightID And Res.LevelID=LevelCat.LevelID
ORDER BY Res.id DESC;
```

ViewGlsRes 图文及资源前台用户视图：

```
SELECT ID,CatID,Title,aKey,Author,[Level],Stars,Brief, UpdateTime,OnTop,Elite,Hits,
CatName,CatType
FROM ViewGls
UNION
SELECT ID,CatID,Title,aKey,Author,[Level],Stars,Brief, UpdateTime,OnTop,Elite,Hits, CatName,
CatType
FROM ViewRes;
```

ViewAllGlsRes 图文及资源后台管理视图：

```
SELECT ID,CatID,Title,Author,UpdateTime,OnTop,Elite,Passed,Deleted,CatName,CatType
FROM ViewAllGls
UNION SELECT ID,CatID,Title,Author,UpdateTime,OnTop,Elite,Passed,Deleted,CatName,CatType
FROM ViewAllRes;
```

表 A-10　Comment 评论表

字段名	类　型	长　度	说　明
ID	int	IDENTITY 1, 1	评论 ID
ObjectID	int		评论对象 ID
CatID	varchar	6	评论对象所属类别 ID
UserName	varchar	50	用户名称
Email	varchar	250	评论员邮电
Homepage	varchar	250	评论员主页
IP	varchar	15	评论员 Ip
WriteTime	datetime		发布时间
Stars	int	Default 3	星级
Content	text		内容(不超过 200 字)
Passed	bit		审核通过
Deleted	bit		删除标识
Assessor	varchar	50	审核员

ViewComment 评论前台用户视图：

```
SELECT Comment.*
FROM Comment
WHERE not deleted and (passed or now()-WriteTime>=1)
ORDER BY ID DESC;

SELECT Comment.*
FROM Comment
WHERE (Deleted = 0) AND (Passed = 1) OR
      (Deleted = 0) AND ({ fn NOW() } - WriteTime >= 1)
ORDER BY ID DESC
```

ViewAllComment 评论后台管理视图：

```
SELECT Comment.*
FROM Comment
ORDER BY ID DESC;
```

表 A-11 Vote 投票表

字段名	类型	长度	说明
ID	int	IDENTITY 1, 1	投票 ID
Title	varchar	250	投票标题
Content	text		投票内容
Select1	varchar	250	选项 1
Answer1	int	Default 0	答题 1
Select2	varchar	250	选项 2
Answer2	int	Default 0	答题 2
Select3	varchar	250	选项 3
Answer3	int	Default 0	答题 3
Select4	varchar	250	选项 4
Answer4	int	Default 0	答题 4
Select5	varchar	250	选项 5
Answer5	int	Default 0	答题 5
Select6	varchar	250	选项 6
Answer6	int	Default 0	答题 6
Select7	varchar	250	选项 7
Answer7	int	Default 0	答题 7
Select8	varchar	250	选项 8
Answer8	int	Default 0	答题 8
VoteTime	datetime	Default now()	投票时间
VoteType	bit		投票类型（单选 True/多选 False）
Selected	bit		当前投票

ViewAllVote 调查后台管理视图：

```
SELECT *
FROM Vote
ORDER BY id DESC;
```

表 A-12　FriendSite 友情链接表

字 段 名	类　型	长　度	说　明
ID	int	IDENTITY 1, 1	友情链接 ID
LinkType	int	Default 1	链接类型（1-文字，2-图片）
SiteName	varchar	50	网站名称
SiteUrl	varchar	250	网站 Url
SiteBrief	varchar	250	网站简介
LogoUrl	varchar	250	Logo 地址
SiteAdmin	varchar	50	站长
Email	varchar	250	
Passed	Bit		审核通过
Deleted	Bit		删除标识
Assessor	Varchar	50	审核员

ViewFriendSite 友情链接前台用户视图：

```
SELECT *
FROM FriendSite
WHERE passed and not deleted
ORDER BY id DESC;
```

ViewAllFriendSite 友情链接后台管理视图：

```
SELECT *
FROM FriendSite
ORDER BY id DESC;
```

表 A-13　AD 广告表

字 段 名	类　型	长　度	说　明
LocationID	int		广告位编号
Spec	varchar	50	规格（宽*高）
Title	varchar	50	广告标题
CopyFrom	varchar	250	来源
Brief	varchar	250	简介
Content	varchar	250	广告源码
UpdateTime	Datetime	Default now()	发表时间
Passed	varchar	250	审核通过
Editor	Bit		编者
Assessor	Varchar	50	审核员

ViewAD 广告前台用户视图：

```
SELECT *
FROM Ad
WHERE Passed and Content<>"";
```

表 A-14 广告位编号及规格

LocationID	Spec
ArtInfo01	250*n
ArtInfo02	710*90
ArtInfo03	710*90
Head01	970*90
Index01	120*60
Index02	970*90
Index03	970*90
list01	250*n
ResInfo01	250*n
ResInfo02	710*90
ResInfo03	400*60
ResInfo04	710*90
ResInfo05	710*90
ResInfo06	710*90
Search01	250*n

统计视图：

```
二级栏目所属的文章数量 InfoCnt
SELECT left(CatID,2) as VCatID,count(*) as CatCnt
from Gls
group by left(CatID,2)
UNION SELECT left(CatID,2), count(*)
FROM Res
group by left(CatID,2);
```

附录 B 学校机房环境配置推荐方案

1．学校机房网络拓扑图

网络简介

（1）网络接入

对于独立机房，可使用 ADSL 或光缆接入。对于具备校园网的学校，可用直接网线接入。

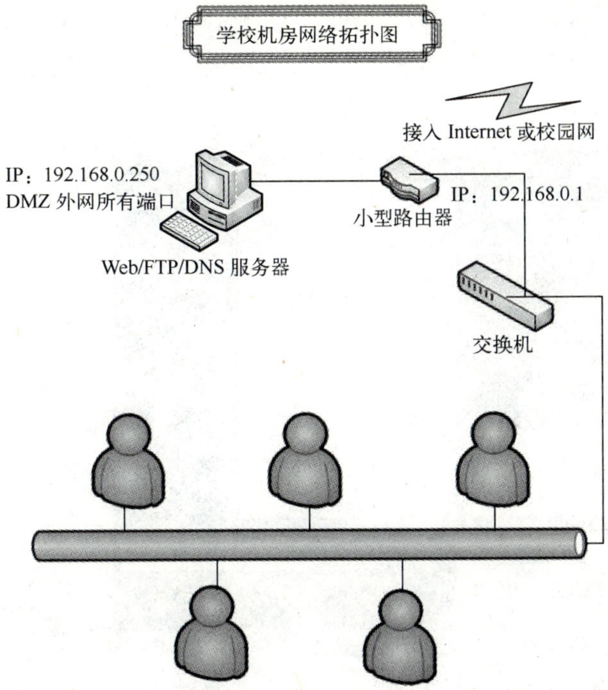

图 B-1　学校机房网络拓扑图

（2）小型路由器

推荐选购市场流行的小型宽带路由器，使用路由器在机房内建立一个独立的网络环境便于网络管理。

（3）服务器

一般采用普通计算机即可，如果是通过 ADSL 或者其他方式直接接入 Internet，建议选用入门级网络服务。服务器应至少安装 Web、FTP 和 DNS 服务。该计算机可兼作教师机使用。

建议服务器硬盘分为 C 和 D 两个区，其中 C 盘为系统盘，建议分配 30GB 空间；D 盘为数据盘，建议所有剩余空间分配给 D 盘。

建议安装"一键还原"之类的硬盘备份软件，便于系统崩溃时能快速恢复。

（4）交换机

普通 100MB 交换机即可。

（5）学生用计算机

硬件无特殊要求。安装软件主要有 Office（Word/Excel/Access/Visio）2003 及以上版本、Dreamweaver CS3、Photoshop CS3、Fireworks CS3、Flash CS3、FTP 客户端软件等。

为了便于管理，学生机硬盘采用全盘还原，学生每次上机开始从服务器下载所需文件，下课前将所有文件上传到服务器。

2. DNS 配置

操作步骤

（1）安装 DNS 服务

“开始”→“设置”→“控制面板”→“添加/删除程序”→“添加/删除 Windows 组件”→“网络服务”→选择“域名服务系统（DNS）”→按“确定”按钮进行安装。

（2）打开 DNS 控制台

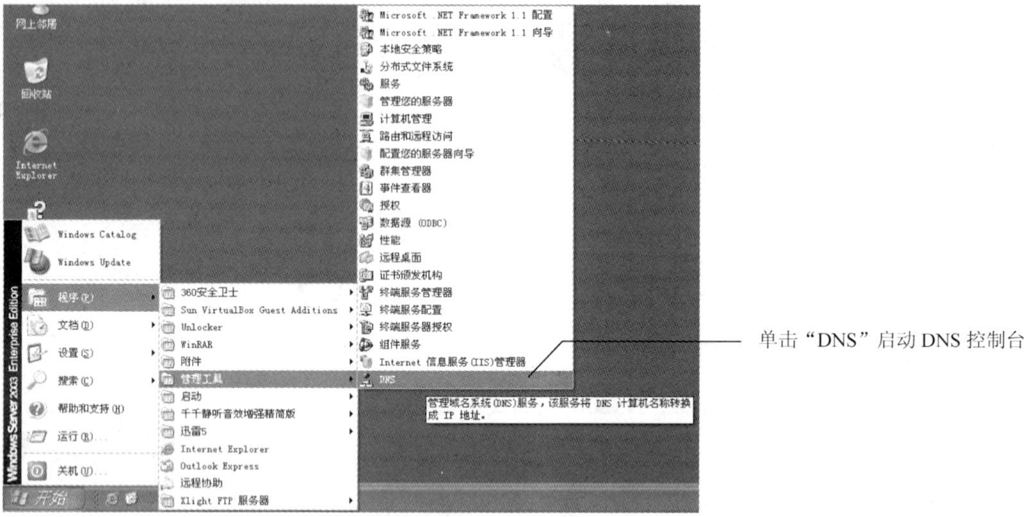

（3）创建 DNS 正相解析区域（按图中所示步骤操作，以下同）

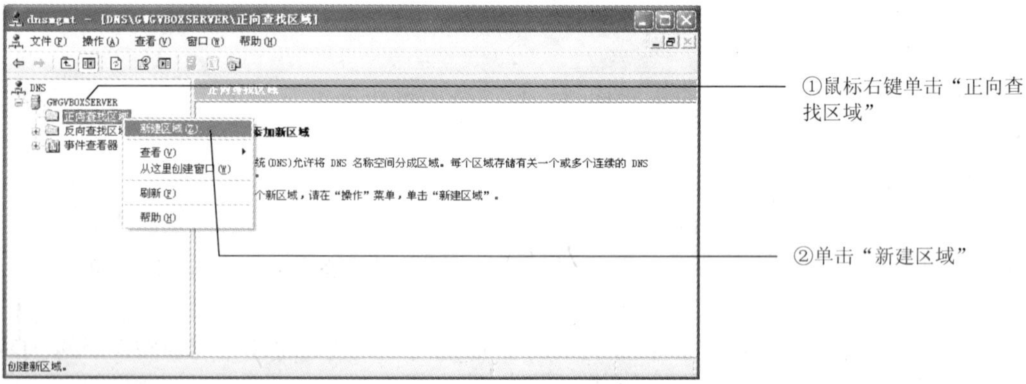

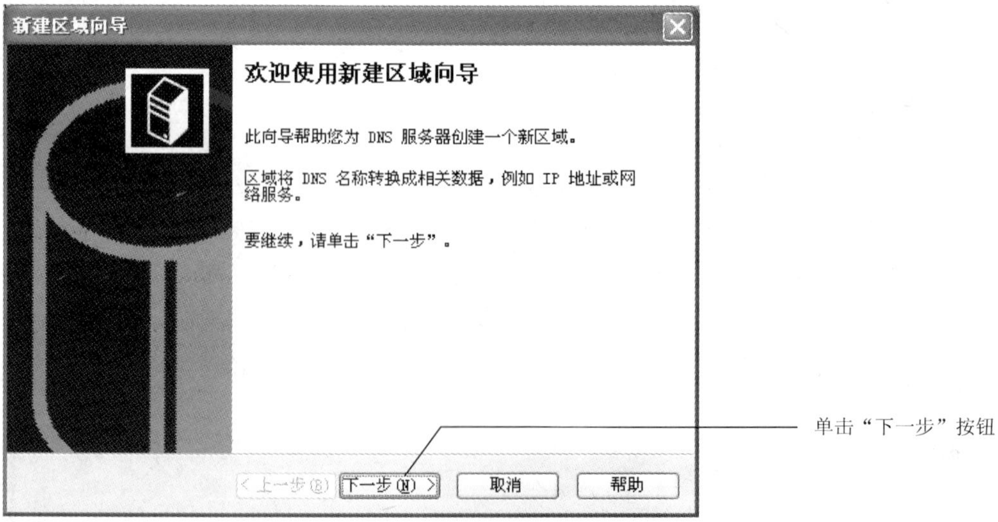

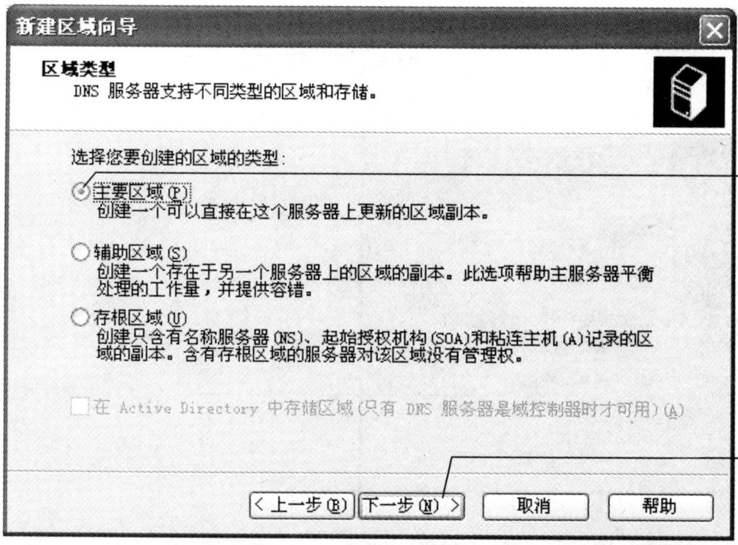

①选中“主要区域”

②单击“下一步”按钮

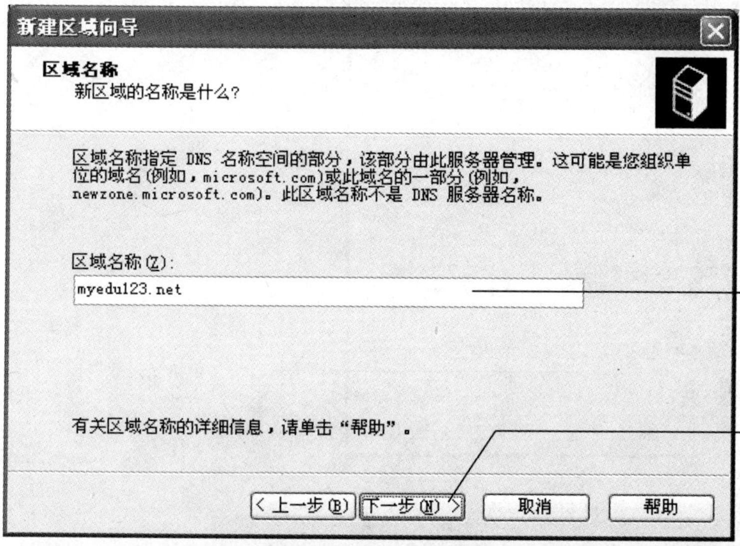

①输入域名“myedu123.net”

②单击“下一步”按钮

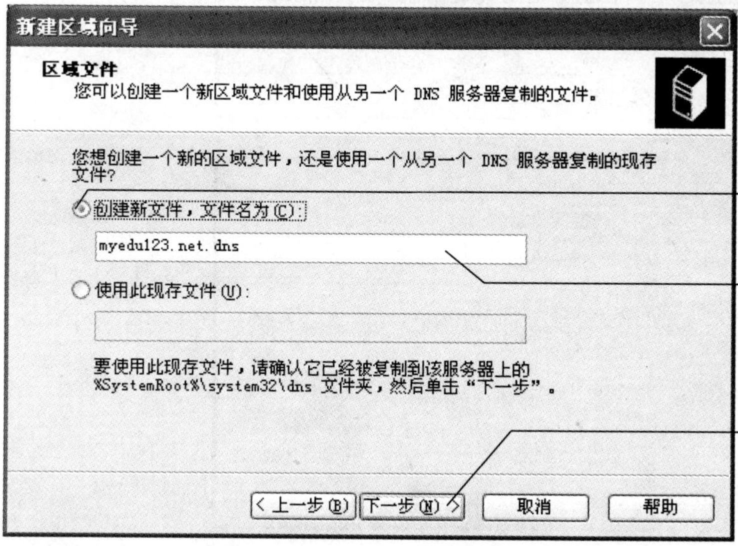

①选中“创建新文件，文件名为（C）”

②输入文件名“myedu123.net.dns”

③单击“下一步”按钮

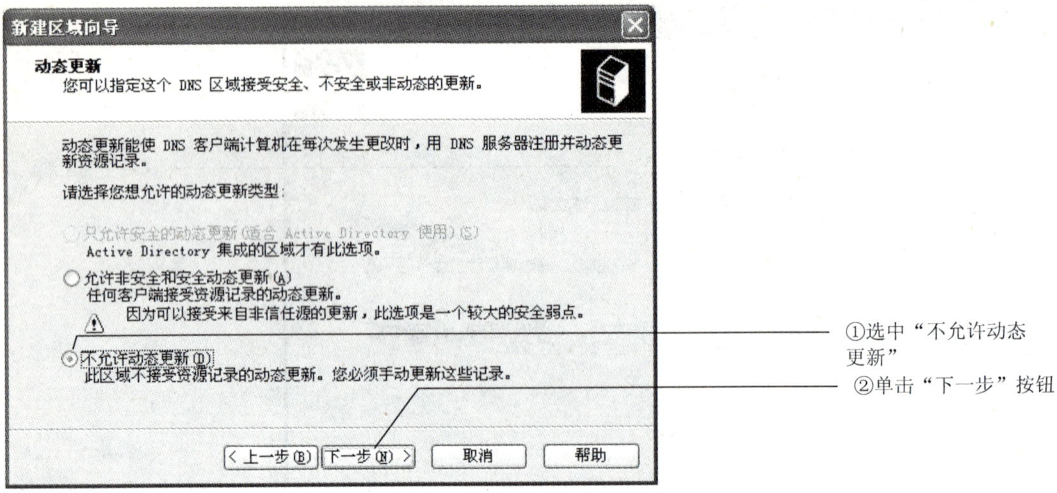
新建区域向导
动态更新
您可以指定这个 DNS 区域接受安全、不安全或非动态的更新。
动态更新能使 DNS 客户端计算机在每次发生更改时，用 DNS 服务器注册并动态更新资源记录。
请选择您想允许的动态更新类型：
只允许安全的动态更新(适合 Active Directory 使用)(S)
Active Directory 集成的区域才有此选项。
允许非安全和安全动态更新(A)
任何客户端接受资源记录的动态更新。
因为可以接受来自非信任源的更新，此选项是一个较大的安全弱点。
不允许动态更新(D)
此区域不接受资源记录的动态更新。您必须手动更新这些记录。
< 上一步(B)
下一步(N) >
取消
帮助
①选中“不允许动态更新”
②单击“下一步”按钮

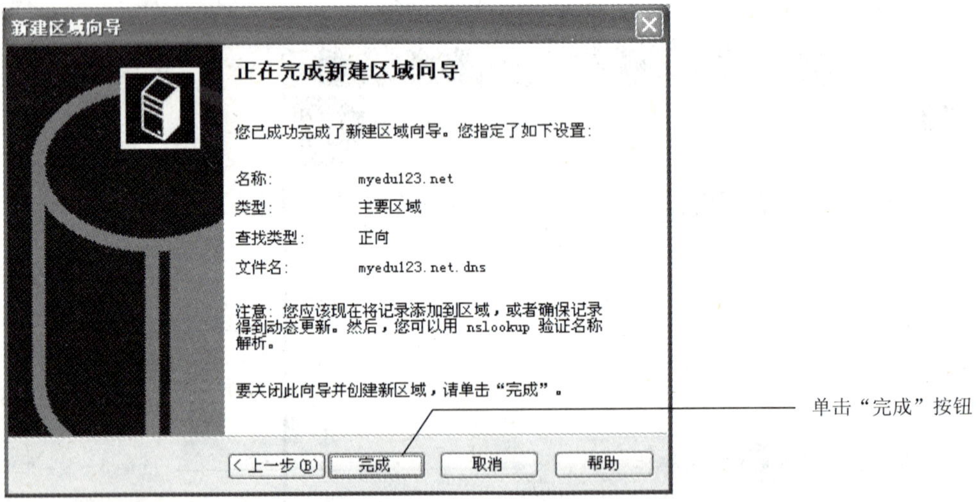
新建区域向导
正在完成新建区域向导
您已成功完成了新建区域向导。您指定了如下设置：
名称：myedu123.net
类型：主要区域
查找类型：正向
文件名：myedu123.net.dns
注意：您应该现在将记录添加到区域，或者确保记录得到动态更新。然后，您可以用 nslookup 验证名称解析。
要关闭此向导并创建新区域，请单击“完成”。
< 上一步(B)
完成
取消
帮助
单击“完成”按钮

（4）创建主机记录

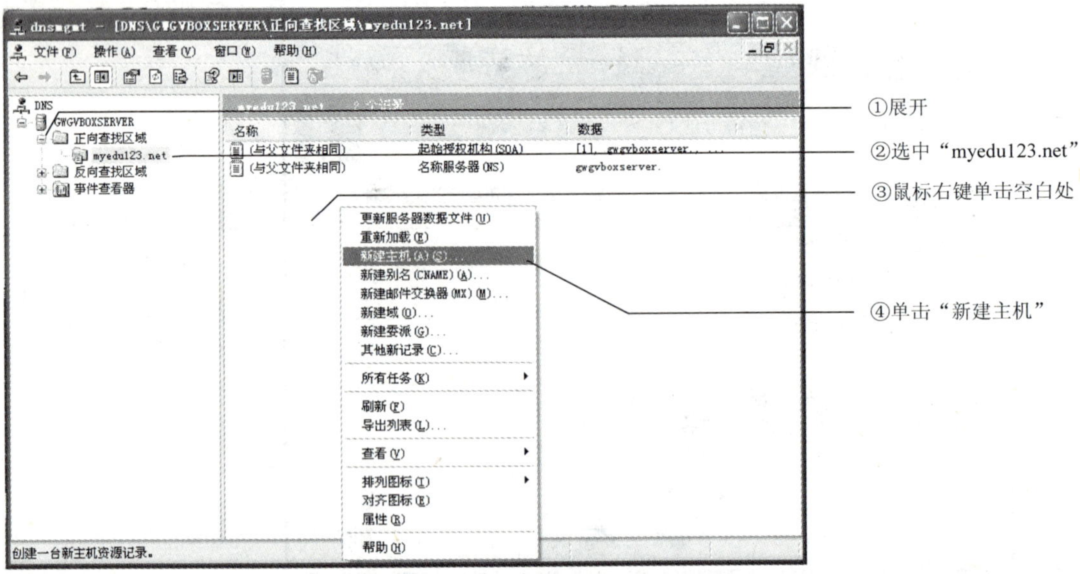
dnsmgmt - [DNS\GWGVBOXSERVER\正向查找区域\myedu123.net]
文件(F) 操作(A) 查看(V) 窗口(W) 帮助(H)
DNS
GWGVBOXSERVER
正向查找区域
myedu123.net
反向查找区域
事件查看器
名称
类型
数据
(与父文件夹相同)
起始授权机构(SOA)
[1], gwgvboxserver.
(与父文件夹相同)
名称服务器(NS)
gwgvboxserver.
更新服务器数据文件(U)
重新加载(E)
新建主机(A)(S)...
新建别名(CNAME)(A)...
新建邮件交换器(MX)(M)...
新建域(O)...
新建委派(G)...
其他新记录(C)...
所有任务(K)
刷新(F)
导出列表(L)...
查看(V)
排列图标(I)
对齐图标(E)
属性(R)
帮助(H)
创建一台新主机资源记录。
①展开
②选中“myedu123.net”
③鼠标右键单击空白处
④单击“新建主机”

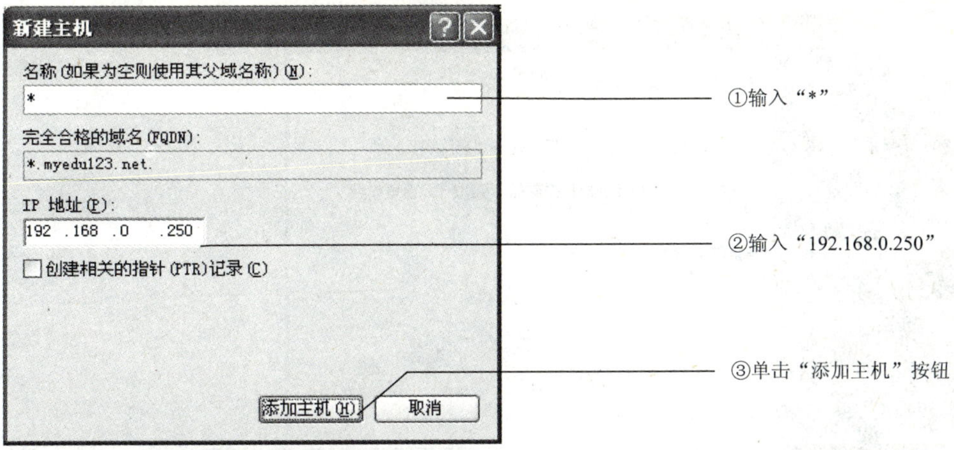

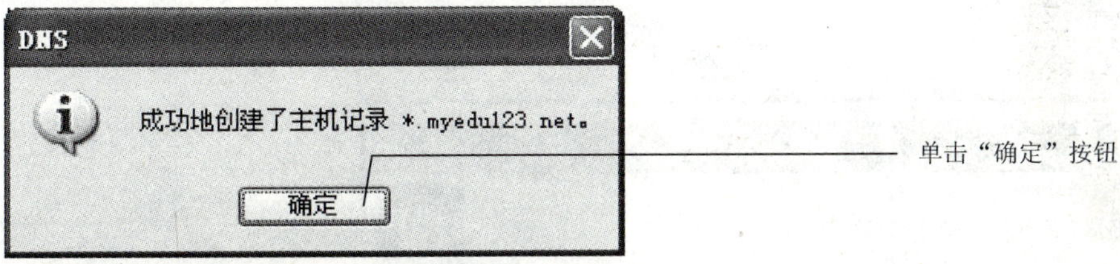

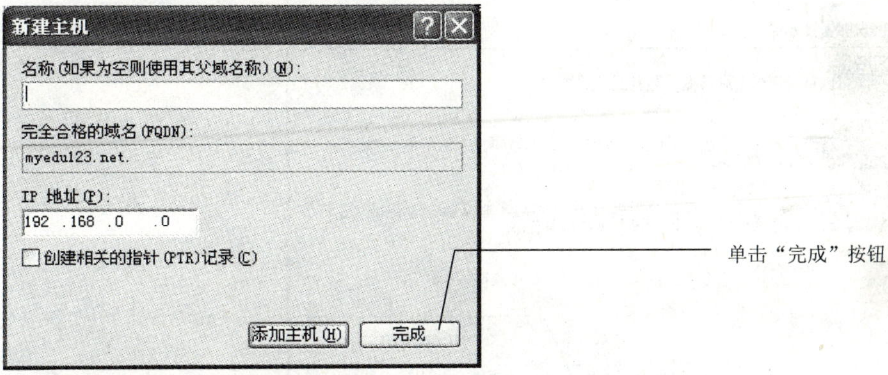

(5) 创建 DNS 反向解析区域

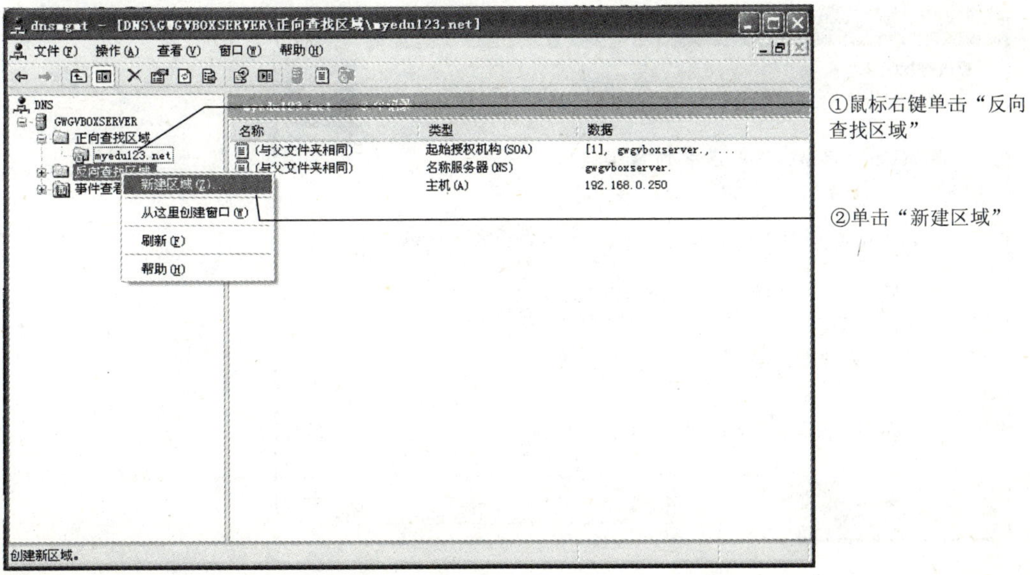

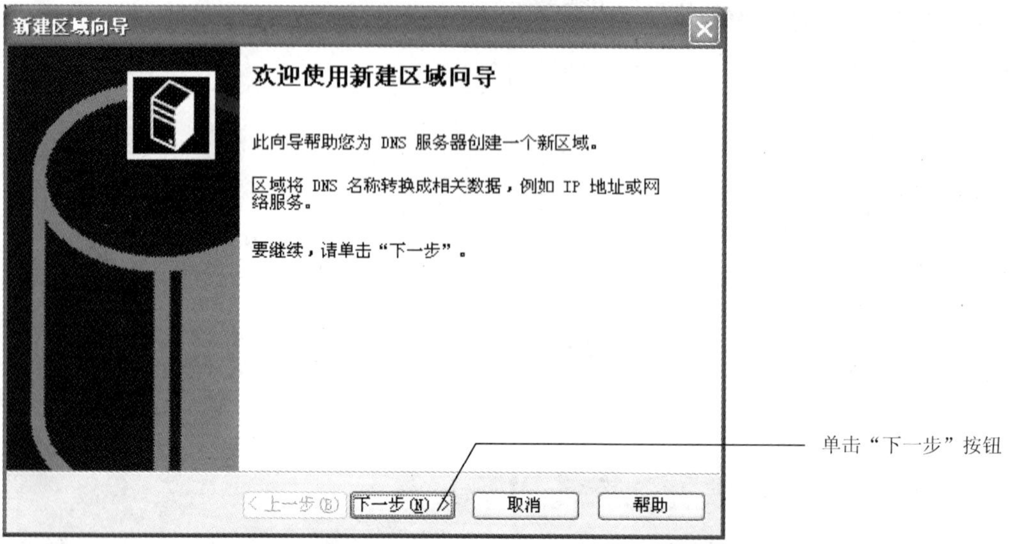
新建区域向导
欢迎使用新建区域向导
此向导帮助您为 DNS 服务器创建一个新区域。
区域将 DNS 名称转换成相关数据，例如 IP 地址或网络服务。
要继续，请单击“下一步”。
< 上一步(B)
下一步(N) >
取消
帮助
单击“下一步”按钮

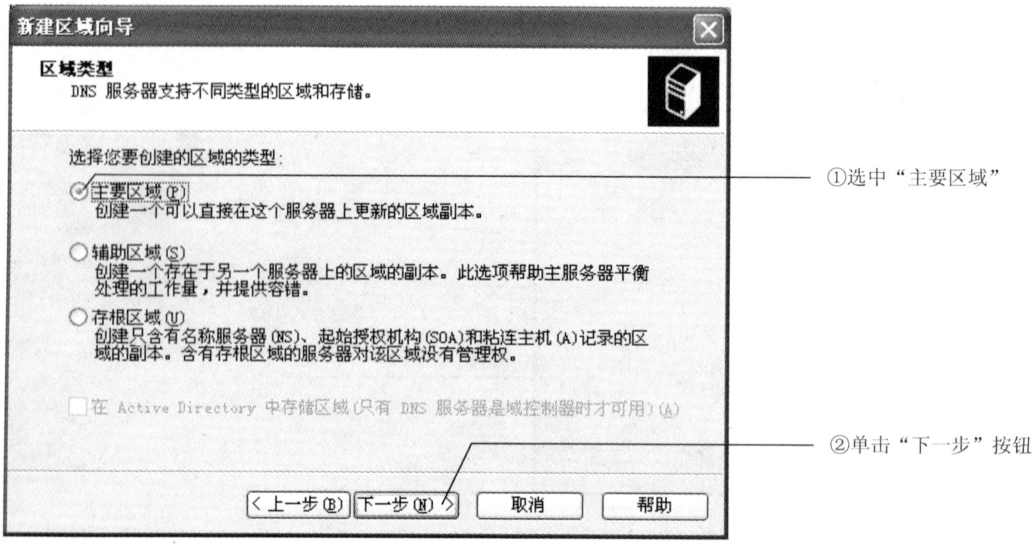
新建区域向导
区域类型
DNS 服务器支持不同类型的区域和存储。
选择您要创建的区域的类型：
主要区域(P)
创建一个可以直接在这个服务器上更新的区域副本。
辅助区域(S)
创建一个存在于另一个服务器上的区域的副本。此选项帮助主服务器平衡处理的工作量，并提供容错。
存根区域(U)
创建只含有名称服务器(NS)、起始授权机构(SOA)和粘连主机(A)记录的区域的副本。含有存根区域的服务器对该区域没有管理权。
在 Active Directory 中存储区域(只有 DNS 服务器是域控制器时才可用)(A)
< 上一步(B)
下一步(N) >
取消
帮助
①选中“主要区域”
②单击“下一步”按钮

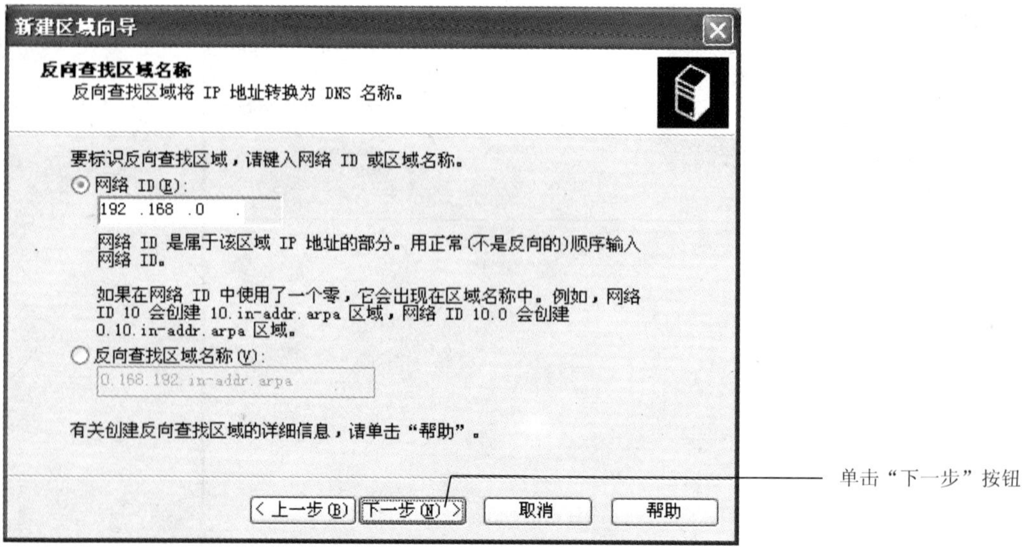
新建区域向导
反向查找区域名称
反向查找区域将 IP 地址转换为 DNS 名称。
要标识反向查找区域，请键入网络 ID 或区域名称。
网络 ID(E)：
192 .168 .0 .
网络 ID 是属于该区域 IP 地址的部分。用正常(不是反向的)顺序输入网络 ID。
如果在网络 ID 中使用了一个零，它会出现在区域名称中。例如，网络 ID 10 会创建 10.in-addr.arpa 区域，网络 ID 10.0 会创建 0.10.in-addr.arpa 区域。
反向查找区域名称(V)：
0.168.192.in-addr.arpa
有关创建反向查找区域的详细信息，请单击“帮助”。
< 上一步(B)
下一步(N) >
取消
帮助
单击“下一步”按钮

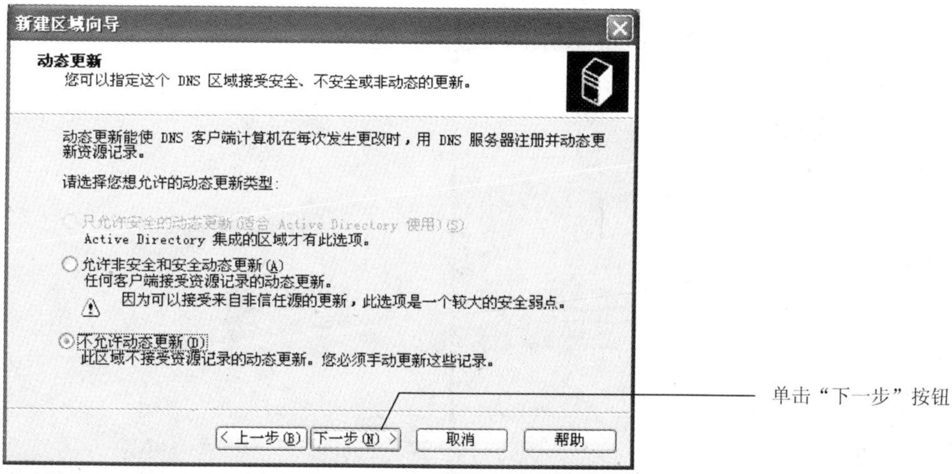

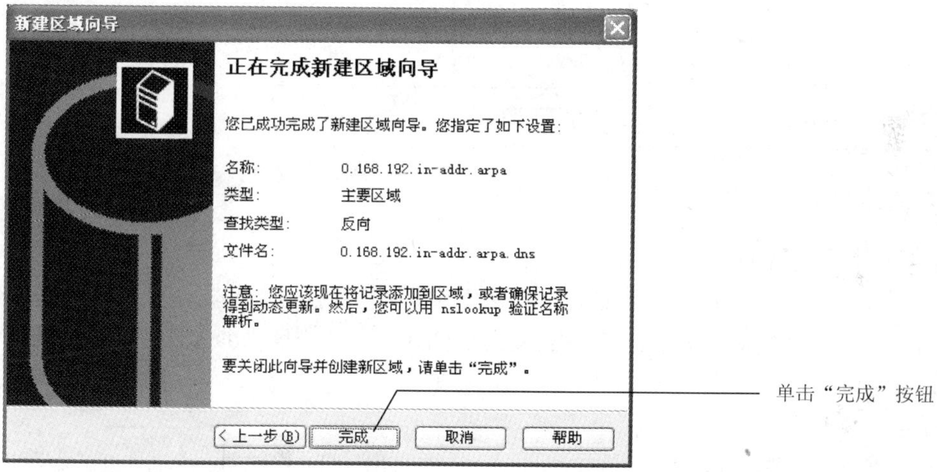

3. 网络客户端（学生机）配置

操作步骤

按图中所示步骤操作。

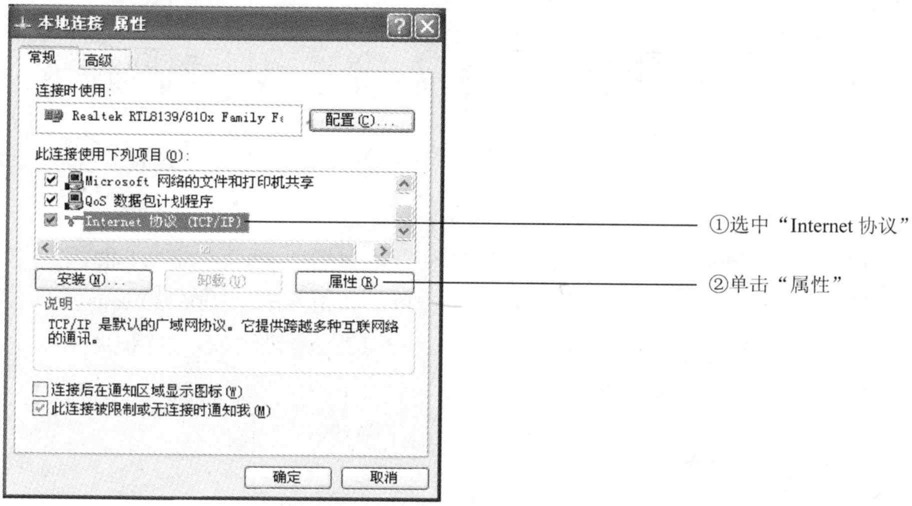

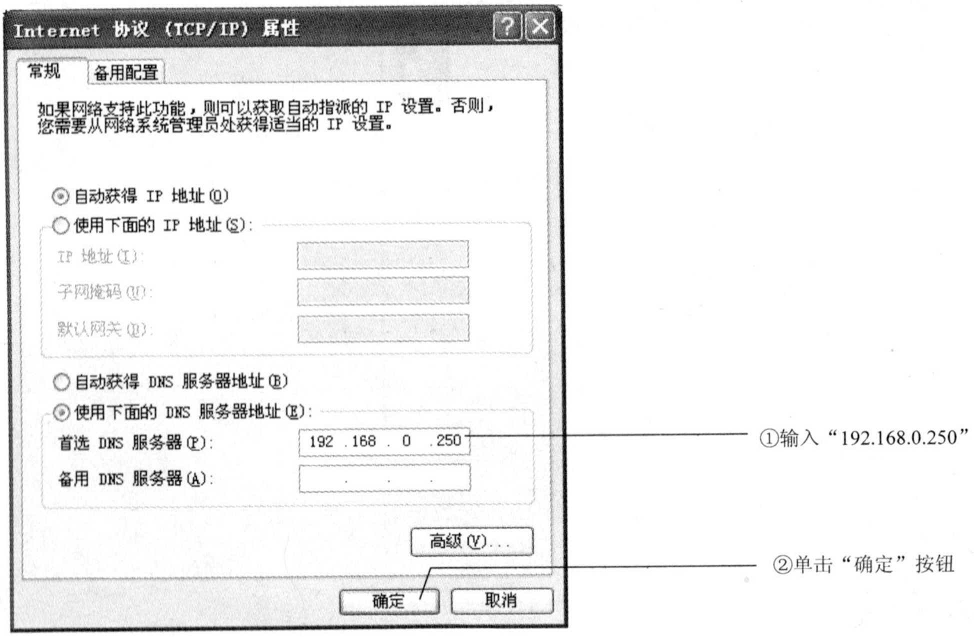

4. 服务器用户环境配置

（1）学生用文件夹配置

为了便于管理，学生机硬盘采用全盘还原，学生每次上机开始从服务器下载所需文件，下课前将所有文件上传到服务器。文件夹配置详见图 B-2。其中，“database”文件夹（含子目录）设置为“Internet 来宾”完全控制。

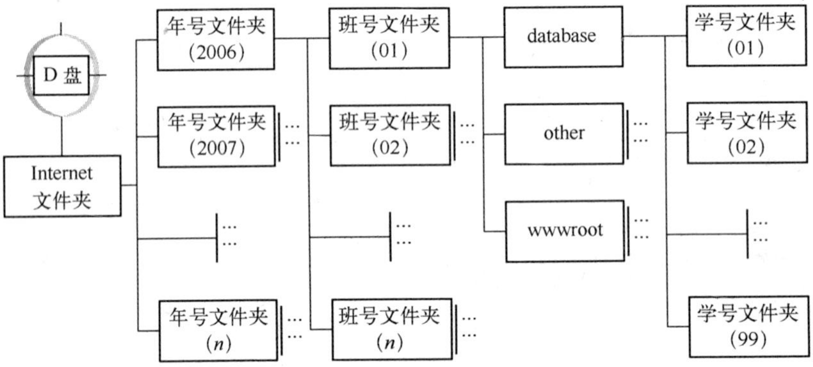

图 B-2　学生用文件夹配置图

（2）学生 Web 空间配置

为每个学生建立独立的网站，网站主目录指向各自对应的“wwwroot”下面的“学号”文件夹。例如，2006 级 99 班 99 号同学的网站主目录为“D:\Internet\2006\99\wwwroot\99”。

为每个学生指定独立的主机头，年级班级学号.myedu123.net。例如，2006 级 99 班 99 号同学的网站主机头为“20069999.myedu123.net”。

所有网站均启用父路径。

（3）学生 FTP 账号

FTP 服务器软件推荐用“Xlight” FTP 服务器（http://www.xlightftpd.com/cn/）。建议购买

专业版，可实现数据库管理 FTP 用户。

① 建立组账号，组账号至少设定一个只读文件夹，如图 B-3 所示，用于存放提供给学生下载的各类资料。

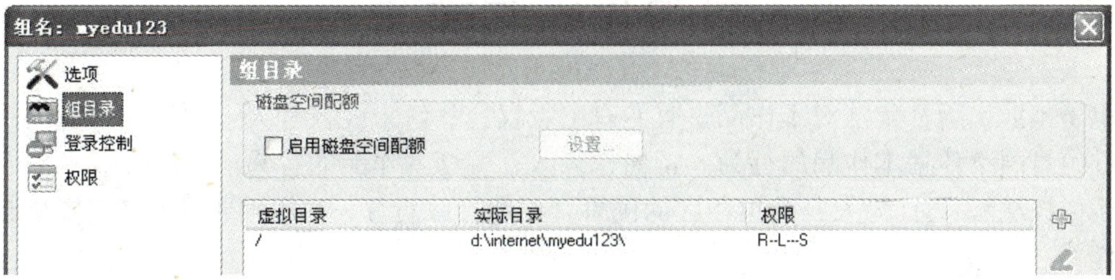

图 B-3　myedu123 组目录

② 为每个学生建立独立的 FTP 账号，虚拟目录配置如图 B-4 所示。启用磁盘空间配额，暂定 100MB。

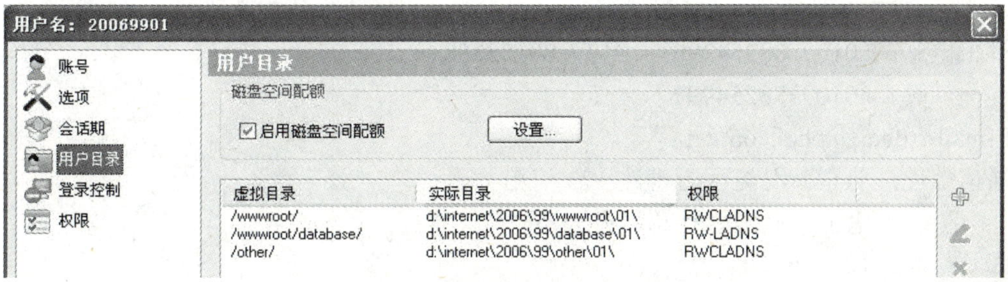

图 B-4　学生 FTP 目录配置

反侵权盗版声明

举报电话：（010）88254396；（010）88258888

传　　真：（010）88254397

E-mail：dbqq@phei.com.cn

通信地址：北京市海淀区万寿路 173 信箱

电子工业出版社总编办公室

邮　　编：100036